Spring与
Spring Boot实战

丁振凡 ◎ 编著

中国水利水电出版社
www.waterpub.com.cn
· 北京 ·

内 容 提 要

《Spring 与 Spring Boot 实战》以 Spring 5 和 Spring Boot 2 的主要知识体系为线索，结合实例应用深入浅出地讲解了 Spring 的知识框架、核心原理和 Spring Boot 的编程思想与开发实战，书中的实例具有很大的实践性。全书共 18 章，具体内容包括 Spring 简介与开发工具、Spring Bean 配置与 SpEL 语言、JSP 与 JSTL 简介、Spring AOP 编程、Spring MVC 编程、使用 Maven 构建工程、Spring Boot 简介与初步应用、使用 JdbcTemplate 访问数据库、使用 JPA 和 MyBatis 访问数据库、使用 Spring Boot 访问 MongoDB、面向消息通信的应用编程、Spring WebSocket 编程、Spring Boot 响应式编程、Spring Security 应用编程、Spring 的任务执行与调度、利用 Spring Boot 发送电子邮件、利用 Spring Boot 整合 Lucene 实现全文检索、基于 MVC 的资源共享网站设计等。

《Spring 与 Spring Boot 实战》是作者利用 Spring 和 Spring Boot 进行应用开发的经验总结，既适合需要学习 Spring 和 Spring Boot 框架的 Java 开发人员快速上手，又适合作为软件开发人员进行项目开发时的参考资料，同时也可作为高校本科生和研究生开设 Java 高级编程技术、Java Web 程序设计、Spring Boot 编程技术与应用等课程的教材或参考书。

图书在版编目（ＣＩＰ）数据

Spring 与 Spring Boot 实战 / 丁振凡编著. -- 北京：
中国水利水电出版社, 2021.5
ISBN 978-7-5170-9240-7

Ⅰ. ①S… Ⅱ. ①丁… Ⅲ. ①JAVA 语言－程序设计
Ⅳ. ①TP312.8

中国版本图书馆 CIP 数据核字（2020）第 251151 号

书　　名	Spring 与 Spring Boot 实战 Spring YU Spring Boot SHIZHAN
作　　者	丁振凡　编著
出版发行	中国水利水电出版社 （北京市海淀区玉渊潭南路 1 号 D 座　100038） 网址：www.waterpub.com.cn E-mail：zhiboshangshu@163.com 电话：（010）62572966-2205/2266/2201（营销中心）
经　　售	北京科水图书销售中心（零售） 电话：（010）88383994、63202643、68545874 全国各地新华书店和相关出版物销售网点
排　　版	北京智博尚书文化传媒有限公司
印　　刷	涿州市新华印刷有限公司
规　　格	190mm×235mm　16 开本　19 印张　469 千字
版　　次	2021 年 5 月第 1 版　2021 年 5 月第 1 次印刷
印　　数	0001—4000 册
定　　价	89.80 元

前言

Preface

企业 Web 应用的开发效率一直以来都是应用开发者关注的核心问题。为了提高开发效率，市场上出现了很多应用框架，Spring 框架无疑是其中优秀的代表。作为一个开源框架，Spring 带给开发者编程艺术和体验上的享受，Spring 具有非常好的设计理念和众多的技术优势。Spring 3 以后大量提供了注解式支持，给开发者带来了清晰、直观的感受。Spring 5 更是体现了 Java 新技术与计算机应用新发展的融合。Spring Boot 让 Spring 应用的开发变得简单和高效。Spring WebFlux 则为响应式微服务应用开发提供支持。Spring 框架同时为消息处理应用和 WebSocket 通信应用提供了丰富的 API。

本书的读者需要熟悉 Java 面向对象编程，另外对数据库的操作和设计应有一定的了解，并了解 HTTP 协议、网页编程及 XML 语言的知识。

在本书的帮助下，读者可以清楚地研究源代码，加深对框架的理解，开发出高质量的应用程序。本书不仅解释框架的基本工作原理，而且注意让读者体会在项目中开发应用的设计思路和技巧，从而让读者更加自信地投入到 Spring 应用的开发中。所谓"实践出真知"，学习 Spring 框架必须建立在应用的基础上，要通过上机调试程序去验证、理解知识内容，并在应用中追求创新进步。在实践中发现问题和解决问题，脱离实践的学习总是肤浅的。

Spring 和 Spring Boot 含有的技术非常多，本书没有涉及全部内容，而是从开发使用的角度来介绍 Spring 和 Spring Boot 框架的主要方面。对于普通开发者来说，本书注意讲解知识的基础性，并力求系统性；对于开发者来说，本书选择的例题则力求结合实际应用，通过通俗易懂的应用实例来剖析 Spring 应用编程的思路与技巧。

本书特色

1．内容全面，快速入门

从最初的应用环境配置到最后的实战案例设计，读者可以边学边用，从而轻松进入应用开发过程中。

2．实例讲解，通俗易懂

全书内容安排循序渐进，每章内容均围绕基础知识和实例应用进行讲解，并侧重对实例的代码注解与配置说明，读者能从应用实例中掌握知识并应用。

3．案例实用，注重实战

本书围绕应用来介绍 Spring 5 和 Spring Boot 2 的核心知识内容，案例实用，注重理论与实践的结合。

注重实战是本书最突出的特点。

4．内容新颖，技术全面

本书主要讲解 Spring 5 框架和 Spring Boot 2 的技术和知识体系，结构合理、内容新颖，既注重基本理论和概念的阐述，又重视 Spring 的最新发展。

5．配套教学资源丰富

本书配套 PPT 教学课件，赠送慕课视频教学，提供 QQ 群与作者和广大读者在线交流与学习，作者不定时答疑解惑。

本书内容

第 1 章介绍 Spring 环境的安装与使用，包括 JDK 和 Tomcat 服务器的安装、Spring 简单样例的调试，以及 Spring 框架的基本组成。

第 2 章介绍 Bean 的注入配置、过滤器与监听器的知识与 SpEL 语言等。

第 3 章介绍 JSP 与 JSTL 的使用，包括 JSP 的编译指令、动作标签和内置对象，并介绍 JSTL 的 EL 表达式语法，以及 JSTL 核心标签库和函数标签库的使用。

第 4 章介绍 Spring AOP 编程及应用示例。

第 5 章介绍 Spring MVC 编程，包括 Spring MVC 的 RESTful 特性、注解符的使用、视图的显示处理等，并介绍用 Spring MVC 实现文件上传应用，给出基于 MVC 的虚拟网盘设计案例，最后介绍 RestTemplate 的使用。

第 6 章介绍 Maven 工程的相关概念，在 STS 中对 Maven 工程的依赖关系进行配置处理。

第 7 章简要介绍 Spring Boot 的特点，给出了典型应用的配置与开发流程。

第 8 章介绍使用 JdbcTemplate 进行数据库的各类操作方法，还给出网络考试系统的应用案例。

第 9 章介绍使用 Spring Data JPA 和 MyBatis 访问关系数据库的方法。

第 10 章介绍使用 MongoTemplate 和 MongoRepository 访问 MongoDB 的方法。

第 11 章针对 ActiveMQ 和 RabbitMQ 两类消息服务代理，介绍利用 Spring JMS 实现消息应用编程的方法，给出消息通信的有趣案例，并讨论 Spring Boot 的 JMS 编程方法。

第 12 章介绍 Spring WebSocket 编程技术，利用该章介绍的技术可实现基于浏览器的实时交互应用，并给出一个实时聊天室的应用设计。

第 13 章介绍 Spring Boot 响应式编程，Mono 与 Flux 对象构建与流处理，给出利用 WebFlux 开发响应式应用的过程。

第 14 章介绍 Spring 的安全访问控制，主要涉及安全登录和授权保护处理。

第 15 章介绍 Spring 的任务执行与调度的实现方式，并给出服务器文件安全检测的应用案例。

第 16 章介绍利用 Spring 实现各类邮件的自动发送方法。

第 17 章针对网站的资源全文检索案例设计，介绍利用 Lucene 和 Tika 进行文档处理，实现全文检索服务和语义信息提取的方法。通过 Spring Boot 实现应用整合。

第 18 章介绍基于 Spring MVC 的资源共享网站的设计。通过该综合性项目演示 Spring Boot 与 MyBatis 以及 Spring Security 的整合设计。

本书资源获取及联系方式

（1）本书提供在线学习课程视频，赠送实例的源文件及教学 PPT 课件，读者使用手机微信"扫一扫"功能扫描下面的二维码，或在微信公众号中搜索"人人都是程序猿"，关注后输入"SPR9420"并发送到公众号后台，获取本书资源下载链接及课程学习链接。将该链接复制到计算机浏览器的地址栏中（一定要复制到计算机浏览器的地址栏，通过计算机下载，手机不能下载，也不能在线解压，没有解压密码），根据提示下载即可。

（2）加入 QQ 群 675920994（请注意加群时的提示，根据提示加入对应的群），与作者及广大技术爱好者在线交流学习。

全书由华东交通大学丁振凡编写。由于编者水平所限，疏漏和错误之处在所难免，恳请读者批评指正。

编　者

目　录

Contents

第 1 章 Spring 简介与开发工具

Spring 是为了解决企业应用开发的复杂性而创建的，Spring 诞生时是 Java 企业版（Java Enterprise Edition，JEE，也称 J2EE）的轻量级代替品。Spring 作为开源的中间件，独立于各种应用服务器，甚至无须应用服务器的支持。简单来说，Spring 是一个轻量级的控制反转（Inversion of Control，IoC）和面向切面（Aspect Oriented Programming，AOP）的容器框架。从大小与开销而言，Spring 都是轻量的。控制反转（IoC）又称依赖注入（Dependency Injection，DI），可以让容器管理对象，促进了松耦合，它是 Spring 的精髓所在。面向切面编程可以让开发者从不同关注点去组织应用，从而实现业务逻辑与系统级服务（如审计和事务管理等）的分离。

1.1 Spring 开发环境与工具使用

1.1.1 安装 JDK

（1）从 Oracle 公司网站（https://www.oracle.com/index.html）下载 JDK，如果你的计算机是 Windows 64 位系统，目前最高版本是 jdk-15_windows-x64_bin.exe，运行即可安装。

（2）配置环境变量。单击"计算机"→"控制面板"→"系统和安全"→"系统"→"高级系统设置"，在弹出的对话框中选择环境变量，在系统变量中添加以下环境变量。

- 在 PATH 的值中添加 JDK 安装路径的 bin 文件夹。
- JAVA_HOME 的值为 JDK 安装路径的根文件夹。

1.1.2 安装 Tomcat 服务器

（1）从网上（http://tomcat.apache.org/）下载 tomcat，如果你的计算机是 Windows 64 位系统，较新版本是 apache-tomcat-9.0.11-windows-x64.zip。

（2）开始安装 tomcat，将下载的 zip 文件解压到某个目录下。

（3）设置系统环境变量。

- 设置环境变量 TOMCAT_HOME 指向解压文件的路径。
- 设置环境变量 CATALINA_HOME，该变量的值与 TOMCAT_HOME 相同。
- 在环境变量 PATH 的值最后面添加%CATALINA_HOME%\bin。
- 在环境变量 CLASSPATH 的值后面添加%CATALINA_HOME%\lib\servlet-api.jar。

（4）安装 Tomcat 服务。单击任务栏中的"开始"，在搜索框中输入 cmd，在控制台输入以下命令，在系统中安装 Tomcat9 服务项即可。

```
service install Tomcat9
```

（5）启动 Tomcat 服务。进入"控制面板"→"系统和安全"→"管理工具"→"服务"，找到 Apache Tomcat Tomcat 9 服务项，右击该项，从弹出的快捷菜单中选择"启动"命令，就可启动该服务。也可以直接进入 Tomcat 安装目录下的 bin 目录，运行 startup.bat 文件启动 Tomcat。

（6）查看 Tomcat 管理界面。在浏览器中输入 http://localhost:8080/，可看到 Tomcat 欢迎界面，如图 1-1 所示。

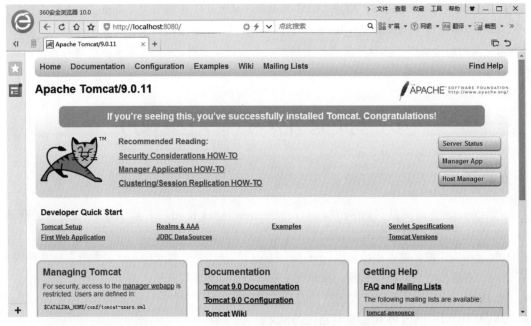

图 1-1　Tomcat 的首页

（7）配置 Tomcat 的服务端口。Tomcat 的默认服务端口是 8080，可以通过管理 Tomcat 的配置文件来改变该服务端口。编辑 Tomcat 安装处的/conf/server.xml 可看到如下代码。

```
<Connector port="8080" protocol="HTTP/1.1"
        connectionTimeout="20000" redirectPort="8443" />
```

其中，port=8080 就是 Tomcat 的服务端口。

（8）进入 Tomcat 的控制台界面。在 Tomcat 的首页可看到有三个控制台，一个是 Server Status，一个是 Manager App，还有一个是 Host Manager。通常只使用 Manager App 控制台，它可以监控和部署 Web 应用。单击 Manager App 控制台，将弹出如图 1-2 所示的对话框。默认配置的管理账户和密码均为 admin。

图 1-2　用户登录对话框

可以配置自己的管理账户，需要修改 conf/tomcat-users.xml 配置文件，给 manager-gui 的角色增加一个账户。例如，增加用户名为 tomcat，密码为 abc123 的账户。

```
<role rolename="manager-gui"/>
<user username="tomcat" password="abc123" roles="manager-gui"/>
```

重新启动 Tomcat，就可用该账户登录管理控制台进行应用管理。

（9）部署 Web 应用。在 Tomcat 中部署 Web 应用有多种方式，常用方式有两种。

● 利用 Tomcat 的自动部署：将应用目录复制到 webapps 目录下。

● 利用 Manager App 控制台部署：将应用的 war 包上传到服务器上即可。如图 1-3 所示，首先通过浏览选中 war 包，然后单击 Deploy 按钮即可。已经部署的应用也可通过管理控制台来停止或卸载掉。

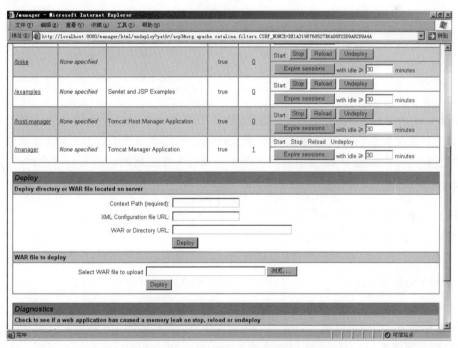

图 1-3　利用控制台进行部署的界面

1.1.3　测试简单 Web 应用

在 Tomcat 的应用环境中建立一个简单 Web 应用的步骤如下，这里给该应用取名为 testApp。

（1）在 webapps 下新建 testApp 目录。

（2）在 testApp 下新建一个目录 WEB-INF。注意，目录名称是区分大小写的。

典型 Web 应用的文件结构按如下形式安排。

```
<testApp>---这是应用名称
|—WEB-INF
|     |—classes
|     |—lib
|     |—web.xml
|—index.jsp ---这里可放置任意个 JSP 文件
```

（3）在 WEB-INF 下新建一个文件 web.xml，文件内容如下。

【程序清单 1-1】文件名为 web.xml

```
<?xml version="1.0" encoding="UTF-8"?>
<web-app version="3.0"
          xmlns="http://java.sun.com/xml/ns/javaee"
          xmlns:xsi="http://www.w3.org/2001/XMLSchema-instance"
          xsi:schemaLocation="http://java.sun.com/xml/ns/javaee
     http://java.sun.com/xml/ns/javaee/web-app_3_0.xsd">
     <welcome-file-list> <welcome-file>index.jsp</welcome-file>
     </welcome-file-list>
</web-app>
```

 web.xml 文件对于 Web 应用非常重要，Web 应用的大部分组件是通过该文件进行配置的，其中常见的配置内容包括配置和管理 Servlet、配置和管理 Listener、配置和管理 Filter、配置标签库、配置 Web 应用首页。这里，只定义了应用的欢迎页面（也称"首页"）为 index.jsp。

（4）在 testApp 下新建一个 jsp 页面，文件名为 index.jsp，文件内容如下。

【程序清单 1-2】文件名为 index.jsp

```
<html><body>
    <center> welcome you ! <%=new java.util.Date()%></center>
</body></html>
```

（5）启动 Tomcat，在浏览器输入 http://localhost:8080/testApp/index.jsp 就可在页面中看到显示结果。由于该应用的首页配置为 index.jsp，所以直接输入 http://localhost:8080/testApp/可得到一样的结果。

1.1.4 安装 STS 开发工具

目前 Spring 应用开发环境主要有 Eclipse 和 STS，本书选用 STS 作为工具。读者可以进入网站 https://spring.io/tools 下载压缩包，目前最高版本是 Spring Tools 4 for Eclipse，解包后运行其中的 sts.exe 程序即可启动运行。

1.2 Spring 简单样例调试

1.2.1 简单 Spring 应用程序调试过程

1．建立工程

在 STS 操作界面选择 File→New→Project 命令，从弹出的对话框中选择 Java Project，单击 Next 按钮。在新的对话框中输入工程名称（Project Name），单击 Finish 按钮将进入工程设计界面。

2．创建 Java 类，输入程序代码

在工程的 src 目录下新建一个 chapter1 包，选中 chapter1 包，右击，在弹出的快捷菜单中选择 New→Class 命令。在弹出的对话框的 Name 文本框中输入 Speak，然后单击 Finish 按钮。仿照此办法也可创建其他程序。

【程序清单 1-3】文件名为 **Speak.java**

```java
package chapter1;
public class Speak {
    private String message = "something";
    public String getMessage() {
        return message;
    }
    public void setMessage(String message) {
        this.message = message;
    }
}
```

在传统的 Java 应用程序中，使用 Speak 类的代码可设计如下。

【程序清单 1-4】文件名为 **SpeakTest1.java**

```java
package chapter1;
public class SpeakTest1 {
    public static void main(String[] args) {
        Speak s = new Speak();                          //创建对象
        s.setMessage("Spring is fun...");
```

```
        System.out.println(s.getMessage());
    }
}
```

【运行程序】在 STS 调试环境下，选中 SpeakTest1 程序，右击，从弹出的快捷菜单中选择 Run As →Java Application 命令，输出结果如下。

```
Spring is fun...
```

3. 在 Spring IoC 容器中配置 Bean

Spring 提供了另一种途径来创建对象，而且创建的对象可以在 Spring 容器的生命周期中长期存在，这种对象被称为 Bean。Spring 容器作为超级大工厂，负责创建、管理所有的 Java 对象，这些 Java 对象被称为 Bean。在 Spring 容器管理容器中，Spring 使用一种被称为"依赖注入"的方式来管理 Bean 之间的依赖关系。

Spring 可通过 XML 配置定义 Bean，并给 Bean 注入属性值。将以下 XML 配置文件放在应用工程的 src 目录下。

【程序清单 1-5】文件名为 application-context.xml

```xml
<?xml version="1.0" encoding="UTF-8"?>
<beans xmlns="http://www.springframework.org/schema/beans"
    xmlns:xsi="http://www.w3.org/2001/XMLSchema-instance"
    xsi:schemaLocation="http://www.springframework.org/schema/beans
    http://www.springframework.org/schema/beans/spring-beans.xsd">
    <!-- 定义一个 Bean -->
    <bean id="speak" class="chapter1.Speak">
        <!-- 通过依赖注入给属性 message 赋值 -->
        <property name="message" value="welcome to ecjtu!" />
    </bean>
</beans>
```

其中：
● id 为 Bean 的标识，在查找 Bean 时将用到。
● class 属性用来表示 Bean 对应的类的名称及包路径。
● value 表示给 Bean 的 message 属性注入 "welcome to ecjtu!" 的值。

 Bean 的属性 property 如果为简单类型或字符串类型，则可通过 Bean 的 value 属性或 Bean 的 value 子元素给其赋值。例如，以上 property 元素也可写成如下形式。

```xml
<property name="message" >
    <value> welcome to ecjtu!</value>
</property>
```

对于 XML 配置中给出的每个 property 设置，应在相应类中提供 setter() 方法。

4. 关于 Bean 构建的其他方法

前面配置中，Bean 实例化实际是使用 Bean 的无参构造方法来构建对象，在有些场合还会使用静态工厂方法或实例工厂方法来实现 Bean 的实例化。

以下使用静态工厂方法定义 Bean。

```
<bean id="clientService"  class="examples.ClientService"
  factory-method="createInstance"/>
```

相应的 Java 代码如下。其中，createInstance()方法必须是静态方法。

```
package examples;
public class ClientService {
    private static ClientService clientService = new ClientService();
    private ClientService() { }
    public static ClientService createInstance() {
        return clientService;
    }
}
```

以下则是使用实例工厂方法定义 Bean。

```
<bean  id="serviceLocator"  class="examples.DefaultServiceLocator" />
<bean  id="clientService" factory-bean="serviceLocator"
    factory-method="createClientServiceInstance"/>
```

其中，factory-bean 属性引用前面定义的一个 Bean。通过执行由 factory-bean 属性定义 Bean，以及由 factory-method 属性定义的方法来创建 Bean。

相应的 Java 代码如下。其中，createClientServiceInstance()方法是实例方法。

```
package examples;
public class DefaultServiceLocator {
    private static  ClientService clientService = new ClientService();
    private DefaultServiceLocator() { }
    public ClientService createClientServiceInstance() {
        return clientService;
    }
}
```

5. 给工程添加 jar 包

选中工程，右击，从弹出的快捷菜单中选择 Properties 命令，弹出工程属性对话框。选择 Java Build

Path 选项对应面板中的 Libraries 选项卡，单击 Add External JARs 按钮，将弹出文件选择对话框，可选取添加需要的 Spring JAR 文件（包括 core、beans、context、context.support、expression、asm），特别注意要将 Apache 公司的 commons-logging.jar 包加入，该包用来记录程序运行时的活动日志。

 纯 Java 项目使用的是本地 JRE，通过 build path 导入的 jar 包的配置信息会出现在应用的.classpath 文件中，ClassLoader 会智能地去加载这些 jar。而 Web 项目是部署在 Web 服务器（如 Tomcat），这些服务器都实现了自身的类加载器。以 Tomcat 为例，它的四组目录结构 common、server、shared、webapps 分别对应四个不同的自定义类加载器 CommonClassLoader、CatalinaClassLoader、SharedClassLoader 和 WebappClassLoader，其中，WebappClassLoader 加载器专门负责加载 webapps 下面的 Web 项目中 WEB-INF/lib 下的类库。而通过 build path 引入的 jar 包不会复制到项目的 WEB-INF/lib 路径中，所以会产生 ClassNotFoundException 异常。因此，Web 项目一般是将 jar 包放置到 WEB-INF/lib 路径，假如工程环境编译不认可 WEB-INF/lib 路径中的 jar 包，可在工程的 Java Build Path 中通过 Libraries 选项卡的 Add Library 按钮将 Web App Libraries 引入 Libraries 路径中。

6. 测试程序

【程序清单 1-6】文件名为 SpeakTest2.java

```
package chapter1;
import org.springframework.context.ApplicationContext;
import org.springframework.context.support.ClassPathXmlApplicationContext;
public class SpeakTest2 {
    public static void main(String[] args) {
        ApplicationContext appContext = new ClassPathXmlApplicationContext(
                "application-context.xml");
        Speak s = (Speak) appContext.getBean("speak");
        System.out.println(s.getMessage());
    }
}
```

其中：

● ClassPathXmlApplicationContext 从类路径装载 XML 配置，初始化应用环境，并根据配置信息完成 Bean 的创建。

● 用 ApplicationContext 对象的 getBean()方法从 IoC 容器中获取 Bean，该方法返回的是一个 Object 类型的对象，所以，需要强制转换为实际类型。

【运行程序】在 STS 调试环境下，选中 SpeakTest2 程序，右击，从弹出的快捷菜单中选择 Run As →Java Application 命令，输出结果如图 1-4 所示。

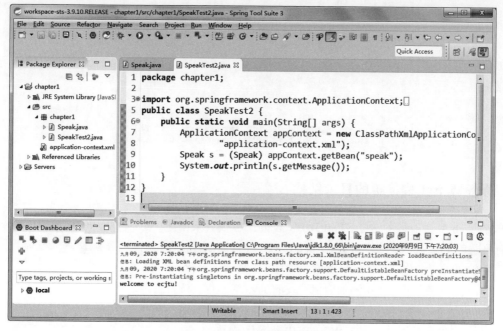

图 1-4 程序编辑调试界面

 这里通过 XML 配置定义 Bean 并给 Bean 注入属性，读者可修改配置文件中注入的属性值，再运行程序，观察结果变化。与程序清单 1-4 中使用 new 运算符创建对象方式相比，这里通过配置定义 Bean，实际上它也是 Java 对象，只是该对象由 Spring IoC 容器进行管理。需要用到 Bean 时，可以通过应用上下文的 getBean()方法从容器中获取。

1.2.2 使用单元测试

Spring 框架的 Test 模块支持对 Spring 组件进行单元测试。为了使用单元测试来测试应用，需要将 junit-4.8.1.jar 包引入工程的类路径，另外要专门编写一个测试类，类中定义一个带@Test 注解符的方法。这样程序运行时将自动寻找带@Test 注解符的方法执行，正如 Java 应用程序寻找 main()方法一样。

【程序清单 1-7】文件名为 Speaktest.java

```
package chapter1;
import org.junit.Test;
public class Speaktest {
    @Test
    public void mytest() {
        Speak s = new Speak();
        s.setMessage("你好");                              //设置属性
        System.out.println(s.getMessage());
```

```
        }
    }
```

【如何运行】选中 Speaktest 类，右击，从弹出的快捷菜单中选择 Run As→Junit test 命令，可看到程序运行结果。

1.3　STS 的动态 Web 工程

1.3.1　动态 Web 工程模板的目录结构

一般的 Web 应用项目可通过 STS 的动态 Web 工程模板来创建。在 STS 操作环境的 File 菜单中选择新建 Dynamic Web Project 项目，在弹出的对话框中输入工程名称（如 ask），将看到如图 1-5 所示的目录结构。

图 1-5　动态 Web 工程目录树

- src 目录：在 src 包中可添加应用开发的 Java 源程序，该目录下编写的 Java 源代码将自动编译产生 class 类型的文件，这些 class 文件在部署时存放在 WEB-INF/class 目录下。

- WebContent 目录：WebContent 目录对应 Web 应用部署时的根目录，该目录或子目录下可安排 JSP 文件和其他资源文件（如图片、CSS 样式等）。其下有一个重要目录 WEB-INF。应用的配置文件（如 web.xml）安排在 WEB-INF 目录下。程序中要加入的 jar 包可复制到 WEB-INF/lib 目录下。在 MVC 应用中，用来实现视图显示的 JSP 文件一般安排在 WEB-INF 的某个子目录下，如 WEB-INF/views 目录。

1.3.2　应用的运行与部署

1. 将应用部署到 Tomcat 服务器上

读者可在 STS 环境下利用动态 Web 工程模板完成 1.1.3 小节介绍的应用，为了生成部署需要的 war 包，可选中工程名，右击，从弹出的快捷菜单中选择 Export→WAR file 命令，在弹出的对话框中填写 war 包的存储路径和名称，这样将产生可在 Tomcat 中部署的 war 包。通过前面介绍的 Tomcat 的工程部署方式可将应用作品部署到 Tomcat 服务器上。

2. 在 STS 环境中直接调试应用

在 STS 环境下通过配置 Server 可直接在 STS 环境中运行调试 Web 程序。要添加 Server，从 Spring 的 New 菜单中选择 Server 命令，从弹出的对话框中单击 Next 按钮，将出现 Server 配置选择。可以看到它支持众多的 Server 选择，Spring 自己还内置有 Spring Source tc Server。展开 Apache，选择 Tomcat v9.0

Server，单击 Next 按钮，在出现的对话框中，通过 Browse 按钮指定 Tomcat 的安装路径即可。设置好服务器后，运行程序时可选择 Run at Server 的运行方式在 STS 开发环境调试应用。

1.4　Spring 框架基本组成

访问 https://spring.io/站点，目前高版本框架为 Spring 5。新版 Spring 框架已经不支持整个框架的压缩包的下载，而是通过 maven 依赖来管理项目需要的 jar 包。

Spring 框架是一个分层架构，由若干定义良好的模块组成。Spring 模块构建在核心容器之上，核心容器定义了创建、配置和管理 Bean 的方式。Spring 框架整体构成如图 1-6 所示。

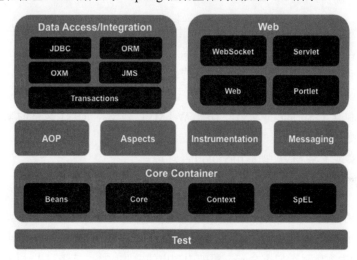

图 1-6　Spring 框架整体构成

1. 核心容器部分

核心容器提供 Spring 框架的基本功能。核心容器由 Core、Beans、Context 和 SpEL（Spring Expression Language）四个模块组成。Core 和 Beans 模块提供了框架的基础功能部分，包括 IoC 的特性，Spring IoC 容器能够配置、装配 JavaBean，Spring 提供了多个"即拿即用"的 Bean 工厂实现。Spring Context（上下文，也称应用环境）通过配置文件向 Spring 框架提供上下文信息。Context 模型是建立在 Core 和 Beans 模型上，通过它可以访问被框架管理的对象。支持 JNDI 定位和各种视图框架的封装。context.support 包提供对应用上下文环境的扩展访问服务，如任务调度等。SpEL 提供了一个强大的表达式语言来查询和处理一个对象，该语言支持设置和访问属性数值、方法的调用，通过名字从 Spring IoC 容器中获取对象等。

2. 数据访问与整合部分

数据访问与整合层包括 JDBC、ORM、OXM、JMS 和 Transactions（事务）模块。通过对 DAO 的抽象，Spring 定义了一组通用的数据访问异常类型，在创建通用的 DAO 接口时可以抛出有意义的异常信息，而不依赖于底层持久机制。

- JDBC 模块提供了一个 JDBC 的抽象层，Spring JDBC 抽象层集成了事务抽象和 DAO 抽象。比起直接使用 JDBC，用 Spring 的 JDBC 包可大大提高效率。
- ORM 模块支持多种对象关系映射工具，如 Hibernate、JDO 等，简化了资源的配置、获取和释放，并且将 O/R 映射与整个事务和 DAO 抽象集成起来。
- OXM 模块提供了 Object/XML 映射的抽象层。
- JMS 模块提供了消息的发送和接收处理功能。
- Transactions 模块提供了编程式和声明性的事务管理。Spring 提供了通用的事务管理基础设施，包括可插接的事务策略和不同的事务边界划分方式。

3．Web 层部分

Web 上下文模块为基于 Web 的应用程序提供了上下文。Spring MVC 框架是一个全功能的构建 Web 应用的 MVC 实现。Web 层由 Web、Servlet、WebSocket 和 Portlet 模块组成。

- Web 模块提供了基础的面向 Web 的整合特性，如文件上传功能，使用 Servlet 监听器来初始化 IoC 容器及 Web 应用上下文环境。
- Servlet 模块包含了 Spring 的 MVC 应用。WebMVC 包支持 REST 风格的 Web 服务。
- WebSocket 模块提供了广泛的 WebSocket 支持。
- Portlet 模块实现了将 MVC 功能用于 Portlet 环境。

4．其他模块

Spring AOP 模块将面向切面的编程功能集成到了 Spring 框架中，可以对轻量级容器管理的任何对象进行方法拦截，Aspects 包则提供对 AspectJ 的支持。Test 模块则支持对 Spring 应用的各类测试。

实际上，Spring 的内容体系远超出 Spring 框架中列出的这些内容，读者可以访问 http://spring.io/站点进行全面的学习。下面对部分扩展模块进行概要介绍。其中前 4 个扩展模块在本书有所涉及，后面一些模块本书未涉及。

Spring Security：安全是许多应用需要关注的切面，第 14 章将进行讨论。

Spring Data：用于数据库的访问处理，包括关系型数据库和非关系型数据库，第 9 章对相关内容会有所涉及，特别是 Repository 机制，提供了数据访问方法的自动化实现。

Spring Boot：用于简化应用开发的一个项目，大量依靠自动配置技术。本书介绍了其部分内容，其内容介绍分散在相关的应用章节中，方便读者对比学习。

Spring WebFlux：提供响应式编程支持，从而让基于异步和事件驱动的非阻塞编程变得更加简单快捷。第 13 章将对其进行讨论。

Spring Integration：用于应用的集成，通过内置的消息和流程处理实现应用间交互。

Spring Social：为社交网络应用开发提供的扩展模块。

Spring Web Flow：是建立在 Spring MVC 框架之上，为基于流程的会话式应用提供支撑（如购物车设计）。

Spring Mobile：用于移动应用的一个项目，是 Spring MVC 在移动方面的扩展。

Spring For Android：与 Spring Mobile 相关，用于 Android 手机本地应用开发的项目。

Spring Cloud：简化了分布式微服务架构，提供了一系列工具，帮助开发人员迅速搭建分布式系统中的公共组件。

Spring Cloud Data Flow：为基于微服务的分布式流处理和批处理数据通道提供了一系列模型，简化了专注于数据流处理的应用程序的开发和部署。

1.5　Spring 的文件资源访问处理

文件资源的操作是应用程序中常见的功能，如加载一个配置文件，将上传文件保存在特定目录中等，使用 JDK 的 io 包中的相关类就可完成这些操作，但 Spring 还提供了许多方便易用的资源操作工具类。下面分别进行介绍。

1.5.1　使用 Resource 接口访问文件资源

1．资源加载

Spring 定义了一个 org.springframework.core.io.Resource 接口，并提供了若干 Resource 接口的实现类。这些实现类可以从不同途径加载资源。

- FileSystemResource：以文件系统绝对路径的方式访问资源。例如：

```
Resource  res1 = new  FileSystemResource("f://data.mdb");
```

- ClassPathResource：以类路径的方式访问资源。例如：

```
Resource  res2 = new  ClassPathResource("file1.txt");
```

- UrlResource：以访问 URL 的方式访问网络资源。例如：

```
Resource  res3 = new  UrlResource("http://myhost.com/resource/x.txt");
```

- ServletContextResource：以相对于 Web 应用根目录的方式访问资源。默认情况下，JSP 不能直接访问 WEB-INF 路径下的任何资源，需要借助 ServletContextResource。例如：

```
Resource  res4 = new  ServletContextResource(application, "/WEB-INF/file1.xml");
```

其中，application 为 ServletContext 对象，在 JSP 中可直接使用。

- InputStreamResource：从输入流对象加载资源。
- ByteArrayResource：从字节数组读取资源。

Resource 代表了从不同位置以透明的方式获取的资源，包括从 classpath、文件系统位置、URL 描述的位置等。如果资源位置串是一个没有任何前缀的简单路径，这些资源来自何处取决于实际应用上下文的类型。

2．Resource 接口的常用方法

Resource 接口提供了获取文件名、URL 地址以及资源内容的操作方法。

- getFileName()：获取文件名。
- getFile()：获取资源对应的 File 对象。
- getInputStream()：直接获取文件的输入流。
- exists()：判断资源是否存在。

【程序清单 1-8】文件名为 ClassPathResourceTest.java

```java
import org.springframework.core.io.*;
public class ClassPathResourceTest  {
  public static void main(String[] args) throws Exception  {
     Resource cpr = new ClassPathResource("test.xml");
     System.out.println(cpr.getFilename());
     System.out.println(cpr.getDescription());
     System.out.println(cpr.exists());
  }
}
```

【运行结果】

```
test.xml
class path resource [test.xml]
true
```

 test.xml 文件要存放在类路径的根目录下，也就是工程环境的 src 目录下。如果资源在类路径根目录中不存在，则 exists()方法返回 false。

在 Web 应用中访问 webapp 路径下的文件，可采用如下方法。

```java
ApplicationContext c=RequestContextUtils.getWebApplicationContext(request);
File indexDir = c.getResource("/resources/index").getFile();
```

其中，request 为 HttpServletRequest 对象，RequestContextUtils 为一个工具类。

1.5.2　使用 ApplicationContext 接口访问文件资源

Spring 提供两个标志性接口，即 ResourceLoader 和 ResourceLoaderAware。

- ResourceLoader：资源加载器接口，其 getResource（String location）方法可获取资源，返回一个 Resource 实例。应用上下文同时也是一个资源加载器。
- ResourceLoaderAware：该接口实现类的实例将获得一个 ResourceLoader 的引用，它会在应用初

始化时自动回调，将应用上下文本身作为资源加载器传入。

ApplicationContext 的实现类都实现 ResourceLoader 接口，因此，当 Spring 应用需要进行资源访问时，并不需要直接使用 Resource 实现类，而是调用 ApplicationContext 实例的 getResource()方法来获得资源。ApplicationContext 将根据其对象定义的资源访问策略来获取资源，从而将应用程序和具体的资源访问策略分离开来。例如：

```
ApplicationContext ctx = new ClassPathXmlApplicationContext("beans.xml");
Resource res = ctx.getResource("book.xml");
```

以上代码中，创建 ApplicationContext 对象使用了 ClassPathApplicationContext 来创建，所以，使用该对象获取资源时将会用 ClassPathResource 来加载资源，也就是在应用的类路径下查找 book.xml 文件。

当然，也可以不管上下文环境，在查找资源标识中强制加上路径前缀。例如：

```
Resource template = ctx.getResource("classpath:somepath/my.txt");
```

以下是常见的前缀及对应的访问策略。

● classpath：以 ClassPathResource 实例来访问类加载路径下的资源。

● file：以 FileSystemResource 实例来访问本地文件系统的资源。

● http：以 UrlResource 实例来访问基于 HTTP 协议的网络资源。

● 无前缀：由 ApplicationContext 的实现类来决定访问策略。

【应用经验】在 Java 桌面应用程序中文件资源的相对路径是相对于工程根目录的位置，但根路径下的文件在进行应用打包为可执行的 JAR 时，将不在包中，因此，图片文件将经常被放到工程的 src 目录下。这时，常用如下方法指定图标文件的路径。

```
new ImageIcon(getClass().getResource("table.gif"));
```

也可用 org.springframework.util 包中提供的 ClassUtils 类获取类路径下资源。

```
ClassUtils.getDefaultClassLoader().getResource("table.gif");
```

 资源访问中要访问绝对路径的资源，建议采用 "file:" 作为前缀，还要注意后面斜杠符的作用。例如：

```
new FileSystemXmlApplicationContext("file:bean.xml");        //相对路径
new FileSystemXmlApplicationContext("file:/bean.xml");       //绝对路径
```

其中，相对路径以当前工作路径为路径起点，绝对路径以文件系统路径为路径起点。如果省去 "file:" 前缀，则不管是否以斜杠符开头，均按相对路径处理。

1.5.3 使用 ResourceUtils 类访问文件资源

Spring 提供了一个 ResourceUtils 工具类，支持 "classpath:" 和 "file:" 的地址前缀，它能够从指定

的地址加载文件资源。例如：

```
File clsFile = ResourceUtils.getFile("classpath:file1.txt");
File myFile = ResourceUtils.getFile("file:f://ecjtu/file2.txt");
```

1.5.4　FileCopyUtils 类的使用

FileCopyUtils 类提供了许多静态方法，能够将输入源的数据复制到输出的目标中。

- static void copy(byte[] in, File out)：将 byte[]数组的数据复制到文件中。
- static void copy(byte[] in, OutputStream out)：将 byte[] 数组的数据复制到输出流中。
- static int copy(File in, File out)：将一个文件的内容复制到另一个文件中。
- static int copy(InputStream in, OutputStream out)：将输入流的数据复制到输出流中。

以下为应用举例。

```
Resource res = new ClassPathResource("conf/file1.txt");
    //以下将文件内容复制到另一个目标文件中
FileCopyUtils.copy(res.getFile(),new File(res.getFile().getParent()+ "/file2.txt"));
```

1.5.5　属性文件操作

在 JDK 中，可以通过 java.util.Properties 的 load(InputStream in)方法从一个输入流中加载属性资源。

Spring 提供的 org.springframework.core.io.support.PropertiesLoaderUtils 可通过基于类路径的地址加载属性文件资源。假设 jdbc.properties 位于类路径下。

```
Properties props = PropertiesLoaderUtils.loadAllProperties("jdbc.properties");
System.out.println(props.getProperty("jdbc.driverClassName"));
```

此外，PropertiesLoaderUtils 还可从 Resource 对象中加载属性资源，该工具类含有如下两个实用方法。

- static Properties loadProperties(Resource resource)：从 Resource 中加载属性。
- static void fillProperties(Properties props, Resource resource)：将 Resource 中的属性数据添加到一个已经存在的 Properties 对象中。

第 2 章　Spring Bean 配置与 SpEL 语言

传统程序设计中，上层模块往往直接调用下层模块的方法。一旦下层模块的方法改变，上层模块的代码也需相应地修改，造成了上层模块依赖于下层模块。解决办法是将上层模块中用到的方法提取出来定义成接口，上层只针对接口编程。Spring 环境中接口编程广泛使用，类设计中将属性定义为某种接口类型，在创建 Bean 对象时，借助依赖注入将容器中符合要求的对象给属性赋值。Spring 依托应用上下文环境（ApplicationContext）来加载和管理容器中的 Bean 对象，通过 IoC 容器实现 Bean 的自动装配和生命周期管理。

2.1　Bean 的依赖注入方式

Spring 最重要的两个核心理念是控制反转（IoC）和面向切面编程（AOP）。IoC 是一种通过描述来生成或者获取对象的技术，对于初学者而言，更多的是熟悉用 new 关键字来创建对象，而 Spring 是通过描述来创建对象。

对象之间并不是孤立的，它们之间还可能存在依赖的关系。Spring 提供了依赖注入的功能，由 IoC 容器来管理依赖，是一种将组件依赖关系的创建与管理置于程序外部的技术，依赖注入增加了模块的重用性和灵活性。

Spring 常用两种依赖注入方式，一种是设值注入方式，利用 Bean 的 setter()方法设置 Bean 的属性值；另一种是构造注入，通过给 Bean 的构造方法传递参数来实现 Bean 的属性赋值。

2.1.1　设值注入方式

设值注入方式在实际开发中得到了最广泛的应用。优点是简单、直观；缺点是属性多时，需要很多 setter()和 getter()方法。下面例子中定义了一个 Shape 接口，该接口定义了 Rectangle 和 Circle 的两种实现类。在 AnyShape 类的 Shape 类型的属性中通过注入 Rectangle 或 Circle 类型的对象来实现不同的行为结果。

1. 定义接口文件

【程序清单 2-1】文件名为 Shape.java

```java
package chapter2;
public interface Shape {
    public double area();                                //求形状的面积
}
```

2. 编写实现接口的类

以下分别针对矩形（Rectangle）和圆（Circle）的"求面积"方法给出不同实现。

【程序清单 2-2】文件名为 Rectangle.java

```java
package chapter2;
public class Rectangle implements Shape {
    double width,height;
    public double getWidth() {
        return width;
    }
    public void setWidth(double width) {
        this.width = width;
    }
    public double getHeight() {
        return height;
    }
    public void setHeight(double height) {
        this.height = height;
    }
    public double area() {                               //矩形面积
        return width*height;
    }
}
```

【程序清单 2-3】文件名为 Circle.java

```java
package chapter2;
public class Circle implements Shape {
    double r;
    public double getR() {
        return r;
    }
    public void setR(double r) {
        this.r = r;
    }
    public double area() {                               //圆的面积
```

```
        return Math.PI*r*r;
    }
}
```

3. AnyShape 类的定义

【程序清单 2-4】文件名为 **AnyShape.java**

```
package chapter2;
public class AnyShape {
    Shape  shape;                                    //shape 属性为 Shape 接口类型
    public void setShape(Shape shape){this.shape = shape;}
    public Shape getShape(){return shape;}
    public void outputArea() {
        System.out.println("面积= "+ shape.area());
    }
}
```

【应用经验】在实际开发环境中 setter()和 getter()方法可让开发环境自动产生。在程序中右击，在弹出的快捷菜单中选择 Source→Generate Getters and Setters 命令即可给所有属性添加 setter()和 getter()方法。除此以外，程序中的构造方法、toString()方法等均可根据需要由环境自动产生。

4. 用配置文件实现属性注入

Spring 通过配置文件传递引用的类和相关属性参数，这样比以前固定写在程序里更灵活，也更具重用性。XML 配置中通过<bean>标记实现 Bean 的构建和属性注入。例如：

【程序清单 2-5】文件名为 **myContext.xml**

```
<?xml version="1.0" encoding="UTF-8"?>
<beans xmlns="http://www.springframework.org/schema/beans"
xmlns:xsi="http://www.w3.org/2001/XMLSchema-instance"
xsi:schemaLocation="http://www.springframework.org/schema/beans
http://www.springframework.org/schema/beans/spring-beans.xsd">
<bean id="myShape" class="chapter2.Circle" >
    <property name="r" >
        <value>2.5</value>
    </property>
</bean>
<bean  id="anyShape" class="chapter2.AnyShape" >
    <property name="shape">
        <ref  bean="myShape"/>
    </property>
</bean>
</beans>
```

（1）<bean>的 id 属性定义 Bean 的标识，查找和引用 Bean 是通过该标识进行的。还可通过<bean>的子元素<alias/>给 Bean 定义别名。例如：

```
<alias name="fromName" alias="toName"/>
```

（2）<bean>的 class 属性定义 Bean 对应的类的路径和名称。

（3）通过<bean>的子元素<property>实现属性值的设置，它是通过调用相应属性的 setter() 方法实现属性值的注入。

（4）标识为 anyShape 的 Bean 在设置 shape 属性时通过<ref/>标记引用了标识为 myShape 的 Bean，也就是 shape 属性由标识为 myShape 的 Bean 决定。

实际上，引用同一配置文件中的其他 Bean 也可以通过<ref/>标记的 local 属性来实现，而<ref/>标记的 bean 属性则可以引用不在同一配置文件中的 Bean。

5. 测试程序

以下编写一个应用程序来测试 Bean 的装载和使用。

【程序清单 2-6】文件名为 Test.java

```java
package chapter2;
import org.springframework.context.ApplicationContext;
import org.springframework.context.support.*;
public class Test {
    public static void main(String[] args) {
        ApplicationContext context=
            new FileSystemXmlApplicationContext("myContext.xml");
        AnyShape s=(AnyShape)context.getBean("anyShape");
        s.outputArea();
    }
}
```

【运行结果】

```
面积= 19.634954084936208
```

（1）程序中通过 FileSystemXmlApplicationContext 类完成应用环境的装载，从文件系统中载入 XML 文件。这里在指定文件路径时是采用不加前缀的默认表示，存在两种情形：没有盘符的表示使用项目工作路径，即相对项目的根目录；有盘符的代表的是文件绝对路径。

（2）程序中通过 ApplicationContext 对象的 getBean()方法从容器中获取 Bean，并通过其引用变量执行 Bean 的相应方法。getBean()方法常用以下几种形式。

- Object getBean(String name)：返回以给定名称注册的 Bean 实例。
- T getBean(String name, Class<T>requiredType)：返回以给定名称注册的 Bean 实例，并转换为给定 Class 类型的对象。
- T getBean(Class<T> type)：返回给定 Class 类型的 Bean 实例。

读者可以修改配置，给 AnyShape 的 shape 属性注入一个矩形，观察结果变化。

2.1.2 构造注入方式

构造注入方式是通过构造方法的参数实现属性值的注入。例如：

```
public AnyShape(Shape shape){
    this.shape= shape;
}
```

使用构造注入，需要将<bean>的 autowire 属性设置为 constructor。

```
<bean id="anyShape" class="chapter2.AnyShape" autowire="constructor">
    <constructor-arg name="shape">
        <ref bean="myShape"/>
    </constructor-arg>
</bean>
```

以上是通过<bean>的子元素<constructor-arg>的设置根据构造方法的参数名称给 Bean 注入属性值。另一种方式是根据参数的位置顺序来注入参数值。第一个参数的索引值是 0，第二个参数的索引值是 1，以此类推。例如：

```
<bean id="anyShape" class="chapter2.AnyShape" autowire="constructor">
    <constructor-arg index="0">
        <ref bean="myShape"/>
    </constructor-arg>
</bean>
```

Spring 对 bean 没有任何要求，但建议按如下原则进行设计。
- Bean 实现类通常要提供无参构造方法，在 JSP 中构造 Bean 时用到无参构造方法。
- 接收构造注入的 Bean，在类中需要提供对应的构造方法。
- 接收设值注入的 Bean，应提供对应的 setter()方法，并不强制提供 getter()方法。

2.1.3 集合对象注入

List、Set 和 Map 是代表三种集合类型的接口。在 Spring 中，可通过一组内置的 XML 标记（如<list>、<set>、<map>）实现这些集合类型数据的注入。

1. Bean 的类定义

类 SomeBean 中包含了数组、List、Map 几种类型的属性以及 setter()和 getter()方法。

【程序清单 2-7】文件名为 SomeBean.java

```java
package chapter2;
import java.util.*;
public class SomeBean {
    private String[] myArray;                                        //数组
    private List<String> myList;                                     //列表
    private Map<String, String> myMap;                               //Map
    public String[] getMyArray() {return myArray;}
    public void setMyArray(String[] myArray) {this.myArray = myArray;}
    public List<String> getMyList() {return myList;}
    public void setMyList(List<String> myList) {this.myList = myList;}
    public Map<String, String> getmyMap() {return myMap;}
    public void setMyMap(Map<String, String> map) {myMap = map;}
}
```

2. 配置文件

以下配置文件给出了各类集合类型属性的数据值注入方法。数组和列表一样，均是通过<list>标记实现属性值的注入。特别地，如果在<list>标记中不含任何子元素，则得到的列表为不含任何成员的空列表。Map 是通过<map>标记注入各个映射项。

【程序清单 2-8】文件名为 beans-config.xml

```xml
<?xml version="1.0" encoding="UTF-8"?>
<beans>
    <bean id="someBean" class="chapter2.SomeBean">
        <property name="myArray">
            <list>
                <value>John</value>
                <value>Mary</value>
            </list>
        </property>
        <property name="myList">
            <list>
                <value>Java</value>
                <value>VB</value>
            </list>
        </property>
        <property name="myMap">
            <map>
                <entry key="thank">
                    <value>谢谢</value>
                </entry>
```

```
        </map>
      </property>
    </bean>
  </beans>
```

这种注入形式感觉有些冗长，本章后面将介绍更为简练的 SpEL 表达形式。

3. 测试程序

【程序清单 2-9】文件名为 testDemo.java

```java
package chapter2;
import java.util.List;
import org.springframework.context.ApplicationContext;
import org.springframework.context.support.FileSystemXmlApplicationContext;
public class TestDemo {
    public static void main(String[] args) {
        ApplicationContext context = new FileSystemXmlApplicationContext(
                "beans-config.xml");
        SomeBean myBean = (SomeBean) context.getBean("someBean");
        String[] strs = myBean.getMyArray();              //取得注入的数组
        for(int i = 0; i < strs.length; i++) {
            System.out.println(strs[i]);
        }
        List<String> x = myBean.getMyList();              //取得注入的 List
        for(int i = 0; i < x.size(); i++) {
            System.out.println(x.get(i));
        }
    }
}
```

【运行结果】

```
John
Mary
Java
VB
```

 程序中只演示了对数组和列表的访问，对 **Map** 的访问读者自行补充。

2.2　自动扫描注解定义 Bean

定义 Bean 的另一种方式是启用自动扫描，在应用环境的 XML 配置中加入如下配置。

```
<context:component-scan base-package="chapter2" />
```

如此，Spring 将扫描所有 chapter2 包及其子包中的类，识别所有标记了 @Component、@Controller、@Service、@Repository 等注解的类，根据注解自动创建 Bean。随着注解功能的增强，对于 XML 的依赖越来越少，到了 4.x 的版本后甚至可以完全脱离 XML，因此在 Spring 中使用注解开发占据了主流的地位。

前面例子中，如果采用注解，定义 Bean 的方式可修改如下：

在程序清单 2-3 上加上@Component 注解。

```
@Component
public class Circle implements Shape {...}
```

 Spring 将自动根据注解产生标识为 circle 的 Bean，其名字特点是将类名的首字符改为小写后的字符串。

在程序清单 2-4 中添加@Component 注解和@Resource 注解。

```
@Component
public class AnyShape {
    @Resource(name= "circle")
    Shape   shape;                                        //Shape 接口类型
    ...
}
```

其中，@Resource(name="circle")通常添加到属性定义或属性对应的 setter()方法前，用来表示 Bean 属性的引用依赖关系。这里表示 shape 属性值由 circle 这个 Bean 决定。

2.3 Bean 的生命周期

Spring 通过 IoC 容器管理 Bean 的生命周期，每个 Bean 从创建到消亡所经历的时间过程称为 Bean 的生命周期，其过程包括构造对象、属性装配、回调、初始化、就绪、销毁等阶段。

其中，Bean 在初始化阶段将执行 init-method 属性设置的方法，在销毁阶段将执行 destroy-method 属性设置的方法。如果 Bean 定义时实现了 initializingBean 接口，则初始化阶段将先执行该接口中的 AfterPropertiesSet()方法，再执行 init_method 属性指定的方法。同样，如果 Bean 定义时实现了 DisposableBean 接口，则在销毁阶段先执行接口中定义的 destroy()方法，再执行 destroy-method 属性指定的方法。

每个 Bean 的生命周期的长短取决于其 scope 设置。而 Bean 的属性装配则取决于装配方式的设置和依赖检查方式（dependency-check）的设置。

2.3.1 Bean 的范围

Bean 的作用域也称为有效范围。在 Spring 中，Bean 的作用域是由 bean 的 scope 属性指定。Spring 支持五种作用域，如表 2-1 所示。bean 的 scope 属性默认值为 singleton，也就是说，默认情况下，对 Bean 工厂的 getBean() 方法的每一次调用都返回同一个实例。

表 2-1　bean的作用域

作用域	描述
singleton	Spring IoC 容器只会创建该 bean 定义的唯一实例
prototype	IoC 容器中，同一个 bean 对应多个对象实例
request	每次 HTTP 请求将会有各自的 bean 实例
session	在一个 HTTP Session 中，一个 bean 定义对应一个实例。当 HTTP Session 最终被废弃的时候，在该 HTTP Session 作用域内的 bean 也会被废弃掉
global session	在一个全局的 HTTP Session 中，一个 bean 定义对应一个实例。典型情况下，仅在使用 portlet context 的时候有效

除 singleton 和 prototype 外的其他三种只能用在基于 Web 的应用环境中。对于 singleton 形式的 Bean，Spring 容器将管理和维护 Bean 的生命周期。而 prototype 形式的 Bean，Spring 容器则不会跟踪管理 Bean 的生命周期。

一般地，对所有有状态的 Bean 应该使用 prototype 作用域，而对无状态或状态不变化的 Bean 使用 singleton 作用域。

为了验证 Bean 的作用域，读者可针对程序清单 2-5 所示的 myContext.xml 配置建立应用环境，然后从应用环境获取 Bean。可以发现，对标识为 anyShape 的 Bean，两次执行 getBean() 方法得到的是同一个实例。如果将配置文件中 bean 的 scope 属性修改为 prototype，则不难发现，两次获取 Bean 得到的是不同实例。

2.3.2 Bean 的自动装配方式

当要在一个 Bean 中访问另一个 Bean 时，可明确定义引用来进行连接。但是，如果容器能自动进行连接，将省去手动连接的麻烦。

解决办法是在配置文件中设置自动装配（autowire）方式。由容器自动将某个 Bean 注入到另一个 Bean 的属性中。Spring 支持的自动装配方式如表 2-2 所示。

表 2-2　Spring支持的自动装配方式

方式	描述
no	手动装配
byName	通过 id 的名字自动注入对象
byType	通过类型自动注入对象
constructor	根据构造方法自动注入对象
autodetect	完全交给 Spring 管理，按先 Constructor 后 byType 的顺序进行匹配

自动装配的优先级低于手动装配的优先级，自动装配一般应用于快速开发中，Spring 默认按类型装配（byType）。在后面章节中常用到@Autowired 注解，将该注解添加在属性定义前，表示用自动装配给属性注入对象。例如：

```
@Autowired Shape myshape;
```

2.3.3　Bean 的依赖检查

在自动绑定中，不能从定义文件中清楚地看到是否每个属性都完成了设定，为了确定某些依赖关系确实建立，可以在<bean>标记中设定 dependency-check 属性来实现依赖检查。依赖检查方式有以下四种。

- simple：只检查基本数据类型和字符串对象属性是否完成依赖关系。
- objects：检查对象类型的属性是否完成依赖关系。
- all：检查全部的属性是否完成依赖关系。
- none：该方式为默认情形，表示不检查依赖性。

依赖检查用于当前 Bean 初始化之前显式地强制给一个或多个 Bean 进行初始化。

ApplicationContext 默认是在应用启动时将所有 singleton 形式 Bean 提前进行实例化。根据需要，可以通过设置 Bean 的 lazy-init 属性为 true 来实现初始化延迟。

2.4　使用基于注解的配置

2.4.1　使用@Configuration 和@Bean 进行 Bean 的声明

Spring 注解配置有两个实现类：AnnotationConfigApplicationContext 和 AnnotationConfigWebApplicationContext。AnnotationConfigWebApplicationContext 是 AnnotationConfigApplicationContext 的 Web 版本，其用法几乎没有什么差别，因此以下针对 AnnotationConfigApplicationContext 进行介绍。

1. 用 Java 类实现 Bean 的配置定义

在类头前面加上@Configuration 注解，以明确指出该类是 Bean 配置的信息源。Spring 要求标注 @Configuration 的类必须有一个无参构造方法。采用基于注解的配置要用到 AOP，因此，要将 cglib-nodep.jar 加入到应用的 lib 中。

在配置类中标注了@Bean 的方法的返回对象将识别为 Spring Bean，并注册到容器中。以下为配置样例。

【程序清单 2-10】文件名为 MyConfig.java

```
package chapter2;
import org.springframework.context.annotation.*;
```

```
import chapter1.Speak;
@Configuration
public class MyConfig {
    @Bean
    public Speak mySpeak() {
        Speak x = new Speak();
        x.setMessage("您好");
        return x;
    }
}
```

 （1）默认情况下，用方法名标识 Bean。因此，与以上配置等价的 XML 配置如下：

```
<bean id="mySpeak" class="chapter1.Speak">
    <property name="message"  value="您好"/>
</bean>
```

（2）与 XML 配置对应，采用@Bean 注解定义 Bean 时可通过如下属性设置进行配置。
● name：给 Bean 指定一个或者多个名字。例如：

```
@Bean(name="mySpeak")
@Bean(name={"mySpeak","speak"})
```

● initMethod：容器在初始化完 Bean 之后，会调用该属性指定的方法。这等价于 XML
配置中的 init-method 属性。
● destroyMethod：在容器销毁 Bean 之前，会调用该属性指定的方法。这等价于 XML
配置中的 destroy-method 属性。
● autowire：指定 Bean 属性的自动装配策略，取值是 Autowire 类型的三个静态属性，
即 Autowire.BY_NAME、Autowire.BY_TYPE、Autowire.NO。

2. 应用基于类注解定义的 Bean 配置

AnnotationConfigApplicationContext 提供了三个构造函数用于初始化容器。
● AnnotationConfigApplicationContext()：该构造函数初始化一个空容器，容器不包含任何 Bean 信
息，需要在稍后通过调用其 register()方法注册配置类，并调用 refresh()方法刷新容器。
● AnnotationConfigApplicationContext(Class... annotatedClasses)：这是最常用的构造方法，将相应
配置类中的 Bean 自动注册到容器中。
● AnnotationConfigApplicationContext(String... basePackages)：该构造方法会自动扫描给定的包及
其子包下的所有类，并自动识别所有的 Spring Bean，将其注册到容器中。它不但识别标注
@Configuration 的配置类并正确解析，而且同样能识别使用@Repository、@Service、@Controller、
@Component 标注的类。

此外，AnnotationConfigApplicationContext 还提供了 scan()方法，主要用在容器初始化之后动态增加

Bean 至容器中。但调用了该方法以后，通常要调用 refresh()刷新容器，以便让变更立即生效。在应用中采用注解配置可用如下方式。

```
AnnotationConfigApplicationContext ctx =
            new AnnotationConfigApplicationContext(MyConfig.class);
```

一般项目中，会根据软件的模块或者结构定义多个 XML 配置文件，然后再定义一个入口的配置文件，该文件将其他的配置文件组织起来。最后只需将入口配置文件传给 ApplicationContext 的构造方法即可。

对于基于注解的配置，Spring 也提供了类似的功能，只需定义一个入口配置类，并在该类上使用 @Import 注解引入其他的配置类即可，最后只需要将该入口配置类传递给 AnnotationConfig-ApplicationContext。以下为使用@Import 注解的具体示例。

```
@Configuration
@Import({BookServiceConfig.class,BookDaoConfig.class})
public class BookConfig{...}                          //入口配置类
```

2.4.2 混合使用 XML 与注解进行 Bean 的配置

设计@Configuration 注解是为了在 XML 配置之外多一种选择。XML 配置的一些高级功能目前还没有相关注解支持。因此，常采用以某种配置为中心的混合配置方式。

1. 以 XML 配置为中心

对于已经存在的大型项目，可能初期是以 XML 进行 Bean 的配置，后续逐渐加入了注解的支持，这时只需在 XML 配置文件中声明 annotation-config 以启用针对注解的 Bean 后处理器，并将被 @Configuration 标注的类定义为普通的 Bean。例如：

```
@Configuration
public class MyConfig {
    @Bean
    @Scope("prototype")                          //指定 Bean 的作用域
    public UserDao userDao() {return new UserDaoImpl();}
}
```

此时，只需在 XML 中做如下声明即可。

```
<beans ...>   ...
    <context:annotation-config/>
    <bean class=" chapter2.MyConfig"/>
</beans>
```

特别地，如果存在多个标注了@Configuration 的类，则需要在 XML 文件中逐一列出。

2. 以注解为中心的配置方式

对于以注解为中心的配置方式，使用@ImportResource 注解引入 XML 配置即可。例如：

```
@Configuration
@ImportResource("classpath:/ chapter2/spring-beans.xml")
public class MyConfig {...}
```

容器的初始化过程和以纯注解配置方式一致。

2.5 Spring 的过滤器和监听器

2.5.1 Spring 的过滤器

过滤器（Filter）是小型的 Web 组件，在运行时由 Servlet 容器调用，用来拦截、处理请求和响应。Filter 主要用于对 HttpServletRequest 的请求进行预处理，也可对 HttpServletResponse 的响应进行后处理。一个请求和响应可被多个 Filter 拦截。过滤器广泛应用于 Web 处理环境。常见的 Filter 有以下几种。

- 用户授权的 Filter：负责检查用户的访问请求，过滤非法的请求。
- 日志 Filter：记录某些特殊的用户请求。
- 负责解码的 Filter：对非标准编码的请求进行解码。
- XSLT Filter：通过格式转换改变 XML 内容。

编写 Servlet 过滤器类都必须实现 javax.servlet.Filter 接口。接口含有三种方法。

- init(FilterConfig cfg)：这是 Servlet 过滤器的初始化方法。
- doFilter(ServletRequest,ServletResponse,FilterChain)：完成实际过滤操作，FilterChain 参数用于访问后续过滤器。
- destroy()：Servlet 容器在销毁过滤器实例前调用该方法，用于释放 Servlet 过滤器占用的资源。

Spring 的过滤器通过 Web 部署描述符（web.xml）中的 XML 标签<filter>来声明。这样添加和删除过滤器时，无须改动任何应用程序代码。

以下介绍一个常用过滤器。通过表单和超链接向服务器提交数据时，常有中文乱码现象。一种解决办法是在 web.xml 中配置一个编码转换过滤器。

```
<!-- 定义解决汉字编码转换的过滤器 -->
<filter>
  <filter-name>chinacode</filter-name>
  <filter-class>org.springframework.web.filter.CharacterEncodingFilter
  </filter-class>
  <init-param>  <!-- ① 编码方式 -->
    <param-name>encoding</param-name>
    <param-value>UTF-8</param-value>
```

```
      </init-param>
  </filter>
  <!-- 过滤器映射路径 -->
  <filter-mapping>  <!-- ② 过滤器的匹配 URL -->
      <filter-name>chinacode</filter-name>
      <url-pattern>/*</url-pattern>
  </filter-mapping>
```

如此处理后，对服务器的所有 URL 请求的数据都会被转码为 UTF-8 编码格式。

以下为用户自编的简单过滤器的实现。

【程序清单 2-11】文件名为 filtertest.java

```java
package chapter2.filter;
import javax.servlet.Filter;
import javax.servlet.FilterChain;
import javax.servlet.FilterConfig;
import javax.servlet.ServletException;
import javax.servlet.ServletRequest;
import javax.servlet.ServletResponse;
import javax.servlet.annotation.WebFilter;

@WebFilter(urlPatterns = "/*")
public class filtertest implements Filter {
    //服务器关闭时调用
    @Override
    public void destroy() { }

    @Override
    public void doFilter(ServletRequest arg0, ServletResponse arg1,
            FilterChain arg2) {
        try {
            System.out.println("测试");
            arg2.doFilter(arg0, arg1);
        } catch(Exception e) {
            System.out.println(e);
        }
    }

    //服务器启动时调用
    @Override
    public void init(FilterConfig arg0) throws ServletException {
        System.out.println("start");
    }
}
```

@WebFilter 注解是 Servlet 3.0 的规范，除了这个注解以外，还需在配置类中加另外一个注解：@ServletComponentScan，指定扫描的包。例如：

```
@ServletComponentScan("chapter2.filter")
```

2.5.2 Spring 的监听器

当 Web 应用在 Web 容器中运行时，会发生各种事件，如 Web 应用被启动、用户 Session 开始、用户请求到达等。Servlet API 提供了大量监听器来监听 Web 应用的内部事件，并允许发生事件时回调事件监听器内的方法，从而对 Servlet 容器中的事件作出反应。

常用监听器接口有以下几个。

- ServletRequestListener：监听 HTTP 请求。
- HttpSessionListener：监听 Session 请求。
- ServletContextListener：用于监听 Servlet 应用环境的数据变化。

在 web.xml 中用<listener>元素注册一个监听程序，其子元素<listener-class>指明监听器对应的类。

Spring 的 ContextLoaderListener 实现了 ServletContextListener 接口，用于启动 Web 容器时，自动装配 ApplicationContext 的配置信息。在 ServletContextListener 这个接口中定义了 contextInitialized() 和 contextDestroyed()两个方法，将分别在 Web 应用程序的"初始阶段"和"结束阶段"由 Web 容器调用，这两个方法均有一个 ServletContextEvent 类型的参数。在 Web 中部署特殊工作任务可用到这两个方法。

下面介绍一个用监听器的例子。在网站中经常需要进行在线人数的统计。也许有读者会想到在登录和退出时进行处理，用户登录时计数器加 1，用户退出时计数器减 1。但如何检测用户的退出？用户常常是直接关闭浏览器而退出的。

可以用事件监听器来解决。当浏览器第一次访问网站的时候，Web 服务器会新建一个 HttpSession 对象，并触发 HttpSession 创建事件，如果注册了 HttpSessionListener 事件监听器，则会调用 HttpSessionListener 事件监听器的 sessionCreated()方法；相反，当浏览器超时未联系服务器的时候，Web 服务器会销毁相应的 HttpSession 对象，触发 HttpSession 销毁事件，同时调用 HttpSessionListener 事件监听器的 sessionDestroyed()方法。因此，可在 HttpSessionListener 实现类的 sessionCreated()方法中让计数器加 1，在 sessionDestroyed()方法中让计数器减 1。

【程序清单 2-12】文件名为 OnlineCounterListener.java

```java
package chapter2;
import javax.servlet.http.* ;
public class OnlineCounterListener implements HttpSessionListener {
    public static long online = 0;
    public void sessionCreated(HttpSessionEvent e) {online++;}
    public void sessionDestroyed(HttpSessionEvent e) {online--;}
}
```

程序中通过一个变量 online 来统计在线用户数。

要使用这个监听器，只需在网站应用的 web.xml 中加入如下配置内容。

```
<listener>
    <listener-class>chapter2.OnlineCounterListener </listener-class>
</listener>
```

 将@WebListener 注解加在类定义前可实现用注解定义监听器。

以下 JSP 页面在访问时将显示在线人数。

```
<%@ page language="java" pageEncoding="GB2312"%>
<%@ page import="chapter2.OnlineCounterListener"%>
<html><body>在线人数:<%= OnlineCounterListener.online%></body></html>
```

2.6　Spring 的 SpEL 语言

Spring 表达式语言（简称 SpEL）是一个类似 EL 的语言，SpEL 可以独立于 Spring 容器，进行表达式求解，也可以在注解和 XML 配置中使用。

2.6.1　SpEL 支持的表达式类型

1. 基本表达式

基本表达式包括字面量表达式，关系、逻辑与算术运算表达式，字符串连接及截取表达式，三目运算及 Elivis 表达式，正则表达式等。在表达式中可使用括号，括号里的内容具有高优先级。

SpEL 支持的字面量包括字符串、数字类型（int、long、float、double）、布尔类型、null 类型。SpEL 的基本表达式有如下一些运算符，不区分大小写。

（1）算术运算：包括加（+）、减（-）、乘（*）、除（/）、求余（%）、幂（^）运算。SpEL 还提供求余（MOD）和除（DIV）两个运算符，与 "%" 和 "/" 等价，不区分大小写。

（2）关系运算：包括等于（==）、不等于（!=）、大于（>）、大于等于（>=）、小于（<）、小于等于（<=）、区间（between）运算。SpEL 同样提供了等价的 EQ、NE、GT、GE、LT、LE 来表示等于、不等于、大于、大于等于、小于、小于等于。

between 运算符的应用举例。

```
"1 between {1, 2}"
```

（3）逻辑运算符：包括与（and）、或（or）、非（!或 NOT）。

（4）使用 "+" 进行字符串连接，使用 "'String'[index]" 来截取一个字符。例如，"'Hello World!'[0]" 将返回 H。

（5）三目运算符形式为"表达式 1?表达式 2:表达式 3"，用于构造三目运算表达式。例如，"2>1?true:false"将返回 true；Elivis 运算符形式为"表达式 1?:表达式 2"，从 Groovy 语言引入，用于简化三目运算符，当表达式 1 为非 null 时则返回表达式 1，当表达式 1 为 null 时则返回表达式 2。

2. 类相关表达式

类相关表达式包括类类型表达式、类实例化、instanceof 表达式、变量定义及引用、赋值表达式、自定义函数、对象属性存取及安全导航表达式、对象方法调用、Bean 引用等。运算符 new 和运算符 instanceof 与 Java 使用一样。

使用时注意以下几点。

（1）使用 T(Type)来表示某类型的类，进而访问类的静态方法和静态属性，如 T(Integer).MAX_VALUE、T(Integer).parseInt('24')。在标识类时，除了 java.lang 包中的类以外，必须使用全限定名。

（2）SpEL 允许通过"#variableName=value"形式给自定义变量或对象赋值。

（3）对象属性和方法调用同 Java 语法，但 SpEL 对于属性名的首字母是不区分大小写的。例如，"'thank'.substring(2,4)"将返回 an。

另外，SpEL 还引入了 Groovy 语言中的安全导航运算符"(对象|属性)?.属性"，在连接符"."之前加上"?"是为了进行空指针处理。如果对象是 null，则计算中止，直接返回 null。

3. 集合相关表达式

集合相关表达式包括内联 List、内联数组、集合以及集合投影、集合选择等。使用{表达式，……}定义内联 List。例如，"{1,2,3}"将返回一个整型的 ArrayList，而"{}"将返回空的 List。内联数组和 Java 数组定义类似，在定义时可进行数组初始化。

Bean 配置中可通过 SpEL 给集合和数组注入元素，程序清单 2-8 的属性注入可简化如下：

```
<property name="myArray" value="#{{'John','Mary'}}"/>
<property name="myList"  value="#{{'Java','VB'}}"/>
```

SpEL 对集合的访问常用形式有以下几种。

（1）使用"集合[索引]"访问集合元素，使用 map[key]访问字典元素。例如：

```
<property name="choseCity" value="#{cities[2]}"/>
```

（2）获取集合中的若干元素（也称"过滤"）。从原集合选择出满足条件的元素作为结果集合。".?"用于求所有符合条件的元素。例如，选出人口大于 10000000 的 cities 元素作为 bigCities 的值。

```
<property name="bigCities" value="#{cities.?[population gt 10000000]}"/>
```

（3）用".!"选中已有集合中元素的某一个或几个属性构造新的集合（也称"投影"）。新集合元素可以为原集合元素的属性，也可以为原集合某些元素的运算结果。例如：

```
<property name="cityNames" value="#{cities.![name + ", " + state]}"/>
```

集合过滤和投影可以一起使用，如"#map.?[key != 'John'].![value+3]"将首先选择键值不等于 John 的成员构成新 Map，然后在新 Map 中再进行 value+3 的投影。

2.6.2 在 Bean 配置中使用 SpEL

SpEL 的一个重要应用是在 Bean 定义时实现功能扩展。Bean 定义时注入模板默认应用"#{SpEL 表达式}"表示。

1. 引用其他 Bean

例如，引用另外一个 id 为 dataSource 的 Bean 作为 dataSource 属性的值。

```
<bean id="jdbcTemplate" class="org.springframework.jdbc.core.JdbcTemplate">
  property name="dataSource" value="#{dataSource}" />
</bean>
```

其中，value="#{dataSource}"等同于 ref="dataSource"。

通过 SpEL 表达式还可以引用其他 Bean 的属性和方法。例如：

```
<property name="song" value="#{picksong.selectSong()}"/>
```

以上调用 id 为 picksong 的 Bean 的 selectSong()方法，用其返回值给 song 属性赋值。

2. 引用 Java 类

如果在 Bean 定义中要引用的对象不是 Bean，而是某个 Java 类，可使用表达式 T()来实现。例如，以下给 Bean 的属性注入随机数。

```
<bean id="numberGuess" class="org.spring.samples.NumberGuess">
  <property name="randomNumber" value="#{T(java.lang.Math).random() * 100.0}"/>
</bean>
```

前面例子是在 XML 配置中使用 SpEL，在注解方式下，常在@Value 中使用 SpEL 表达式。例如：

```
@Value("#{9.3E3}")
private double d;
```

下面代码读取属性文件中的 database.driverName 属性值给 driver 赋值。

```
@Value("${database.driverName}")
String driver;
```

要区分#和$在 SpEL 中的差异，#{...}用于执行 SpEL 表达式，而${...}主要用于加载外部属性文件中的值，#{...}和${...}可以混合使用，但是必须#{}在外面，${}在里面，形式为#{'${}'}，注意里面要使用单引号。

第 3 章　JSP 与 JSTL 简介

3.1　JSP 简单示例

JSP（Java Server Pages）是一种动态网页技术标准。它是在传统的 HTML 网页文件中通过 JSP 标记来插入 Java 代码，从而形成 JSP 文件。Web 服务器在遇到 JSP 网页的首次访问请求时，将编译产生对应的 Servlet 代码，然后执行代码，所以第一次访问相对较慢，以后访问将执行对应的 Servlet 代码。以下是一个简单 JSP 程序，运行结果如图 3-1 所示。

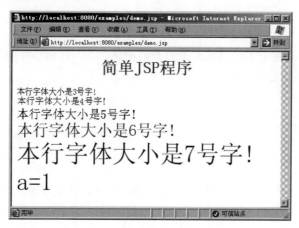

图 3-1　简单 JSP 程序的输出显示

【程序清单 3-1】文件名为 demo.jsp

```
<%@ page contentType="text/html; charset=UTF-8"%>
<% int a=0; %>
<!-- 这里是 HTML 注释-->
<center><b><font color="green" size="6">简单 JSP 程序</font></b></center><BR>
<%-- JSP 注释，以下将循环执行 --%>
<%for (int i=3;i<=7;i++) {%>
<FONT SIZE=<%=i %>> 本行字体大小是<%=i%>号字！ </FONT><BR>
<% }
a = a+1;
out.print("a="+a);
%>
```

（1）程序中分别出现了 HTML 注释和 JSP 注释。HTML 注释可通过 HTML 源代码看到注释内容。格式为<!--comment -->。JSP 代码注释也称为隐藏注释，它是对 JSP 代码的说明，在响应给浏览器的 HTML 代码中不存在。格式为<%--comment--%>。

（2）第一行的<%@ page ...%>为 JSP 的指令，这里用来指定页面的编码。

（3）程序中用到两种方式输出信息，一种是用 out 对象的 print()方法，另一种是用<%=表达式%>的形式。两者的作用等价。

（4）JSP 页面里的代码不仅可以输出动态内容，而且可以动态控制页面中静态内容。例如，该程序中的"本行字体大小"重复出现 5 次。

3.2 JSP 编译指令与动作标签

3.2.1 JSP 编译指令

编译指令是通知 JSP 引擎在编译代码时要处理的消息。JSP 包括三种编译指令：page、include 和 taglib。taglib 指令用于引入自定义标签，将在以后涉及。

指令的定义格式如下：

```
<%@ 指令名 属性1="值1" 属性2 ="值2"...%>
```

1．page 指令

page 指令应放在页面开始，用于指示针对当前页面的设置，其主要属性如表 3-1 所示。在 page 指令所有属性中，只有 import 属性可以出现多次，其余属性均只能定义一次。

表 3-1 page指令的主要属性

属 性 名	作 用
language	定义 JSP 页面中在声明、脚本片段和表达式中使用的脚本语言，默认值为java
import	该属性用于导入 JSP 页面脚本环境中使用的 Java 类
session	指定该页面是否有 HTTP 会话管理，默认值为 true
contentType	用来指定返回浏览器的内容类型，属性值可以为 text/plain、text/html、application/msword 等，默认值为 text/html。contentType 还可以指定字符编码格式
pageEncoding	指定字符编码格式，默认编码是西欧字符编码 ISO-8859-1，如果 JSP 页面编码为汉字字符编码，可以使用 GB2312、GBK 或者 UTF-8。如果在 contentType 中进行了设置，这里可以不进行设置
buffer	属性值为 none 或指定的缓冲区大小，默认值为 8KB
isELIgnored	设置为 true 时，会禁止 EL 表达式的计算
include	用于在代码编译时包含指定的源文件。被包含文件中 HTML 标签要注意不要与包含文件中的 HTML 标签相冲突

如果在返回浏览器页面中需要使用中文字符显示，可通过如下 page 指令。

```
<%@ page contentType="text/html;charset=UTF-8"%>
```

2. include 指令

用于将另一个文件的内容嵌入当前 JSP 文件中，格式如下：

```
<%@ include file="relativeURI" %>
```

该指令是在编译时将目标内容包含到当前 JSP 文件中，在 JSP 页面被转化成 Servlet 之前完成内容的融合。

3.2.2 JSP 动作标签

动作标签是指示 JSP 程序运行时的动作。JSP 包含 7 个标准的动作标签：include、useBean、setProperty、getProperty、forward、plugin、param。在框架应用占主流的今天，这些动作标签的应用越来越少。

● <jsp:include>动作标签用于程序执行时动态地将目标文件包含进来。

<jsp:include>动作标签的使用格式如下：

```
<jsp:include page="relativeURL">{<jsp:param name="name" value="value"/>}
</jsp:include>
```

其中，page 可以代表一个相对路径。子元素标签<jsp:param .../>为可选项，用于给被包含的页面传递参数。

● <jsp:forword>动作标签用于实现页面重定向。<jsp:forword>行为是在服务器端完成的，浏览器地址栏的内容并不会改变。在使用 forward 之前，不能有任何内容输出到客户端，否则会发生异常。

该标签只包括一个 page 属性，指定要转向的 URL 地址。另外，可以使用<jsp:param>子元素标签来指定 URL 参数列表。使用格式如下：

```
<jsp:forward page="url"> {<jsp:param name="name" value="value"/>}
</jsp:forward>
```

 在使用 forward 之前，不能有任何内容输出到客户端，否则会发生异常。

● <jsp:useBean>动作用来实例化一个页面使用的 JavaBean 组件。

<jsp:useBean>标签和<jsp:setProperty>、<jsp:getProperty>两个标签配合使用，该指令的属性如表 3-2所示。

表 3-2 <jsp:useBean>指令的属性

属　性	含　义
id	给 Bean 定义一个标识名，页面中通过该标识名访问 Bean
class	定义 Bean 所对应的带路径的类名
scope	指明 Bean 的作用域。有四个可能的值：page、request、session 和 application。默认值是 page
type	指明 Bean 的类型
beanName	赋予 Bean 一个名字

●　<jsp:setProperty>动作标签用于修改指定 Bean 的属性。语法如下：

```
<jsp:setProperty name="beanName" property="*" | property="propertyName"  value="具体的值" />
```

如果 property 的值是*，则表示将 JSP 页面中输入的全部值存储在匹配的 Bean 属性中。匹配的方法是：Bean 的属性名称与输入框的名字相同。

●　<jsp:getProperty>动作标签用于获取指定 Bean 属性的值，实际是调用 Bean 的 getter()方法。语法如下：

```
<jsp:getProperty name="beanName" property="propertyName"/>
```

以下代码演示在 JSP 页面中可以创建和访问页面级 Bean 对象。

【程序清单 3-2】文件名为 SimpleBean.java

```
package chapter3;
public class SimpleBean {
    private String message;                           //属性
    public String getMessage() {                      //getter()方法
        return message;
    }
    public void setMessage(String message) {          //setter()方法
        this.message = message;
    }
}
```

【程序清单 3-3】文件名为 test.jsp

```
<%@ page contentType="text/html; charset=UTF-8"%>
<jsp:useBean id="test" class="chapter3.SimpleBean"/>
<jsp:setProperty name="test" property="message" value="JSP Bean Test!"/>
<p>消息: <jsp:getProperty name="test" property="message"/>
```

 Bean 构建时用到无参构造方法，程序将根据 Bean 的属性设置显示内容。

3.3　JSP 内置对象

JSP 的内置对象是指在 JSP 页面系统中已经默认内置的 Java 对象，这些对象不需要开发人员显式声明即可使用。在 JSP 页面中，可以通过存取 JSP 内置对象实现与 JSP 页面和 Servlet 环境的相互访问。每个内部对象均有对应所属的 Servlet API 类型。例如，request 对应 javax.servlet.httpServlet Request。

内置对象的作用范围分为以下几种情形。

（1）application 范围：作用范围起始于服务器开始运行，application 对象被创建之时；终止于服务器关闭之时。

（2）session 范围：有效范围是整个用户会话的生命周期内。每个用户请求访问服务器时一般就会创建一个 session 对象，用户断开退出时 session 对象失效。

服务器对 session 对象有默认的时间限定，如果超过该时间限制，session 会自动失效。

（3）request 范围：在一个 JSP 页面向另一个 JSP 页面提出请求到请求完成之间。

（4）page 范围：有效范围是当前页面。

3.3.1　out 对象

out 对象用于向浏览器端输出数据。所有使用 out 对象输出的地方均可用<%=...%>形式的输出表达式代替。out 实际上是带有缓冲特性的字符输出流，通过 page 指令的 buffer 属性可设置缓冲区容量。

out 对象的常用方法如下。

- void println(String str)：输出信息，最后要换行。
- void print(Object obj)：输出对象内容。
- void write(String str)：用于输出字符串。

3.3.2　application 对象

application 对象对应 Servlet 的 ServletContext 接口，该对象存储的信息为应用的所有用户和页面共享。application 对象的常用方法如下。

- Object getAttribute(String name)：获取 application 对象属性的值。
- void setAttribute(String name,Object object)：设置指定属性的值。
- ServletContext getContext(String URLpath)：获得对应指定 URL 的 ServletContext 对象。
- String getRealPath(String virtualpath)：获取一个虚拟路径对应的实际路径。

以下程序用 application 对象实现计数器，用属性 count 存储访问系统的用户计数。

【程序清单 3-4】文件名为 count.jsp

```
<%@ page contentType="text/html; charset=UTF-8"%>
```

```
<%
if(application.getAttribute("count")==null){
    application.setAttribute("count", "1");
    out.println("欢迎您,第 1 位访客!");
}
else{
    int  m = Integer.parseInt((String)application.getAttribute("count"));
    m ++;
    application.setAttribute("count", String.valueOf(m));
    out.println("欢迎您,第"+m+"位访客!");
}
%>
```

3.3.3　request 对象

request 对象对应 Servlet 的 HttpServletRequest 接口,用于获取 HTTP 请求提交的数据。request 对象的最常用方法是 getParameter("参数名"),该方法可用于:

(1) 获取客户表单提交的输入信息。

(2) 获取通过超链接传递的 URL 参数。

(3) 获取 JSP 动作标签 param 传递的参数。

另外,与获取请求参数相关的还有其他几种方法。

● Enumeration getParameternames():取得所有参数名称。

● String[] getParameterValues(String name):取得名称为 name 的参数值集合,在获取复选框的数据时可以用此方法。

● Map getParameterMap():获取所有请求参数名和参数值组成的 Map 对象。

request 对象的其他常用方法如下。

● Cookie[] getCookies():取得与请求有关的 cookies。

● String getContextPath():取得 Context 路径。

● String getMethod():取得 HTTP 的方法(GET、POST)。

● String getQueryString():取得 HTTP GET 请求的参数字符串。

● String getRequestedSessionId():取得用户的 Session ID。

● String getRemoteAddr():取得客户机的 IP 地址。

● String getRemoteHost():取得客户机的主机名称。

● void setAttribute(String name, Object value):设置请求的某属性的值。

● Object getAttribute(String name):取得请求的某属性的值,可以在 JSP 文件中用该方法获取来自模型设置的数据。

● void setCharacterEncoding(String encoding):设定字符编码格式,用来解决数据传递中文的问题。

● String getCharacterEncoding():获取请求的字符编码方式。

- String getRemoteUser()：获取 Spring 安全登录的账户名。
- HttpSession getSession()：返回与请求关联的当前 session。

3.3.4　session 对象

session 对象对应 Servlet 的 HttpSession 接口，用于存储一个用户的会话信息。session 对象的属性值可以是任何可序列化的 Java 对象。

session 对象的常用方法如下。

- Object getAttribute(String name)：获取 name 会话对象的属性值。
- void setAttribute(String name,Object value)：设置 name 会话对象的属性值。
- String getId()：获取会话 ID。
- ServletContext getServletContext()：返回当前会话的应用上下文环境。

3.3.5　response 对象

response 对象对应 Servlet 的 HttpServletResponse 接口，负责将服务器端的数据发送回浏览器的客户端。主要用于向客户端发送数据，如 Cookie、HTTP 文件头等信息。

response 对象的最常用方法如下。

- void addCookie(Cookie cookie)：将新增 cookie 写入客户端。

以下 JSP 代码给出了 Cookie 的创建方法。

```
Cookie c = new Cookie("userid", "mary");      //创建一个 Cookie 对象
c.setMaxAge(24 * 3600);                        //设置 Cookie 对象的生存期限
response.addCookie(c);                         //向客户端增加 Cookie 对象
```

- void sendRedirect(String url)：页面重定向到某个 URL。

<jsp:forward>和 response.sendRedirect 的区别。

使用<jsp:forward>，在转到新的页面后，原来页面的 request 参数是可用的。同时，新页面的地址不会在地址栏中显示出来。

而使用 sendRedirect()方法，重定向后在浏览器地址栏中会出现重定向后页面的 URL，原来页面的 request 参数是不可用的。

- void setHeader(String name,String value)：给名称为 name 的 HTTP 请求消息头指定 value 值。

例如，以下行设置 3 秒后网页定向到 login.jsp 页面。

```
setHeader("Refresh", "3;url= login.jsp");
```

【程序清单 3-5】简易聊天室应用

在 STS 环境下，创建动态 Web 工程 chapter3，在工程的 WebContent 目录下添加以下文件。

程序文件 1：登录显示页面（login.jsp）

```
<%@ page contentType="text/html; charset=UTF-8" %>
<form method = "post" action = "loginprocess.jsp">
   <p>用户名:<input type = "text" name = "user"></input></p>
   <p>密码:<input type = "password" name = "pass"></input></p>
   <p><input type="submit" value ="登录"></input>
</form>
```

程序文件 2：登录处理检查页面（loginprocess.jsp）

```
<%
String us = request.getParameter("user");
String ps = request.getParameter("pass");
if (ps.equals("123456")) {
      session.setAttribute("username", us);
      response.sendRedirect("chat.jsp");
}
else{
      response.sendRedirect("login.jsp");
}
%>
```

程序文件 3：聊天主页面（chat.jsp）

```
<%@ page contentType="text/html; charset=UTF-8"%>
<iframe name="up" src="display.jsp" width="100%" height="70%"></iframe>
<form action="chatprocess.jsp" method = "post" target="up">
  <textarea rows="2" cols="80" name = "say"></textarea><br>
  <input type = "submit" value = "提交发言" ></input>
</form>
```

程序文件 4：聊天显示程序（display.jsp）

```
<%@ page contentType="text/html; charset=UTF-8"%>
<% response.setHeader("refresh","5");
if (application.getAttribute("app_fy")!=null)
  out.write((String)application.getAttribute("app_fy"));
%>
```

程序文件 5：聊天登记处理程序（chatprocess.jsp）

```
<%@ page contentType="text/html; charset=UTF-8"%>
<% String userid = (String)session.getAttribute("username");
  java.util.Date now = new java.util.Date();
  String fy = request.getParameter("say");
```

```
fy = new String(fy.getBytes("ISO-8859-1"),"UTF-8");           //编码转换处理
if (fy != ""){
  String ans = now.toString()+" "+userid+"说 : "+fy+"<br>";
  if (application.getAttribute("app_fy") == null){
      application.setAttribute("app_fy", ans);
  }
  else{
      String  tmp = (String)application.getAttribute("app_fy");
      application.setAttribute("app_fy", tmp + ans);
  }
}
response.sendRedirect("display.jsp");
%>
```

上述程序的运行如图 3-2 和图 3-3 所示。

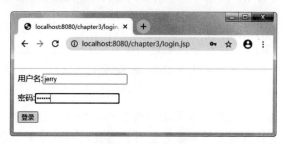

图 3-2　登录页面

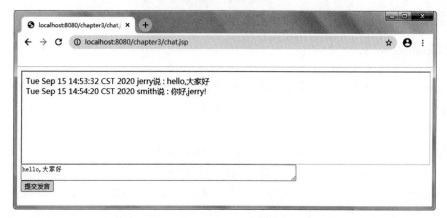

图 3-3　聊天界面

 程序文件 1、2 是针对登录的，程序文件 3、4、5 是针对聊天的。借助 application 对象记录聊天信息，因为它是应用共享的变量。实际上也可以自定义一个 Java 类的类变量来实现同样的工作。显示聊天信息安排在一个独立帧中，为了让进入用户能相对实时地看到别人的发言，该帧要保持每隔一段时间自动更新。如果定时刷新太快，屏幕会有闪烁。可用以下办法设置每隔 5 秒自动更新。

```
response.setHeader("refresh","5");
```

也可以用 HTML 标记来设置页面定时刷新。

```
<meta http-equiv="refresh" content="5">
```

编程中有个小技巧就是表单提交的目标帧应是显示聊天信息的那个帧，提交发言的处理程序在记录用户发言后，借助 response 对象的重定向方法转到 display.jsp 程序。也许读者会问，为什么显示聊天信息要安排一个 iframe 帧中呢?原因是如果录入发言和显示发言在同一个页面中，则影响用户发言的输入，因为显示发言的页面还要定时刷新。

在程序文件 5 中，对用户提交的发言进行编码转换处理是为解决中文乱码问题， 以 post 方式提交的表单数据默认采用 ISO-8859-1 的格式，遇中文时将出现乱码，必须转换为能编码中文的 UTF-8、GB2312 等格式。由于页面编码用了 UTF-8，所以，这里转换为 UTF-8 格式。

调试该应用，在工程的 web.xml 文件中将 login.jsp 设置为应用的欢迎页，这样在 STS 环境中采用 Run on Server 执行该工程时将默认访问 login.jsp。也可以不设欢迎页，先选中 login.jsp 文件，然后运行时再选择 Run on Server。

当聊天内容越来越多时，显示页面会显得很长。如果只显示最近 10 条发言记录，如何改进? 可以改用列表或数组存储内容，也可以考虑用字符串的处理功能，当换行符
的出现次数达 10 次时，可以在添加新内容前先删除最前面的一条内容。

3.3.6 pageContext 对象

pageContext 对象代表页面上下文，该对象主要用于访问 JSP 之间的共享数据。使用 pageContext 可访问 page、request、session、application 范围的属性变量。

pageContext 对象的最常用方法如下。

- getAttribute(String name)：取得 page 范围内的 name 属性。
- getAttribute(String name,int scope)：取得指定范围内的 name 属性。

其中，scope 代表范围参数，可以是如下 4 个值：PageContext.PAGE_SCOPE（对应于 page 范围）、PageContext.REQUEST_SCOPE（对应于 request 范围）、PageContext.SESSION_SCOPE（对应于 session 范围）、PageContext.APPLICATION_SCOPE（对应于 application 范围）。

与 getAttribute()方法相对应，pageContext 也提供了两个对应的 setAttribute()方法，用于将指定变量放入 page、request、session、application 范围内。

通过 pageContext 对象还可获取其他内置对象。例如，用 getRequest()方法可以获取 request 对象，通过调用 getOut()方法可以获取 out 内置对象等。

通过 pageContext 对象的 getServletContext()方法可得到应用上下文环境。

3.3.7 config、page、exception 对象

这几个对象使用相对较少，config 对象一般用于 Servlet，对应 Servlet 的 ServletConfig 接口，用于获取配置信息。page 对象指 JSP 页面本身，代表了正在运行的由 JSP 文件产生的类对象。exception 对象是 Throwable 的实例，代表 JSP 脚本中产生的异常，JSP 页面的所有异常均交给错误处理页面。

3.4　EL 表达式

EL 称为表达式语言，在 JSP 中访问模型对象是通过 EL 的语法来表达。所有 EL 表达式的格式都是以 "${ }" 表示。例如，${userinfo}代表获取变量 userinfo 的值。当 EL 表达式中的变量不给定范围时，则默认在 page 范围查找，然后依次在 request、session、application 范围查找。也可以用范围作为前缀表示该变量是属于哪个范围的变量。例如，${pageScope.userinfo}表示访问 page 范围中的 userinfo 变量。

3.4.1　EL 中的运算符

1. 运算符 "[]" 和 "."

在 EL 中，可以使用运算符 "[]" 和 "." 来取得对象的属性。例如，${user.name}或者${user[name]}表示取出对象 user 中的 name 属性。

另外，在 EL 中可以使用[]运算符来读取数组、Map 以及 List 等对象集合中的数据。例如在 session 域中有一个数组 schools，以下表达式获取数组中第 2 个元素的值。

```
${sessionScope.schools[1]}
```

还可以用 EL 表达式来访问一个 JavaBean 的属性值。假设 JavaBean 的定义如下：

```
<jsp:useBean id="user" class="ecjtu.User"/>
```

对 username 属性的引用为${user.username}或者${user["username"]}。

 当属性名中包含一些特殊符号时，如 "." 或者 "−" 等非字母或数字符号时，就只能使用 "[]" 格式来访问属性。当某个对象的属性名用变量来代表时，也必须使用 "[]" 符号来引用属性值。

2. 算术运算符、关系运算符、逻辑运算符

EL 中支持的算术运算符有加法（+）、减法（−）、乘法（*）、除法（/或 div）、求余（%或 mod）。关系运算符有等于（==或者 equals）、不等于（!=或者 ne）、小于（<或者 lt）、大于（>或者 gt）、小于等于

（<=或者 le）、大于等于（>=或者 ge）。逻辑运算符有与（&&或者 and）、或（||或者 or）、非（!或者 not）。

例如，${!name.equals("bad")}表示的值为 name 是否不等于 bad 的逻辑值。

【应用经验】关系运算符"=="也可以用来比较字符串，且比较时，如果一个整数和一个串比较，只要串中的内容等于整数的值，则结果为 true。

3．empty 运算符与条件运算符

empty 运算符是一个前缀形式的运算符，用来判断某个变量是否为 null 或者为空。

例如，${empty x}表示在 x 值为 null 时结果 true，否则为 false。

条件运算符在使用上类似 Java 的条件运算符，格式如下：

```
${ A ? B : C }
```

其中，A 为判断条件，如果 A 为 true，则结果为 B；否则结果为 C。

运算符的优先级和其他程序设计语言类似，按算术→关系→逻辑的顺序，算术运算中乘除类运算高于加减运算，关系运算符优先级一样，逻辑运算符按 not→and→or 的顺序。可以通过加小括号来改变运算优先级，小括号括住的部分优先运算。

3.4.2　EL 中的隐含对象

为方便数据访问，EL 提供了 11 个隐含对象，如表 3-3 所示。

表 3-3　EL 的隐含对象

类　别	隐含对象	描　述
JSP	pageContext	当前页的 javax.servlet.jsp.PageContext 对象
作用域	pageScope	用来获取页面范围的对象
	requestScope	用来获取请求范围的对象
	sessionScope	用来获取会话范围的对象
	applicationScope	用来获取应用范围的对象
请求参数	param	用来获取某请求参数的值
	paramValues	用来获取某请求参数值的集合
请求头	header	表示 HTTP 请求头部，字符串
	headerValues	表示 HTTP 请求头部，字符串集合
cookie	cookie	用来获取 cookie 对象值
初始化参数	initParam	应用上下文初始化参数组成的集合

以下程序演示了 EL 隐含对象的使用。

【程序清单 3-6】文件名为 index.jsp

```
<%@ page contentType="text/html; charset=UTF-8"%>
<%@ taglib uri="http://java.sun.com/jsp/jstl/core" prefix="c"%>
<table><tr><td>输出地址栏后面的参数字符串</td>
    <td><c:out value="${pageContext.request.queryString}"/></td></tr>
```

```
<tr><td>输出参数 x 的值</td><td><c:out value="${param.x}"/></td>
</tr><tr><td>取得用户的 IP 地址</td>
<td><c:out value="${pageContext.request.remoteAddr}"/></td>
</tr></table>
```

【运行测试】输入地址 http://localhost:8080/baidu/index.jsp?x=123
其中，该工程的项目名为 baidu。可看到如图 3-4 所示的结果。

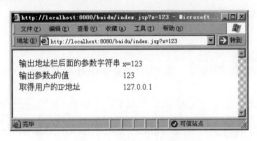

图 3-4　EL 隐含对象的测试

如果 URL 参数值为中文，则会解析错误。要考虑对 URL 进行编码处理，在 5.6 节给出
的应用实例中将介绍相应的处理办法。

3.5　JSTL 的标签库

JSTL 全名为 Java Server Pages Standard Tag Library，是一个标准的标签库，可用于各种领域，如基本输入输出、流程控制、循环、XML 文件剖析、数据库查询及国际化等。使用 JSTL 要将 jstl.jar 安排在类库的搜索路径下。

JSTL 提供的标签库分为 5 类，如表 3-4 所示。本书仅介绍核心标签库和函数标签库。

表 3-4　JSTL 的标签库

JSTL	前　缀	URI
核心标签库	c	http://java.sun.com/jsp/jstl/core
I18N 格式标签库	fmt	http://java.sun.com/jsp/jstl/fmt
SQL 标签库	sql	http://java.sun.com/jsp/jstl/sql
XML 标签库	xml	http://java.sun.com/jsp/jstl/xml
函数标签库	fn	http://java.sun.com/jsp/jstl/functions

3.5.1　JSTL 的核心标签库

若要在 JSP 网页中使用 JSTL 的核心标签库，要做如下声明。

```
<%@ taglib prefix="c" uri="http://java.sun.com/jsp/jstl/core" %>
```

核心标签库是对于 JSP 页面一般处理的封装。在该标签库中的标签一共有 14 个，被分为了 4 类。

- 通用核心标签：<c:out>、<c:set>、<c:remove>、<c:catch>。
- 条件控制标签：<c:if>、<c:choose>、<c:when>、<c:otherwise>。
- 循环控制标签：<c:forEach>、<c:forTokens>。
- URL 相关标签：<c:import>、<c:url>、<c:redirect>、<c:param>。

1．<c:out>标签

<c:out>标签主要用来显示数据的内容，类似于<%=scripting-language %>。格式如下：

```
<c:out value="value" [escapeXml="{true|false}"] [default="defaultValue"]/>
```

其中，value 为需要显示出来的值，如果 value 的值为 null，则显示 default 的值，escapeXml 指定是否进行特殊字符的转换。例如：

```
<c:out value="${message}" default="No Data" />
```

 一般来说，<c:out>默认会将 <、>、'、" 和 & 转换为 <、>、'、" 和 &。假若不想转换，只需设定 escapeXml 属性为 false。

2．<c:set>标签

<c:set>标签主要用来给变量或属性赋值。例如，以下代码给变量 x 增加 1。

```
<c:set var="x" value="${x+1}"/>
```

以下将页面的图片文件路径记录在 imagesPath 变量中，描述图片路径的地方通过引用 imagesPath 变量就可让程序变简洁。

```
<c:set var="contextPath" value="${pageContext.request.contextPath}"/>
<c:set var="imagesPath" value="${contextPath}/images"/>
```

还可以用以下格式将 value 的值存储至 target 对象的 propertyName 属性中。

```
<c:set value="value" target="targetX" property="propertyName" />
```

其中，targetX 为某个 JavaBean 或 java.util.Map 对象。

3．<c:if>标签

<c:if>标签的用途和 Java 程序中的 if 类似，如果满足测试条件，则执行标签括住的内容部分。条件式必须是 "test=" 引导，且其值必须用引号括住。较特别的是<c:if>没有 else 部分。

例如，pageNo 代表当前页码，分页显示时只有在当前页码大于 1 时才有 "上一页"。

```
<c:if test="${pageNo>1}">
  <a href="/resource/page/${pageNo-1}">上一页</a>
</c:if>
```

【应用经验】如果条件式内含有双引号，则外边的括号也可用单引号，如<c:if test='${current
=="root"}'>。

4．<c:choose>、<c:when>、<c:otherwise>标签

<c:choose>本身只当作<c:when>和<c:otherwise>的父标签。在同一个<c:choose> 中，当所有<c:when>
的条件都没有成立时，则执行<c:otherwise>的内容体。语法如下：

```
<c:choose>
  <c:when test="condition" >内容体</c:when>
  ...
  <c:otherwise>内容体</c:otherwise>
</c:choose>
```

其中，一个<c:choose>内可有 1 个或多个 <c:when>、0 或 1 个<c:otherwise>。

不难发现，它类似于 Java 等语言中的 switch 语句。

5．<c:forEach>标签

<c:forEach>为循环控制，常用于遍历访问集合或数组中的成员。值得一提的是，JSP 页面中，通过
EL 表达式访问某个对象的属性时，是依托属性的 getter()方法。例如，以下访问集合名为 jobs 的列表，
要访问 job 对象的 id 属性，则相应类要提供 getId()方法。

```
<c:forEach items="${jobs}" var="job">
  <c:set var="x" value="${job.id}"></c:set>
</c:forEach>
```

使用<c:forEach>也可用于遍历访问 java.util.Map 对象。当 items 属性为 Map 对象时，循环遍历的每个
元素为一个 Map.Entry 项，不妨用变量名 map 表示，则可用表达式${map.key}取得键名，用表达式
${map.value}得到键值。根据 map 中关键字的具体名称 name，也可以用${map["name"]}得到该关键字对
应的值。在 MVC 模型中常用 Map 存储模型数据，在视图文件中可用这种方式读取来自模型的数据。

6．<c:forTokens>标签

<c:forTokens>标签用来遍历字符串中由指定分隔符分隔的所有单词成员。例如：

```
<c:forTokens items="A,B,C,D,E" delims="," var="item">
    ${item}
</c:forTokens>
```

该段代码执行后，将会在网页中输出 ABCDE。

JSTL 提供的标签库只能基本满足应用逻辑要求，在 JSP 文件中有时还要借助 Java 代码来实现某些特

定功能。JSP 脚本和 JSTL 之间如何实现变量的互访呢？

首先，JSP 脚本通过 JSP 对象可访问 JSTL 定义的变量。例如，对于页面作用域的变量，可以通过 pageContext.getAttribute()来获取。例如：

```
<c:set var="str" value="JSTL 变量" scope="page"/>
<% String x=(String)pageContext.getAttribute("str");
%>
```

 JSP 获取来自 MVC 编程的模型数据用 request 对象的 getAttribute()方法即可。

其次，在 JSTL 标签中访问 JSP 脚本变量，可以使用 JSP 表达式来获取。例如：

```
<c:set var="s" value="<%=x%>"/>
```

3.5.2 JSTL 的函数标签库

若要在 JSP 网页中使用 JSTL 的函数标签库，要做如下声明。

```
<%@ taglib uri="http://java.sun.com/jsp/jstl/functions" prefix="fn" %>
```

表 3-5 列出了 JSTL 的函数，在 EL 表达式中使用，要以 fn 作为前缀。8.3 节介绍的网络考试系统设计案例中将有函数标签的较多应用。

表 3-5 JSTL的函数

函 数 名	功 能	使 用 举 例
contains	判断是否为字符串的子串	${fn:contains("ABC","B")}
containsIgnoreCase	不区分大小写判断是否为某串的子串	${fn:containsIgnoreCase("ABC", "a")}
startsWith	是否为某串的开头部分	${fn:startsWith("ABC","A")}
endsWith	是否为某串的结尾部分	${fn:endsWith("ABC","bc")}
indexOf	获取子串在源串中首次出现的位置	${fn:indexOf("ABCD","BC")}
length	求集合的长度	假设 arrayList1 为列表集合，${fn:length(arrayList1)}
replace	允许为源字符串做替换	${fn:replace("ABCA","A","B")}
split	将一组由分隔符分隔的字符串转换成字符串数组	${fn:split("A,B,C",",")}
substring	用于从字符串中取子串	${fn:substring("ABC",1,2)}
toLowerCase	将源字符串中的字符全部转换成小写字符	${fn:toLowerCase("ABCD")}
trim	结果串不包含源字符串中首尾的"空格"	${fn:trim("ABC")}

第 4 章　Spring AOP 编程

AOP 全称为面向切面的编程，是一种设计模式，用于实现一个系统中的某一个方面的应用。作为面向对象编程的一种补充，AOP 已经成为一种比较成熟的编程方式。

AOP 在普通应用的已有业务逻辑的前后加入切面逻辑来完成某一方面要关注的事情。AOP 为开发人员提供了一种描述横切关注点的机制，并能够自动将横切关注点织入面向对象的软件系统，体现了"分而治之"的思想。

4.1　Spring AOP 概述

AspectJ 是一个面向切面的框架，从 Spring 2.0 开始，Spring AOP 就支持 AspectJ。使用 Spring 3 的 AOP 基本功能除了引入 Spring 框架提供的 AOP 包外（aop 包和 aspects 包），还需要将 aopalliance.jar 和 AspectJ 的 aspectjweaver.jar 和 aspectjrt.jar 引进来。如果采用 CGLIB 做代理，则需要添加 cglib-nodep.jar。当然，Spring 框架的基础 jar 文件也是需要的，如 beans 包、context 包、core 包、expression 包。此外，还需要添加与 log 日志相关的 jar 文件，如 commons-logging.jar 和 log4j.jar。

AOP 将应用系统分为核心业务逻辑及横向的通用逻辑两部分。像日志记录、事务处理、权限控制等"切面"的功能，都可以用 AOP 来实现，实现切面逻辑和业务逻辑的分离。

4.1.1　AOP 的术语

AOP 的术语描述了 AOP 编程的各个方面，其逻辑关系如图 4-1 所示。
- 切面（Aspect）：描述的是一个应用系统的某一个方面或领域，如日志、事务、权限检查等。切面和类非常相似，对连接点、切入点、通知及类型间声明进行封装。
- 连接点（Joinpoint）：连接点是应用程序执行过程中插入切面的点，这些点可能是方法的调用、异常抛出或字段的修改等。Spring 只支持方法的 Joinpoint，也就是 Advice 将在方法执行的前后被应用。
- 通知（Advice）：表示切面的行为，具体表现为实现切面逻辑的一个方法。常见通知有 Before、After、Around 和 Throws 等。Before 和 After 分别表示通知在连接点的前面或者后面执行，Around 则表示通知在连接点的外面执行，并可以决定是否执行此连接点。Throws 通知在方法抛出异常时执行。

- 切入点（Pointcut）：切入点指定了通知应当应用在哪些连接点上，Pointcut 切点通过正则表达式定义方法集合。切入点由一系列切入点指示符通过逻辑运算组合得到，AspectJ 的常用切入点指示符包括 execution、call、initialization、handler、get、set、this、target、args、within 等。
- 目标对象（Target）：目标对象是指被通知的对象，它是一个普通的业务对象，如果没有 AOP，那么它其中可能包含大量的非核心业务逻辑代码，如日志、事务等；而如果使用了 AOP，则其中只有核心的业务逻辑代码。注意，Spring 中，Target 必须实现预先定义好的接口，这样才会使用 Proxy 进行动态代理。
- 代理（Proxy）：代理是指将通知应用到目标对象后形成的新的对象。它实现了与目标对象一样的功能，在 Spring 中，AOP 代理可以是 JDK 动态代理或 CGLIB 代理。如果目标对象没有实现任何接口，那么 Spring 将使用 CGLIB 来实现代理。如果目标对象实现了一个以上的接口，那么 Spring 将使用 JDK Proxy 来实现代理，因为 Spring 默认使用的就是 JDK Proxy，这符合 Spring 提倡面向接口编程的思想。
- 织入（Weaving）：织入是指将切面应用到目标对象从而建立一个新的代理对象的过程，切面在指定的接入点被织入目标对象中。织入一般可发生在对象的编译期、类装载期或运行期，而 Spring 的 AOP 采用的是运行期织入。

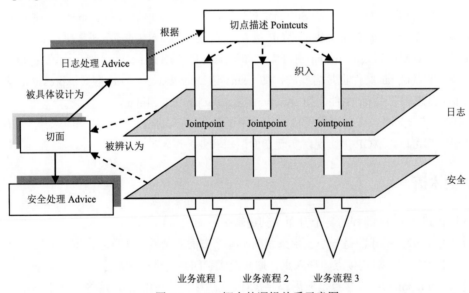

图 4-1　AOP 概念的逻辑关系示意图

4.1.2　AOP 的优点

AOP 是通过对传统 OOP 设计方法学的改进，进一步完善了重用性、灵活性和可扩展性的软件工程设计目标，其优点归纳为以下几点。

（1）代码集中。解决了由于 OOP 跨模块造成的代码纠缠和代码分散问题。

（2）模块化横切关注点。核心业务级关注点与横切关注点分离开，降低横切模块与核心模块的耦合度，实现了软件工程中的高内聚、低耦合的要求。增强了程序的可读性，并且使系统更容易维护。

（3）系统容易扩展。AOP 的基本业务模块不知道横切关注点的存在，很容易通过建立新的切面加入新的功能。另外，当系统中加入新的模块时，已有的切面自动横切进来，使系统易于扩展。

（4）提高代码重用性。AOP 把每个 Aspect 实现为独立的模块，模块之间松耦合，意味着更高的代码重用性。

4.1.3　AspectJ 的切点表达式函数

通过 Pointcut 定义横切时有哪些执行点会被匹配识别到，就在这些匹配点执行相应的 Advice。AspectJ 的切点表达式由关键字和操作参数组成。例如，以下为切点表达式。

```
execution(* chapter4.moniter.print (..))
```

其中，execution 为关键字，而 "* chapter4.moniter.print(..)" 为操作参数，它是一个正则表达式，描述目标方法的匹配模式串，指定在哪些方法执行时织入 Advice。这里表示在 chapter4 包下，返回值为任意类型，类名为 moniter，方法名为 print，参数不作限制的方法。

为了描述方便，不妨将 execution() 称作函数，而将匹配串称作函数的入参。描述入参的正则表达式中一些特殊符号的含义如表 4-1 所示。

表 4-1　描述入参的正则表达式中特殊符号的含义

符　号	描　述
.	匹配除换行符外的任意单个字符
*	匹配任何类型的参数串
..	匹配任意的参数，0 到多个

Spring 支持 9 个 @AspectJ 切点表达式函数，它们用不同的方式描述目标类的连接点。根据描述对象的不同，可以将它们大致分为 4 种类型，如表 4-2 所示。

（1）方法切点函数：通过描述目标类方法信息来定义连接点。

（2）方法入参切点函数：通过描述目标类方法入参的信息来定义连接点。

（3）目标类切点函数：通过描述目标类类型信息来定义连接点。

（4）代理类切点函数：通过描述目标类的代理类的信息来定义连接点。

表 4-2　切点函数

类　别	函　数	入　参	说　明
方法切点函数	execution()	方法匹配模式串	表示满足某一匹配模式的所有目标类方法连接点
	@annotation()	方法注解类名	表示标注了特定注解的目标方法连接点
方法入参切点函数	args()	类名	通过判别目标类方法运行时入参对象的类型定义指定连接点
	@args()	类型注解类名	通过判别目标方法的运行时入参对象的类是否标注特定注解来指定连接点

续表

类　别	函　数	入　参	说　明
目标类切点函数	within()	类名匹配串	限制在特定域下的所有连接点。例如，within(ecjtu.service.*)表示 ecjtu.service 包中的所有连接点，即包中所有类的所有方法
	target()	类名	限制匹配的连接点其对应的被代理的目标对象为给定类型的实例
	@within()	类型注解类名	如 @within(ecjtu.Monitor)定义的切点，假如 Y 类标注了@Monitor 注解，则 Y 的所有连接点都匹配这个切点
	@target()	类型注解类名	目标类标注了特定注解，则目标类所有连接点匹配该切点
代理类切点函数	this()	类名	限制匹配的连接点其对应的 Spring AOP 代理 Bean 引用为给定类型的实例

　　例如，execution(* set*(..))表示执行任何以 set 作为前缀的方法，within(com.service.*)表示执行 service 包中的任何连接点的方法，this(com.service.AccountService) 表示以 AccountService 接口对象作为代理的连接点在 Spring AOP 中执行。

　　另外，Spring AOP 还提供了名为 bean 的切点指示符，用于指定 Bean 实例的连接点。定义表达式时需要传入 Bean 的 id 或 name。表达式参数允许使用"*"通配符。

　　例如，bean(*book)表示匹配所有名字以 book 结尾的 Bean。但该标识只能限制 Bean 对象，要匹配 Bean 的某个方法可以通过 args 参数进行指定。例如，@Before("bean(sampleBean)&&args()")表示给 sampleBean 所代表对象的所有无参方法在执行前加入切面逻辑。

4.1.4　Spring 建立 AOP 应用的基本步骤

Spring 建立 AOP 应用的基本步骤如下。

（1）建立目标类及业务接口。

（2）通过 Bean 的注入配置定义目标类 Bean 实例。

（3）通过注解定义切面逻辑，配置目标类的代理对象（织入通知形成代理对象）。

（4）获取代理对象，调用其中的业务方法。

> AOP 代理其实是由 AOP 框架动态生成的一个对象，该对象可作为目标对象使用。AOP 代理包含了目标对象的全部方法，但 AOP 代理的方法与目标对象的方法存在差异，AOP 方法添加了切面逻辑进行额外处理，并回调了目标对象的方法。

4.2　简单 AOP 应用示例

　　Spring AOP 有三种使用方式，它们分别是基于@Aspect 注解（Annotation）的方式、基于 XML 模式配置的方式、基于底层的 Spring AOP API 编程的方式。基于@Aspect 注解的方式是最明了的方式，本书仅介绍该方式，其实现方便易懂，代码具有较好的弹性。

以下通过示例来解释 Spring AOP 的 Advice。

1. 配置文件

【程序清单 4-1】文件名为 adviceContext.xml

```xml
<?xml version="1.0" encoding="UTF-8"?>
<beans xmlns="http://www.springframework.org/schema/beans"
xmlns:xsi="http://www.w3.org/2001/XMLSchema-instance"
xmlns:aop="http://www.springframework.org/schema/aop"
xmlns:context="http://www.springframework.org/schema/context"
xsi:schemaLocation="http://www.springframework.org/schema/beans
http://www.springframework.org/schema/beans/spring-beans.xsd
http://www.springframework.org/schema/context
http://www.springframework.org/schema/context/spring-context-3.0.xsd
http://www.springframework.org/schema/aop
http://www.springframework.org/schema/aop/spring-aop.xsd">
    <context:component-scan base-package="chapter4" />
    <aop:aspectj-autoproxy />
    <bean id="sampleBean" class="chapter4.Work"/>
</beans>
```

其中，除名空间外的其他三行配置的作用如下。

● <context:component-scan/>标签定义部件的扫描目录，目录下可通过注解定义切面逻辑和 Bean 等。

● <aop:aspectj-autoproxy/>用于启用对@AspectJ 注解的支持。自动为 Spring 容器中那些配置 AspectJ 切面的 Bean 创建代理，织入切面。如果目标类实现了接口，则默认使用 JDK 动态代理织入切面逻辑，否则采用 CGLib 动态代理技术织入切面逻辑。

● <bean id="sampleBean" class="chapter4.Work"/>通过 XML 配置方式定义计划加入切面逻辑的 Bean，Spring 将自动为满足 Aspect 切面定义的 Bean 建立代理。

2. 业务逻辑接口

【程序清单 4-2】文件名为 Sample.java

```java
package chapter4;
public interface Sample {
    public void some();
    public void other(String s) throws Exception;
}
```

为了让 Spring 自动利用 JDK 的代理功能，有必要定义接口。用接口定义业务规范也是良好的程序设计风格。

3. 业务逻辑实现

【程序清单 4-3】文件名为 Work.java

```java
package chapter4;
public class Work implements Sample{
    public void some() {
        System.out.println("do something...");
    }
    public void other(String s) throws Exception {
        System.out.println(s);
        throw new Exception("something is wrong.");
    }
}
```

4. 切面逻辑

【程序清单 4-4】文件名为 Aspectlogic.java

```java
package chapter4;
import org.aspectj.lang.JoinPoint;
import org.aspectj.lang.annotation.*;
import org.springframework.stereotype.Component;
@Aspect
@Component   //实现切面在 IoC 容器中的注册
public class  Aspectlogic {
    /* 声明 Before Advice，并直接指定切入点表达式，也就是 chapter4 包下 Work 类的 some()方法作为切入点，
       在该方法执行前执行切面逻辑*/
    @Before("execution(* chapter4.Work.some(..))")
    public void execute()  {  //切面逻辑的方法
      System.out.println("Before Method started excuting...");
    }
}
```

其中：

- @Aspect 用于告诉 Spring 这是一个需要织入的类，@Component 定义该类为 Spring Bean，并将该 Bean 作为切面处理。
- @ Before 用于声明 Before Advice，它表示该 Advice 在其切点表达式中定义的方法之前执行。Pointcut 表达式中的 "*" 可匹配任何访问修饰和任何返回类型。方法参数列表中的 ".." 可匹配任何数目的方法参数。

也可以先用@Pointcut 定义切入点表达式，再将其应用到通知定义中，这样的好处是一次定义，以后可多处使用。具体代码如下：

```java
public class  Aspectlogic {
    //定义切入点
    @Pointcut("execution(* chapter4.Work.some(..))")
```

```
public void mypoint() {  }                  //用来标注切入点的方法必须是一个空方法

  //以下利用切入点定义 Before 通知
  @Before("mypoint()")                      //也可写成@Before(pointcut="mypoint()")
  public void execute() {                   //切面逻辑的方法
    System.out.println("Before Method started excuting...");
  }
}
```

5．测试调用

以下建立一个名为 Tester 的测试类，用于测试 Before 通知的执行。

【程序清单 4-5】文件名为 Tester.java

```
package chapter4;
import org.springframework.context.ApplicationContext;
import org.springframework.context.support.ClassPathXmlApplicationContext;
public class Tester {
    public static void main(String[ ] args) {
        ApplicationContext context = new
          ClassPathXmlApplicationContext("adviceContext.xml");
        Sample sample = (Sample) context.getBean("sampleBean");
        sample.some();
        try {
            sample.other("hello");
        } catch (Exception e) {
            System.out.println("have Exception!");
        }
    }
}
```

【输出结果】运行 Tester 应用程序，结果如下：

```
Before Method started excuting...
do something ...
hello
have Exception!
```

从结果可以看出，在执行方法 some()前先执行了切面逻辑。Spring 将根据@Aspect 的定义查找满足切点表达式的方法调用，在调用相应方法的前后加入切面逻辑，如图 4-2 所示。

【应用经验】对于添加了代理的 Bean，从容器中得到 Bean 要用 getBean("sampleBean")方法，不能采用 getBean("sampleBean", Work.class)的方法，这里，实际的 sampleBean 的 Bean 被 Spring 产生的代

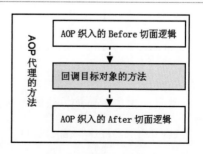

图 4-2　AOP 代理方法与目标对象方法的逻辑关系

理取代。所以，它的类型不是 Work。因此，出于对 AOP 的设计考虑，程序中获取 Bean 的方法最好采用本例中的强制转换形式。

4.3　Spring 切面定义说明

4.3.1　Spring 的通知类型

Spring 可定义五类通知。它们是 Before 通知、AfterReturning 通知、AfterThrowing 通知、After 通知、Around 通知。如果同时定义了多个通知，则通知的执行次序与优先级有关。以下为通知优先级由低到高的顺序。

Before 通知→Around 通知→AfterReturning 通知→After 通知/AfterThrowing 通知

AfterThrowing 通知和 After 通知为相同优先次序。在进入连接点时，最高优先级的通知先被织入。在退出连接点时，最高优先级的通知最后被织入。同一切面类中两个相同类型的通知在同一个连接点被织入时，Spring 一般按通知定义的先后顺序来决定织入顺序。

1．Before 通知

该通知在其切点表达式中定义的方法之前执行。Before 通知处理前，目标方法还未执行，所以使用 Before 通知无法返回目标方法的返回值。

2．AfterReturning 通知

该通知在切点表达式中定义的方法后执行。使用该通知时可指定如下属性。

- pointcut/value：这两个属性一样，用来指定切入点对应的切入点表达式，可以是已定义的切入点，也可直接定义切入点表达式。
- returning：指定一个返回值形参名，通过该形参可访问目标方法的返回值。

以下为引用前面定义的切入点的 AfterReturning 通知的使用样例。

```
@AfterReturning(pointcut ="mypoint()", returning="r")
public void afterReturningAdvice(String r) {
    if (r != null)
        System.out.println("return result= "+r);
    System.out.print("returning String is : " + r);
}
```

 这里，由于 some()方法的返回值为 null，所以最后执行结果输出如下：

```
returning String is : null
```

AfterReturning 通知只可获取但不可改变目标方法的返回值。

3．AfterThrowing 通知

AfterThrowing 通知主要用于处理程序中未处理的异常。使用 AfterThrowing 通知可指定如下属性。

- pointcut/value：用来指定切入点对应的切入点表达式。
- throwing：指定一个返回值形参名，通过该形参访问目标方法中抛出但未处理的异常对象。

以下为引用前面定义的切入点的 AfterThrowing 通知的使用样例。

```
@AfterThrowing(pointcut="mypoint()",throwing="e")
public void afterThrowingAdvice(Exception e) {
    System.out.print("exception msg is : " + e.getMessage());
}
```

该切面逻辑不会被执行，因为切入点是 some()方法，而 some()方法不会产生异常。

如何修改切点表达式，让 other()方法在抛出异常时执行切面逻辑？

4．After 通知

与 AfterReturning 通知类似，但也有区别：AfterReturning 通知只有在目标方法成功执行完毕才会被织入，而 After 通知不管目标方法是正常结束还是异常中止，均会被织入。所以 After 通知通常用于释放资源。

5．Around 通知

Around 通知功能比较强大，近似等于 Before 通知和 AfterReturning 通知的总和，但与它们不同的是，Around 通知还可以决定目标方法什么时候执行，如何执行，甚至可以阻止目标方法的执行。Around 通知可以改变目标方法的参数值，也可以改变目标方法的返回值。

在定义 Around 通知的切面逻辑方法时，必须给方法至少加入 ProceedingJoinPoint 类型的参数，在方法内调用 ProceedingJoinPoint 的 proceed()方法才会执行目标方法。

调用 ProceedingJoinPoint 的 proceed()方法时，还可以传入一个 Object[]对象，该数组中的数据将作为目标方法的实参。

以下为具体样例。

```
@Around(value = "mypoint()")
public Object process(ProceedingJoinPoint pj) {
```

```
    Object res=null;
    try {
        System.out.println("准备开始表演...");
        res = pj.proceed(new String[ ]{"新参数"});                    //执行目标方法
        System.out.println("表演正常, 祝贺!...");
    } catch (Throwable e) {
        System.out.println("表演出现异常后...");
    }
    System.out.println("结果="+res);
    return res+"更改";
}
```

 由于切点表达式定义的切入点的 some()方法中不含参数和返回结果,所以会有异常输出, 可修改该方法, 让其有参数, 再观察输出结果。

4.3.2 访问目标方法的参数

访问目标方法最简单的做法是在定义通知时将第一个参数定义为 JoinPoint 类型的参数, 该 JoinPoint 参数就代表了织入通知的连接点, JoinPoint 内包含如下常用方法, 通过它们可传递信息。

- Object[] getArgs(): 返回执行目标方法时的参数。
- Signature getSignature(): 返回切面逻辑方法的相关信息。
- Object getTarget(): 返回被织入切面逻辑的目标对象。
- Object getThis(): 返回 AOP 框架为目标对象生成的代理对象。

例如, 在程序清单 4-4 中加入如下通知定义, 可获取目标方法的相关信息。

```
@After("mypoint()")
public void execute2(JoinPoint jp)  {
    System.out.println("After 切入点的操作信息: "+jp.getTarget()+
        "\n 方法调用参数: "+jp.getArgs()+
        "\n 当前代理对象: "+jp.getThis()+
        "\n 方法的签名: "+jp.getSignature().getName());
}
```

【输出结果】

After 切入点的操作信息: chapter4.Work@888e6c

方法调用参数: [Ljava.lang.Object;@100363

当前代理对象: chapter4.Work@888e6c

方法的签名: some

Spring 还可以通过通知定义中的 args()方法来获取目标方法的参数。如果在一个 args 表达式中指定了一个或多个参数, 则该切入点将只匹配具有对应形参的方法。

以下的通知定义中，由于切入点的 some()方法是一个无参方法，和通知的定义不能匹配，所以下面的切面逻辑不会被执行。

```
@After("mypoint() && args(str)")
public void AfterAdviceWithArg(String str) {
    System.out.println("after advice with arg is executed!arg is : " + str);
}
```

 读者可修改 some()方法，给其加入一个参数，观察执行效果的变化。

第 5 章　Spring MVC 编程

MVC（Model-View-Controller）框架是受到大众喜爱的软件开发模式，它将 Web 应用程序开发按照模型层、视图层、控制层进行分解，系统各部分责任明确、接口清晰。由于视图层和业务层的分离，使得改变应用程序的数据层和业务层规则变得更加容易，便于开发人员进行角色分工，实现分层及并行开发，有利于软件复用和重构，以及系统的维护和扩展。

Spring MVC 的工作过程如图 5-1 所示。①Spring 通过 DispatcherServlet 这个特殊的控制器处理用户的请求；②由该控制器根据配置信息查找对应的控制器，实现控制分派；③通过执行具体控制器的方法设置模型和视图；④将模型和视图传递给视图解析器；⑤视图解析器定位到视图文件进行解析处理；⑥将解析处理结果通过 HTTP 响应返回给客户浏览器。

其中：

● 模型（Model）用来表达应用的业务逻辑，Spring 通常用 HashMap 存储模型信息。

● 视图（View）用来表达应用界面，Spring 整合了多种视图层技术，如 JSP、FreeMarker、Titles、Thymeleaf 等。

● 控制器（Controller）主要是接收用户请求，依据不同的请求，执行对应业务逻辑，获取执行结果，选择适合的视图返回给用户。

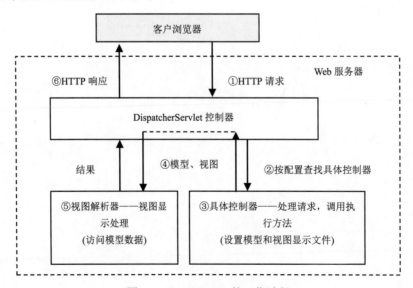

图 5-1　Spring MVC 的工作过程

5.1 Spring MVC 配置

以下结合简易网上答疑应用来讨论讲解 Spring MVC 应用开发的思路。Spring MVC 需要用到 AOP，因此，要加入相关 JAR 包（如 spring-aop 和 cglib-nodep）。当然，Spring 框架的 core、beans、expression、context、web 和 webmvc 等均是 Spring MVC 应用必须用到的 jar 包。本章样例中采用 JSP 视图，因此要用到 jstl-1.2.jar 包。

5.1.1 基于 XML 的 MVC 配置

假设该应用工程类型选择动态 Web 工程，最简单配置包含两个配置文件。

1. /WEB-INF/web.xml

该文件是整个 Web 应用配置的中心，Spring MVC 的总控制器是 DispatcherServlet，它拦截匹配的请求，将请求分发到具体控制器来处理，具体控制器是通过 DispatcherServlet 的 contextConfigLocation 参数所定义的配置文件来决定的。

【程序清单 5-1】文件名为 web.xml

```
<?xml version="1.0" encoding="UTF-8"?>
<web-app version="3.0" xmlns="http://java.sun.com/xml/ns/javaee"
xmlns:xsi="http://www.w3.org/2001/XMLSchema-instance"
  xsi:schemaLocation="http://java.sun.com/xml/ns/javaee
  http://java.sun.com/xml/ns/javaee/web-app_3_0.xsd">
  <servlet>
      <servlet-name>ask</servlet-name>
      <servlet-class>org.springframework.web.servlet.DispatcherServlet
      </servlet-class>
      <init-param>
          <param-name>contextConfigLocation</param-name>
          <param-value>/WEB-INF/myservlet.xml</param-value>
      </init-param>
  </servlet>
  <!-- 映射'/'表示将 DispatcherServlet 定义为应用的默认 servlet -->
  <servlet-mapping>
      <servlet-name>ask</servlet-name>
      <url-pattern>/</url-pattern>
  </servlet-mapping>
</web-app>
```

（1）如果应用配置包含多个具体控制器的 XML 配置文档，可在 contextConfigLocation 的参数值部分逐个列出，中间用逗号分隔。

　（2）如果不指定 contextConfigLocation 参数，则 Spring 默认的配置文件为 servlet 名 + "-servlet.xml"。例如，该工程的配置默认为 WEB-INF 目录下的 ask-servlet.xml。

　（3）为了支持应用的中文显示，可以在该配置文件中加入 2.5 节介绍的中文字符编码处理过滤器。这里，为节省篇幅，省略了 Filter 配置。

2．/WEB-INF/myservlet.xml

该文件中定义与 Servlet 控制器相关的上下文环境配置，主要配置有如下三部分。

- <annotation-driven/> 表示支持注解符定义控制器。
- 设置要采用的显示视图解释器，具体说明见视图解析部分。
- <component-scan> 定义查找部件的扫描路径。

【程序清单 5-2】文件名为 myservlet.xml

```xml
<?xml version="1.0" encoding="UTF-8"?>
<beans xmlns="http://www.springframework.org/schema/beans"
  xmlns:xsi="http://www.w3.org/2001/XMLSchema-instance"
  xmlns:mvc="http://www.springframework.org/schema/mvc"
  xmlns:context="http://www.springframework.org/schema/context"
  xsi:schemaLocation="http://www.springframework.org/schema/mvc
http://www.springframework.org/schema/mvc/spring-mvc.xsd
      http://www.springframework.org/schema/beans
http://www.springframework.org/schema/beans/spring-beans.xsd
      http://www.springframework.org/schema/context
http://www.springframework.org/schema/context/spring-context.xsd">
  <bean
      class="org.springframework.web.servlet.view.InternalResourceViewResolver">
      <property name="prefix" value="/WEB-INF/views/"/>
      <property name="suffix" value=".jsp"/>
  </bean>
  <mvc:annotation-driven/>
  <context:component-scan  base-package="chapter5.ask"/>
</beans>
```

　（1）头部若干行是关于配置文件中名空间标识的。这里，默认的名空间为 beans。所以，MVC 模式下的标签（如 annotation-driven）定义要加 "mvc:" 前缀，定义部件扫描路径的 component-scan 标签要加上 "context:" 前缀，而 bean 的定义标签不需要前缀。

　（2）<annotation-driven/> 表示启用注解驱动，注解驱动配置后会自动注册 DefaultAnnotationHandlerMapping 与 AnnotationMethodHandlerAdapter 两个 bean，分别处理在类级别和方法级别上的 @RequestMapping 注解，它们是 Spring MVC 为 @Controllers 分发请求所必需的。

为支持注解和 URL 映射处理，Spring 提供了相应接口和类。

- HandlerMapping 接口实现请求的映射处理，HandlerMapping 接口有两个具体实现类：SimpleUrlHandlerMapping 通过配置文件把一个 URL 映射到 Controller 上；DefaultAnnotationHandlerMapping 通过注解把一个 URL 映射到 Controller 上。
- HandlerAdapter 接口的实现类 AnnotationMethodHandlerAdapter 支持以注解方式来处理请求。

（3）<context:component-scan base-package="chapter5.ask"/>表示查找注解定义的控制器等 Bean 部件的扫描路径，这里表示到类路径的 chapter5/ask 文件夹及其子文件夹下的程序中去找。

有了上面的配置，Spring 应用环境已清楚到什么位置寻找具体控制器，以及视图文件在哪里。但是，一个应用中还有些资源是属于静态资源，如图片文件、CSS 样式和 HTML 文件等。因此，在 Web 配置中通常还要关注对静态资源访问相关的问题。

【问题 1】如何访问服务器上的静态文件资源？

静态资源的访问配置使用 mvc 名空间下的<resources>元素，location 属性指定静态资源的位置。例如，以下定义的资源映射分别为图片文件路径和 CSS 文件路径。它们分别为 Web 应用的根目录（在动态 Web 工程中为 WebContent 文件夹）下的 images、css 两个子文件夹。

```
<resources mapping="/images/**" location="/images/"/>
<resources mapping="/css/**" location="/css/"/>
```

通常情况下，Web 应用的根路径下能访问的文档资源为 JSP 文件，要支持对根路径下别的类型文档资源（如 HTML）的访问，可加入如下设置。

```
<resources mapping="/**" location="/"/>
```

当要访问的文件资源不在 Web 工程的目录路径相对位置时，可以用 file 协议指定绝对路径。例如，以下指定访问 docs 路径的资源位于 f 盘的 cai 文件夹的 java 子文件夹下。

```
<resources mapping="/docs/**" location="file:f://cai/java/"/>
```

【问题 2】如何让服务器支持特殊类型文件资源的下载访问？

Tomcat 默认支持的资源文件类型有限（如 PPT、HTML 等类型），为了在浏览器中能访问其他特殊类型的资源文件，需要在 web.xml 配置文件中添加类型映射设置，从而支持该类型资源的浏览访问。以下为 mht、rar、zip 等类型文件对应的映射配置。

```
<mime-mapping>
     <extension>zip</extension>
     <mime-type>application/zip</mime-type>
</mime-mapping>
<mime-mapping>
     <extension>rar</extension>
```

```
        <mime-type>application/octet-stream</mime-type>
    </mime-mapping>
    <mime-mapping>
        <extension>mht</extension>
        <mime-type>text/x-mht</mime-type>
    </mime-mapping>
```

5.1.2　基于 Java 代码和注解的 MVC 配置

当 Spring 到 3.2 版本时，支持 Servlet 3.0 规范，Spring MVC 也可通过代码进行配置。容器会自己查找实现 javax.servlet.ServletContainerInitializer 接口的类，并使用它来配置 Servlet 容器。Spring 提供了该接口的实现 SpringServletContainerInitializer，这个类会查找实现 WebApplicationInitializer 的类并让其完成配置。Spring 3.2 引入了一个抽象类 AbstractAnnotationConfigDispatcherServletInitializer，该类实现了 WebApplicationInitializer 接口，可以通过继承它来实现 Servlet 的上下文配置。

当 dispatcherServlet 启动的时候，会自动创建 Spring 应用的上下文，并加载相应的配置和 Bean，这些 Bean 主要是 Web 相关的组件。ContextLoaderListener 负责加载后台中间层和数据层的组件。

1. Spring Web 应用环境初始化

【程序清单 5-3】文件名为 **MyWebAppInitializer.java**

```java
package chapter5.ask;
import javax.servlet.ServletContext;
import javax.servlet.ServletRegistration;
import org.springframework.web.WebApplicationInitializer;
import org.springframework.web.context.ContextLoaderListener;
import org.springframework.web.context.support.AnnotationConfig
-WebApplicationContext;
import org.springframework.web.servlet.DispatcherServlet;

public class MyWebAppInitializer implements WebApplicationInitializer {
    public void onStartup(ServletContext servletContext) {
        AnnotationConfigWebApplicationContext context = new
            AnnotationConfigWebApplicationContext();              //采用注解配置
        context.setConfigLocation("chapter5.ask");               //部件扫描路径设置
        servletContext.addListener(new ContextLoaderListener(context));
        ServletRegistration.Dynamic dispatcher =
          servletContext.addServlet("dispatcher",new DispatcherServlet(context));
        dispatcher.setLoadOnStartup(1);
        dispatcher.addMapping("/");
    }
}
```

以上代码中，利用 ServletContext 对象的 addListener()方法添加应用环境监听器。利用 ServletContext 对象的 addServlet()方法注册控制处理的 Servlet。

2. 配置 MVC

将@EnableWebMvc 注解添加到@Configuration 注解类，并定义一个视图解析器来解析从控制器返回的视图。在定义部件扫描路径时也可以使用 @ComponentScan 注解，如@ComponentScan("chapter5.ask")。

【程序清单 5-4】文件名为 ClientWebConfig.java

```java
package chapter5.ask;
import org.springframework.context.annotation.Bean;
import org.springframework.context.annotation.Configuration;
import org.springframework.web.servlet.ViewResolver;
import org.springframework.web.servlet.config.annotation.EnableWebMvc;
import org.springframework.web.servlet.config.annotation.WebMvcConfigurer;
import org.springframework.web.servlet.view.InternalResourceViewResolver;
import org.springframework.web.servlet.view.JstlView;


@EnableWebMvc
@Configuration
public class ClientWebConfig implements WebMvcConfigurer {
    @Bean
    public ViewResolver viewResolver() {
        InternalResourceViewResolver r = new InternalResourceViewResolver();
        r.setViewClass(JstlView.class);
        r.setPrefix("/WEB-INF/views/");
        r.setSuffix(".jsp");
        return r;
    }
}
```

5.2   网上答疑应用实体与业务逻辑

以网上答疑应用为例，学生在网上提交问题，老师针对问题进行回答。实际上要表示的数据对象就是所有提问的一个集合，每个问题包括提问和解答，另外还添加一个问题编号的属性。由于还没介绍数据库访问处理，这里用 Java 的列表集合来存储问题数据。

1. 定义实体

Problem 是表示一条答疑信息的实体，其中问题编号（id）的值自动递增。

【程序清单 5-5】文件名为 Problem.java

```java
package chapter5.ask;
```

```
public class Problem {
    static int initid =100;                              //初始问题编号值为100
    String question;                                     //学生提问内容
    String answer;                                       //教师解答内容
    int id;                                              //问题编号
    public Problem (String question, String answer) {
        this.question = question;
        this.answer = answer;
        id = initid++;
    }
    ... //各个属性的setter()和getter()方法略
}
```

2. 定义业务逻辑服务 Bean

在答疑应用的业务逻辑中定义了三种方法：①加入新提问；②解答提问；③根据问题标识搜索提问。本应用通过一个列表记录下所有学生的提问，显然，这样的存储办法在重启服务器后，提问信息将消失。后续章节将讨论如何将提问信息写入到数据库中实现永久存储。

【程序清单 5-6】文件名为 AskService.java

```
package chapter5.ask;
import java.util.*;
import org.springframework.stereotype.Component;
@Component
public class AskService{
    List<Problem> problems = new ArrayList<Problem>();               //所有提问列表

    public void add(String  question){                               //新增提问的处理
        problems.add(new  Problem(question,null));
    }

    public  Problem  search(int id){                                 //根据问题标识搜索提问
        for (int k=0;k< problems.size();k++)
            if (problems.get(k).id==id) {
                return problems.get(k);
            }
        return null;
    }

    public void answer(int q,String ans){                            //回答问题的处理
        for (int k=0;k< problems.size();k++)
          if (problems.get(k).id == q) {
              problems.get(k).answer=ans;
              break;
          }
```

```
        }
    }
```

从简出发，本例没有定义业务逻辑接口，而是直接给出具体服务实现。假如要改为先定义接口，然后再编写具体实现类，应如何修改程序？

5.3　Spring MVC 控制器

Spring MVC 框架提供了注解符的表示形式，添加了@Controller 注解的类就可以担任控制器的职责，Spring 控制器直接把一个 URI 映射到一个方法。例如：

```
@Controller
public class HomeController {
    @RequestMapping(value = "/", method = RequestMethod.GET)
    public String home() {
        return "home";
    }
}
```

@RequestMapping 定义了当请求访问应用的根路径("/")时将执行 home()方法，并将方法返回的字符串作为视图文件名。根据视图控制器的配置，在查找视图时将自动加入前缀和后缀，因此，实际的显示视图文件为/WEB-INF/views/home.jsp。

5.3.1　Spring MVC 的 RESTful 特性

REST 的含义是面向资源表示的软件架构，已经成为最主要的 Web 服务设计模式。在 REST 风格的资源表示框架中，服务端使用具有层次结构的 URI 来表示资源。

1. Spring MVC 支持 REST 架构的几点表现

Spring 控制器的请求和处理风格符合 REST 架构的设计。具体表现有如下几点。

● 具有 REST 风格的 URI 模板。Spring 的方法前通过注解@RequestMapping 定义 URI 模板，URI 的标识定义形式符合 REST 路径表示风格。对于路径标识中的变量可在方法的参数定义中通过@PathVariable 进行说明，并在方法中引用。

● 支持内容协商。Spring 提供了丰富的内容表现形式，可采用 HTML、XML、JSON 等，符合 REST 风格中由使用者决定表示形式的特征。一般通过 HTTP 请求头的 Accept 标识的应用类型、请求文件标识的类型、URI 参数等内容来识别对资源的表示。在 HTTP 响应消息中通过 Content-Type 给出响应消息的类型。

- 支持 HTTP 方法变换。REST 将 HTTP 请求分为 GET、PUT、POST 和 DELETE 四种情形，而 HTML 仅支持 GET 和 POST 两种方法。为了实现方法请求动作的转换，可将实际请求的动作信息作为附加参数或通过表单的隐含域传递给方法。在处理请求的控制器中可根据其方法参数进行过滤处理。

2．URI 的规划设计问题

在进行访问 Mapping 设计时要对 URI 做好规划，对于以后安全设计中安排 ACL 控制会有很大的帮助。URI 模板允许在 URI 模式中包含嵌入变量（通过大括号标注）。URI 模板通过把 URI 路径的某一字段设置为路径变量的方式来区别不同的资源。例如：

URI 模板如下：/users/{user}/orders/{order}

对应的 URI 为如下：http://localhost/myapp/users/ding/orders/623835

其中，{user}、{order}代表路径变量，通过给 URI 模板匹配不同路径变量，可以实现用同一模板发布不同资源。

在 URI 设计中，建议的 URI 规则如下。

（1）用路径变量来表达层次结构。例如：

```
{Domain}[/{SubDomain}]/{BusinessAction}/{ID}
```

例如，hotels/bookings/cancel/{id}表示此 URI 匹配 hotels 域的 bookings 子域，将要进行的是取消某项 booking 的操作。

（2）用逗号或者分号来表达非层次结构。例如：

```
/parent/child1;child2
```

（3）用查询变量表达算法参数的输入。例如：

```
http://www.google.cn/search?q=REST&start=30
```

5.3.2　与控制器相关的注解符

在 MVC 控制器的代码设计中，Spring 提供了一系列注解符实现相关对象的注入，借助这些注解符可获取与 HTTP 请求和响应相关的信息，如表 5-1 所示。

表 5-1　控制器程序编写中常用注解符

注　解　符	含　义
@Controller	表示该类为一个控制器
@RequestMapping	定义映射方法的访问规则。其所标注方法的参数用来获取请求输入数据，方法的返回产生响应
@RequestParam("name")	作为方法参数，获取 HTTP 请求中请求参数的值
@PathVariable("name")	作为方法参数，获取 URI 路径变量的值
@RequestHeader("name")	作为方法参数，获取 HTTP 请求头的值。例如，Accept-Language 得到使用的语言

续表

注 解 符	含 义
@CookieValue("name")	作为方法参数，访问 Cookie 变量
@SessionAttributes("name")	作为方法参数，访问 Session 变量
@RequestBody	作为方法参数，获取 HTTP 请求体
@ResponseBody	加在方法前，定义方法的返回为 HTTP 响应消息

Spring 实现了方法级别的拦截，一个方法对应一个 URI，并可以有灵活的方法参数和返回值。RequestMapping 也可能用于类前面，用于定义统一的父路径，而在方法前面@RequestMapping 则要给出子路径。例如：

```
@Controller
@RequestMapping("/users/*")
public class AccountsController {
    @RequestMapping("active")
    public @ResponseBody List<Account> active() {...}
}
```

等价于以下的定义：

```
public class AccountsController {
    @RequestMapping("/users/active")
    public @ResponseBody List<Account> active() {...}
}
```

由于 Spring 在进行 Mapping 匹配检查时，先检查是否有类 Mapping 匹配，再找方法上的 Mapping，所以，把基本的 Mapping 放在类上面，可以加速匹配效率。

其他类型的标准对象，如 HttpServletRequest、HttpServletResponse、HttpSession、Principal、Locale、Model 等也可在控制器的方法参数中声明，然后在方法内通过参数变量访问，这些对象将自动完成依赖注入。在控制器中也可以通过 HttpServletRequest 对象提供的 getParameter()方法去读取来自表单的数据。

5.3.3　简单网上答疑应用的控制器设计

【程序清单 5-7】文件名为 AskController.java

```
package chapter5.ask;
import org.springframework.beans.factory.annotation.Autowired;
import org.springframework.stereotype.Controller;
import org.springframework.ui.Model;
import org.springframework.web.bind.annotation.*;
@Controller
public class  AskController {
    @Autowired AskService  pservice;                        //自动依赖获取业务逻辑 Bean

    //对应用根的访问，将显示所有提问及解答情况
```

```
@RequestMapping(value="/",method=RequestMethod.GET)
public String root(Model m){
    m.addAttribute("message", pservice.problems);        //模型存放所有提问
    return "askpage";
}

//用户提交新提问后的处理
@RequestMapping(value="/process",method=RequestMethod.POST)
public String askProcess(Model m,@RequestParam("ask") String  question)
{
    pservice.add(question);                               //进行提问登记
    m.addAttribute("message", pservice.problems);
    return "askpage";
}

//针对某问题让用户进入解答页面
@RequestMapping(value="/youranswer/{id}",method=RequestMethod.GET)
public String ans(Model m,@PathVariable("id") int id)
{
    Problem  yourProblem = pservice.search(id);           //搜索提问
    m.addAttribute("problem", yourProblem);               //模型存放要解答的问题
    return "answerpage";
}

//处理针对某问题提交解答后的处理
@RequestMapping(value="/processanswer/{id}",method=RequestMethod.POST)
public String ansProcess(Model m,@PathVariable("id") int  id,
        @RequestParam("myans") String answer)
{
    pservice.answer(id, answer);                          //解答登记
    m.addAttribute("message",pservice.problems);
    return "askpage";
}
```

 在该应用中，大部分情况下，模型变量中存放的是所有提问的信息，只有在解答进入处理时，模型变量存放的是单个要解答问题的信息。控制器 Mapping 设计中一般采用路径变量和查询参数来传递参数信息，如果采用查询参数传递信息，则路径信息中可以考虑在后面添加一个"*"表示支持匹配所有参数内容，如"/process*"，但如果是采用路径变量，则一定要将路径信息标识完整。

5.3.4 REST 其他类型的请求方法的实现

由于浏览器页面的 form 表单只支持 GET 与 POST 请求，而 DELETE、PUT 等方法并不支持，Spring

添加了一个过滤器 HiddenHttpMethodFilter，提交处理时可将隐藏的 "_method" 参数转换为相应的 HTTP 方法请求，使得支持 GET、POST、PUT 与 DELETE 请求。

```
<filter>
    <filter-name>HiddenHttpMethodFilter</filter-name>
    <filter-class>org.springframework.web.filter.HiddenHttpMethodFilter
    </filter-class>
</filter>
<filter-mapping>
    <filter-name>HiddenHttpMethodFilter</filter-name>
    <servlet-name>yourServletName</servlet-name>
</filter-mapping>
```

网上答疑应用也涉及对学生提交问题的管理，可能有的问题需要删除。因此，在业务逻辑服务中可以增加一个方法，用来根据问题标识删除问题。方法定义如下：

```
public void deleteProblem(int id){                //根据问题标识删除提问
    for (int k=0;k< problems.size();k++)
        if (problems.get(k).id==id) {
            problems.remove(k);                   //删除指定位置元素
            break;
        }
}
```

相应地，在控制器中提供针对某问题进行删除（DELETE 操作)的实现方法。

```
@RequestMapping(value="/deletebyid", method=RequestMethod.DELETE)
public String deleteById(@RequestParam("id") int id) {
    pservice.deleteProblem(id);                   //调用业务逻辑完成指定问题的删除
    return "redirect:/";                          //重定向到应用根页面
}
```

在调用上面 REST 服务的访问请求中，可通过如下一些方式发送 DELETE 请求。

（1）在页面的输入表单中指定一个名称为 "_method" 的参数，值为 delete。

```
<form action="deletebyid" method="post">
  <input type="text" name="id"/>
  <input type="hidden" name="_method" value="delete"/>
  <input type="submit"/>
</form >
```

（2）在 Spring 表单标签<form:form>中指定一个 method 属性，值为 delete。

```
<form:form action="deletebyid" method="delete">
  <input type="text" name="id"/>
  <input type="submit"/>
</form:form>
```

使用 Spring 表单标签，首先要将 spring.tld 文件复制到工程的某个位置（假设为 /WEB-INF/），然后，在 JSP 文件中通过 taglib 指令引入 Spring 的表单标签库。

```
<%@ taglib prefix="spring" uri="/WEB-INF/spring.tld" %>
```

（3）利用后面将介绍的 Spring 的 RestTemplate 类的 delete()方法调用服务。

（4）有的浏览器可用 AJAX 方式来发送 DELETE 操作请求。以下为相应 JavaScript 代码。

```
xmlhttp= new ActiveXObject("Microsoft.XMLHTTP");
myurl="deletebyid?id=2";
xmlhttp.Open("DELETE", myurl, false);
xmlhttp.send(null);
```

类似地，可参照上面一些方法设计 PUT 操作请求的服务，并进行 PUT 方式访问测试。

5.4 MVC 显示视图

所有 Web 应用的 MVC 框架都有它们处理视图的方式。Spring 提供了使用视图解析器实现对模型数据的显示处理，Spring 内置了对 JSP、Velocity、FreeMarker 和 XSLT 等视图显示模板的支持。显示模板程序中的变量将被模型的实际数据所替换。

5.4.1 ViewResolver 视图解析器

一般地，Spring Web 框架的控制器返回一个 ModelAndView 实例。Spring 中的视图以名字为标识，ViewResolver 提供了从视图名称到实际视图的映射。Spring 提供了多种视图解析器，各类视图解析器的继承层次如图 5-2 所示。

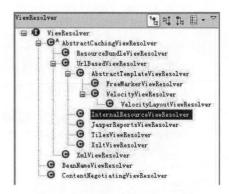

图 5-2 各类视图解析器的继承层次

- AbstractCachingViewResolver：抽象视图解析器实现了对视图的缓存。在视图使用前，通常要做一些准备工作，从它继承的视图解析器对要解析的视图进行缓存。
- XmlViewResolver：支持 XML 格式的配置文件，默认的配置文件是/WEB-INF/views.xml。
- ResourceBundleViewResolver：实现资源绑定的视图解析。在一个 ResourceBundle 中寻找所需 Bean 的定义，这个绑定通常定义在位于 classpath 路径的一个属性文件中，默认的属性文件是 views.properties。
- UrlBasedViewResolver：UrlBasedViewResolver 实现 ViewResolver，将视图名直接解析成对应的

URL，不需要显式地映射定义。

- InternalResourceViewResolver：支持 InternalResourceView（用于对 Servlet 和 JSP 的包装），以及其子类 JstlView 和 TilesView 等的解析处理。
- VelocityViewResolver：支持对 Velocity 模板的解析处理。
- FreeMarkerViewResolver：支持对 FreeMarker 模板的解析处理。

当使用 JSP 作为视图层技术时，就可以使用 UrlBasedViewResolver 或者 InternalResourceViewResolver。配置如下：

```
<bean id="viewResolver"
class="org.springframework.web.servlet.view.InternalResourceViewResolver">
    <property name="contentType" value="text/html;charset=UTF-8"/>
    <property name="prefix" value="/WEB-INF/views/"/>
    <property name="suffix" value=".jsp"/>
</bean>
```

其中，prefix 属性指定视图文件的存放路径，suffix 指定视图文件的扩展名。也就是实际的视图文件的路径为"prefix 前缀+视图名称+suffix 后缀"。

在程序中标识视图文件名时是否要在前面加斜杠取决于 prefix 前缀结尾是否含有斜杠，若有，就不用加，但加上也无妨。所以，常见的是在视图名前加一个斜杠。

5.4.2 网上答疑应用的显示视图设计

1. 学生提问界面的显示视图

【程序清单 5-8】文件名为 askpage.jsp

```
<%@page contentType="text/html; charset=UTF-8"%>
<%@taglib uri="http://java.sun.com/jsp/jstl/core" prefix="c" %>
<html><body><p>
<c:set var="x" value="0"/>
<c:forEach items="${message}" var="problem">
<c:set var="x" value="${x+1}"/>
<pre>
${x}.<a href="${pageContext.request.contextPath}/youranswer/${problem.id}">
${problem.question}</a>
<c:if test="${problem.answer!=null}">
    <br> 解答如下:<br> ${problem.answer}
</c:if>
</pre>
</c:forEach></p>
<form action="${pageContext.request.contextPath}/process" method="post">
```

```
提问: <textarea  name="ask"  rows=5  cols=50></textarea>
<p><input type="submit"  value=" 提 交 "></p>
</form>
</body></html>
```

 在这个视图中，上面部分是显示已有的各条提问信息，底部提供一个输入表单供用户输入新的提问，如图 5-3 所示。每个提问显示提供有一个解答超链接，超链接中通过路径变量传递要解答问题的编号。由于所有提问的列表存放在 message 这个模型变量中，在视图文件中可以利用 JSTL 的 forEach 循环来遍历这个列表。其中，problem 变量就代表一个问题，${problem.id}表示得到问题编号。

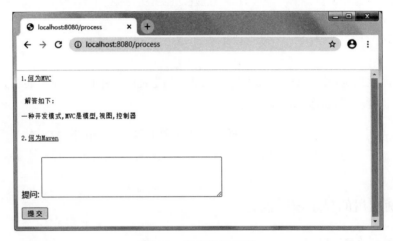

图 5-3　学生提问界面

2. 教师答疑界面的显示视图

【程序清单 5-9】文件名为 answerpage.jsp

```
<%@page contentType="text/html; charset=UTF-8"%>
<%@ taglib uri="http://java.sun.com/jsp/jstl/core" prefix="c" %>
<html><body>
 ${problem.question}
<form action="${pageContext.request.contextPath}
   /processanswer/${problem.id}" method="POST">
   回答: <textarea name="myans" rows=5 cols=50>
   <c:if test="${problem.answer!=null}">${problem .answer} </c:if>
   </textarea>
   <p><input type="submit" value=" 提 交 "></p>
</form>
</body></html>
```

页面内容中的超链接、图片和表单的提交等均涉及访问路径问题。总体上来说有绝对路径和相对路径，由于从前一个页面的回答问题超链接中带有路径变量，它会影响相对路径计算，所以，这里不宜采用相对路径的办法来规定目标 URL 路径，更适合采用绝对路径。因此，在目标路径中加上前缀，通过 ${pageContext.request.contextPath} 给出的是应用根路径。

该网上答疑应用仅是为了演示 MVC 的编程方法，未涉及用户登录及用户访问权限问题。在学完 Spring 安全相关的章节后，可以再对该应用进行改进，增加用户登录，区分用户角色，对用户的访问进行限制等。如果在学完数据库访问处理后就想着手设计应用的安全，则可以考虑将登录账户和角色记录在 Session 变量中，在应用中再设法加入访问限制逻辑。例如，在控制器的 mapping 方法中，根据 Session 记录的角色决定如何处理，或者在 JSP 视图代码中通过逻辑控制对于非教师账户不产生回答问题的超链接。

5.5　使用 Spring MVC 实现文件上传

Spring MVC 支持文件上传功能，它是由 Spring 内置的 CommonsMultipartResolver 解析器来实现的。具体编程处理步骤如下。

（1）在服务器的 lib 目录下引入 Apache 的 commons-fileupload 和 commons-io 两个 JAR 文件，这两个包可以从相关网站下载。

（2）在 Web 应用程序上下文配置文件中定义如下解析器。

```
<bean id="multipartResolver"
class="org.springframework.web.multipart.commons.CommonsMultipartResolver">
    <!-- 以字节为单位的最大上传文件的大小 -->
    <property name="maxUploadSize" value="100000"/>
</bean>
```

上传文件解析器被指定后，Spring 会检查每个接收到的请求是否存在上传文件，如果存在，这个请求将被封装成 MultipartHttpServletRequest。

（3）设置页面中请求表单的 enctype 属性为 multipart/form-data，在表单中通过类型为 file 的输入元素选择上传文件；表单的提交方法为 POST。

（4）在处理上传请求的控制器中，通过 CommonsMultipartFile 类型的参数对象获取上传文件数据信息。以下为 CommonsMultipartFile 的两个常用方法。

● byte[] getBytes()：获取上传文件的数据内容。
● String getOriginalFilename()：获取上传文件的文件名。

5.5.1 文件上传表单

在用户输入界面中提供了文件上传表单。表单的 action 参数指定相应控制器的 URI。

```
<form method="post" action="upload" enctype="multipart/form-data">
    <input type="file" name="file"/>
    <input type="submit"/>
</form>
```

5.5.2 文件上传处理控制器

假定上传的文件保存在 d:/images 文件夹下，文件保存的名称和原来上传名称相同。注意，控制器的 RequestMapping 映射的 method 参数为 RequestMethod.POST，通过声明一个 MultipartFile 类型的方法参数绑定到上传的文件。

【程序清单 5-10】文件名为 FileUploadController.java

```java
package chapter5;
@Controller
public class FileUploadController {
    @RequestMapping(value = "/upload ", method = RequestMethod.POST)
    public String handleFormUpload(@RequestParam("file") MultipartFile file)
    {
        if (!file.isEmpty()) {
            String path = "d:/images/";                    //文件上传的目标位置
            try {
                byte[] bytes = file.getBytes();            //获取上传数据
                FileOutputStream fos = new FileOutputStream(path
                        + file.getOriginalFilename());     //获取文件名
                fos.write(bytes);                          //将数据写入文件
                fos.close();
            } catch (IOException e) {}
            return "uploadSuccess";
        } else
            return "uploadFailure";
    }
}
```

 程序中利用 CommonsMultipartFile 对象的 getBytes()方法获取上传数据，文件保存方法是借助 FileOutputStream 对象的 write()方法写入数据。

5.6 基于 MVC 的虚拟网盘设计案例

在网上给用户提供存储空间在许多应用中都用到过。本应用允许用户将文件上传到服务器上自己的文件夹下面，可以在自己的空间下创建子目录，从而给学生一个网上存储空间（类似虚拟网盘），以方便各类作品的保存。

假设采用第 14 章介绍的用户认证设计方法进行用户登录设计，在应用中可通过 request 对象的 getRemoteUser()方法得到用户名。

考虑到文件上传应用需要，在 servlet-context.xml 配置文件中需要定义文件上传处理的解析器。为支持表单的中文信息提交，需要在 web.xml 文件中配置汉字处理过滤器。

本应用中假设所有用户的文档放在 d:\user 文件夹下。每个用户有一个自己的根目录路径，这个根目录和用户的登录名一致。系统自动为用户建立根目录，如图 5-4 所示。

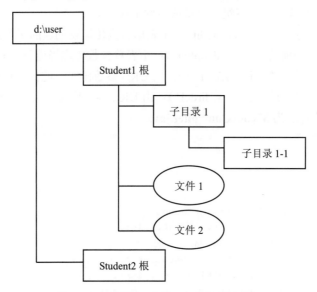

图 5-4　每个学生对应一个虚拟存储空间

在程序中为方便处理，当用户的当前目录路径为自己的根目录时，用 root 来代表。

本应用在实现上的难点是目录路径中出现的斜杠符号将影响 REST 的路径匹配。还有，以 get()方式发送 HTTP 请求，是用默认编码方式 ISO-8859-1 对汉字进行编码，为了正确获取汉字路径信息，需要进行编码转换。具体处理办法如下。

（1）控制器的映射定义是采用在路径映射后加"*"的方式表示匹配所有情形。例如：/filedel*，其对应的功能是删除当前目录下的文件。被删文件和当前目录等信息通过 URL 参数传递，即采用问号后面跟"参数名 1=参数值 1&参数名 2=参数值 2"的形式。

（2）为了实现带汉字的文件名和目录路径的正确传递，需要在请求的 JSP 文件中对 URL 进行编码处理。用 URLEncoder 类的 encode()方法在请求的 URL 超链接设计中对传送的 URL 参数进行编码。例如：

```
<a href="<%=request.getContextPath()+"//docs?currentpath="+
            URLEncoder.encode(mydir,"utf-8")%>
```

（3）在控制器的代码中需要分两步处理，首先进行转码；其次是对 URL 进行解码。转码需要将 ISO-8859-1 转为 UTF-8。例如：

```
dir=URLDecoder.decode(new String(dir.getBytes("ISO-8859-1"),"UTF-8"),"UTF-8");
```

5.6.1 控制器的设计

根据应用的具体功能，该应用设计了对应的 URI 模板。

（1）某目录的资源浏览（/docs*）：类似资源管理器，可自由浏览目录和文件列表。通过参数 current 传递当前目录信息。改变参数可进入下级子目录或返回上级目录。

（2）在当前路径下创建子目录（/createdir）：由表单参数传递要创建的子目录名和当前目录路径。

（3）上传文件到用户当前的目录（/fileupload）：由表单参数传递当前目录和文件。

（4）删除用户当前目录下的文件（/filedel*）：由 URL 参数传递当前目录和要删除的文件。

（5）删除用户当前目录下的子目录（/dirdel*）：由 URL 参数传递上级目录和要删除的目录。

【程序清单 5-11】文件名为 MydocController.java

```
package chapter5;
import java.io.*;
import java.net.*;
import java.util.*;
import javax.servlet.http.HttpServletRequest;
import org.springframework.stereotype.Controller;
import org.springframework.ui.ModelMap;
import org.springframework.web.bind.annotation.*;
import org.springframework.web.multipart.MultipartFile;
import org.springframework.web.servlet.ModelAndView;
@Controller
public class MydocController {
    // (1) 显示用户当前路径下的文件和子目录列表
    @RequestMapping(value = "/docs*", method = RequestMethod.GET)
    public ModelAndView list(@RequestParam("current") String pdir,
            HttpServletRequest request)
    {
        try {
            pdir = URLDecoder.decode(new String(pdir.getBytes("ISO-8859-1"),
                    "UTF-8"), "UTF-8");
        } catch (UnsupportedEncodingException e) {
```

```
                e.printStackTrace();
        }
        String userid = request.getRemoteUser();
        List<File> me = new ArrayList<File>();
        List<String> subdir = new ArrayList<String>();
        File f;
        if (pdir.equals("root")) {              //用户目录下的根路径用 root 代表
            f = new File("d:/user/" + userid);
            if (!f.exists())
                f.mkdir();                      //用户初次进入，若目录不存在，则创建
        }
        else
            f = new File("d:/user/" + userid + "/" + pdir);
        File[] files = f.listFiles();
        for (int k = 0; k < files.length; k++) {
            if (files[k].isFile())
                me.add(files[k]);
        }
        for (int k = 0; k < files.length; k++) {
            if (files[k].isDirectory())
                subdir.add(files[k].getName());
        }
        ModelMap modelMap = new ModelMap();
        modelMap.put("files", me);
        modelMap.put("dirs", subdir);
        modelMap.put("current", pdir);
        return new ModelAndView("/filelist", modelMap);
}

// (2) 在当前路径下创建子目录
@RequestMapping(value = "/createdir", method = RequestMethod.POST)
public String createdir(@RequestParam("parentpath") String parentpath,
        @RequestParam("dirname") String subpath,
        HttpServletRequest request)
{
    String userid = request.getRemoteUser();
    File f;
    String filestring;
    if (parentpath.equals("root"))
        filestring = "d:/user/" + userid + "/" + subpath;
    else
        filestring = "d:/user/" + userid + "/" + parentpath + "/" + subpath;
    f = new File(filestring);
    if (!f.exists())
        f.mkdir();
    try {
```

```
                return "redirect:/docs?current="
                        + URLEncoder.encode(parentpath, "utf-8");
        } catch (UnsupportedEncodingException e) {    }
        return "redirect:/docs?current=root";
}


// (3) 文件上传到用户的当前目录路径下
@RequestMapping(value = "/fileupload", method = RequestMethod.POST)
public String handleFormUpload(
        @RequestParam("currentpath") String currentpath,
        @RequestParam("file1") MultipartFile file,
        HttpServletRequest request)
{
    String userid = request.getRemoteUser();
    String path;
    if (currentpath.equals("root"))
        path = "d:/user/" + userid;
    else
        path = "d:/user/" + userid + "/" + currentpath;
    try {
        byte[] bytes = file.getBytes();                    //获取上传数据
        FileOutputStream fos = new FileOutputStream(path + "/" +
                file.getOriginalFilename());               //获取文件名
        fos.write(bytes);                                  //将数据写入文件
        fos.close();
        return "redirect:/docs?current=" +
                URLEncoder.encode(currentpath, "utf-8");
    } catch (IOException e) {
    }
    return "redirect:/docs?current=root";
}


// (4) 删除当前目录下的所选文件
@RequestMapping(value = "/filedel*", method = RequestMethod.GET)
public String filedel(@RequestParam("dir") String currentpath,
        @RequestParam("file") String file, HttpServletRequest request)
{
    try {
        file = URLDecoder.decode(new String(file.getBytes("ISO-8859-1"),
                "UTF-8"), "UTF-8");
        currentpath = URLDecoder.decode(
            new String(currentpath.getBytes("ISO-8859-1"), "UTF-8"),
            "UTF-8");
        String userid = request.getRemoteUser();
        File x;
        x = new File("d:/user/" + userid +
```

```
                ((currentpath.equals("root")) ? "" : "/" + currentpath) +
                "/" + file);
        x.delete();
        return "redirect:/docs?current=" +
                URLEncoder.encode(currentpath, "utf-8");
    } catch (UnsupportedEncodingException e) {
    }
    return "redirect:/docs?current=root";
}


// （5）删除当前目录下的某个子目录
@RequestMapping(value = "/dirdel*", method = RequestMethod.GET)
public String dirdel(@RequestParam("dir") String dir,
    @RequestParam("parent") String parent, HttpServletRequest request)
{
    try {
        dir = URLDecoder.decode(new String(dir.getBytes("ISO-8859-1"),
                "UTF-8"), "UTF-8");
        parent = URLDecoder.decode(new String(
                parent.getBytes("ISO-8859-1"), "-8"), "UTF-8");
    } catch (UnsupportedEncodingException e) {
        e.printStackTrace();
    }
    String userid = request.getRemoteUser();
    File x;
    if (parent.equals("root"))
        x = new File("d:/user/" + userid + "/" + dir);
    else
        x = new File("d:/user/" + userid + "/" + parent + "/" + dir);
    x.delete();
    try {
        return "redirect:/docs?current=" +
                URLEncoder.encode(parent, "utf-8");
    } catch (UnsupportedEncodingException e) {
        e.printStackTrace();
    }
    return "redirect:/docs?current=root";
}
}
```

 （1）以上程序中不包括文件浏览下载的代码。实现文件下载的一个简单办法是将用户目录映射到资源路径。这样，可通过 Web 的 URL 路径访问文件。
只需要在服务器的 servlet-context.xml 文件中增加以下行。

```
<resources mapping="/filepos/**" location="file:d://user/" />
```

实际上,前面的各部分中文件和目录路径的访问也可以利用该资源路径来建立映射进行访问。只是在程序中写的是绝对路径。

(2)程序中是将 d://user/作为所有用户的根路径。如果应用部署在云端,则没有 d 盘,需要在应用环境中建立某个目录(如 user)作为根目录,并设置如下映射关系。

```
<resources mapping="/filepos/**" location="/user/"/>
```

然后,在控制器中可通过 Web 应用上下文对象的 getResource()方法访问映射关系得到资源的物理存储路径,进而构建每个用户文档存储的根路径。

```
ApplicationContext c=RequestContextUtils.getWebApplicationContext(request);
File root = c.getResource("/filepos").getFile();          //得到根目录
File userroot = new File(root,userid);                    //某个用户的根路径
```

5.6.2 显示视图设计

该应用无论进行何类操作,均用同一个视图文件进行显示,该视图文件中显示当前目录下所有子目录列表,以及当前目录下文件列表。在列出目录和子目录的时候提供删除子目录和删除文件的超链接。另外提供子目录创建和文件上传表单,还要显示当前目录路径,并提供回到上级目录的超链接。如图 5-5 所示为显示界面。

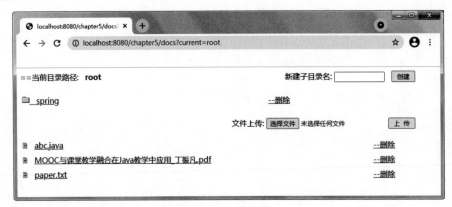

图 5-5 个人文档空间

【程序清单 5-12】文件为 WEB-INF/views/filelist.jsp

```
<%@page contentType="text/html; charset=UTF-8"%>
<%@taglib uri="http://java.sun.com/jsp/jstl/core" prefix="c" %>
<%@page import="java.io.*"%>
<%@page import="java.util.*"%>
<%@page import="java.net.*"%>
<c:set var="path" value="${pageContext.request.contextPath}"/>
<html> <HEAD>
```

```
    <meta http-equiv="Content-Type" content="text/html; charset=UTF-8">
    <link rel="stylesheet" type="text/css" href="${path}/css/main.css">
</HEAD>
<%String cdir= (String)request.getAttribute("current");
%>
<body>
<!-- 显示当前目录和提供新建目录表单-->
<table border=0 width="95%" cellspacing="0" cellpadding="0">
<tr><td width=30% valign='top'><font color=red>≈≈</font>当前目录路径:
  <font color=green><b><%=cdir %></b></font></td>
<td width=70% align=right valign="top">
<form action="${path}/createdir" method="post">
<font color="#000000"> 新建子目录名: </font>
 <input type="hidden" name="parentpath" value="${current}"/>
<INPUT type="text" size="10" name="dirname">  
<INPUT type="submit" value=" 创建 " class=button></form>
</td></table>
<!-- 显示回上级目录的超链接  -->
<table border=0 width=95%>
<tr><td>
<% String parent="root";
 if (!cdir.equals("root")) {//只要当前目录不是 root，则存在上级目录
    int p=cdir.lastIndexOf("/");
    if (p!=-1) {
        parent=cdir.substring(0,p);
    }
%>
<a href="${path}/docs?current=<%=URLEncoder.encode(parent,"utf-8")%>">
<img src="${path}/images/istop.gif" border=0> 回上级目录</a>
<%} %>
</td></tr>
<!-- 以下列出当前目录下所有子目录,并提供子目录进入和删除超链接-->
<%
List<String> dirs=(List<String>)request.getAttribute("dirs");
Iterator<String> p=dirs.iterator();
while (p.hasNext()) {
    String mydir=p.next();
%>
<tr><td align=left height="28">
<%if (cdir.equals("root")) {%>
<a href="${path}/docs?current=<%=URLEncoder.encode(mydir,"utf-8")%>">
<img src="${path}/images/close.gif" border=0>   <%=mydir%></a>
<%}else { %>
<a
href="${path}/docs?current=<%=URLEncoder.encode(cdir+"/"+mydir,"utf-8")%>">
<img src='${path}/images/close.gif' border=0   <%=mydir%></a>
```

```
<%} %>
</td>
<td><a href="${path}/dirdel?dir=<%=URLEncoder.encode(mydir,"utf-8")+"&parent="
+URLEncoder.encode(cdir,"utf-8")%>" onclick="return confirm('确定删除该目录吗？');">--删除</a>
</td></tr>
<%} %>
</table>
<!--  以下提供文件上传表单  -->
<br>
<form name="myFORM" ENCTYPE="multipart/form-data"
      action="${path}/fileupload" method="post">
<input type="hidden" name="currentpath" value="${current}"/>
<TABLE width="95%" border="0" cellspacing="0" cellpadding="0">
<TR>
<TD align=right width="30%">
<font color="#000000"> 文件上传: </font><INPUT TYPE=FILE NAME="file1"> <INPUT TYPE=
SUBMIT VALUE=" 上 传 " class=button>
 </td>
</TABLE>
</FORM>
<!--  以下列出当前路径下所有文件，并提供文件查看和删除超链接  -->
<table border=0 width=95%>
<%
List<File> files=(List<File>)request.getAttribute("files");
Iterator<File> p2=files.iterator();
while (p2.hasNext()) {
    File myfile=p2.next();
%>
<tr><td align=left height="28"><FONT color=#66a288 face=WingDings
size=3>2</FONT>  
 <a href="${path}/filepos/<%=request.getRemoteUser()+"/"+cdir+"/"+
myfile.getName()%>"><%=myfile.getName()%></a></td>
 <td>
 <a href="${path}/filedel?file=<%=URLEncoder.encode(myfile.getName(),"utf-8")%>&dir=<%=
URLEncoder.encode(cdir,"utf-8")%>" onclick="return confirm('确定删除该文件吗？');">--删除</a>
 </tr>
<% }%>
</table>
</body></html>
```

由于程序中需要调用 Java 的 URLEncoder 类对路径进行编码处理，因此，该程序主要用 JSP 代码来处理来自模型的数据。例如，用 request.getAttribute("files") 获取存储在模型中的文件列表。读者可思考将一些 JSP 代码改用 JSTL 和 EL 表达式代替。

以上是通过超链接访问去实现文件下载，代码中 **filepos** 是前面描述的资源路径映射，这种处理方式存在的问题是中文路径和中文文件名会出现资源不匹配情况。

5.6.3 文件下载处理的更好方法

实现文件下载处理的另一种方法是通过 MVC 控制器进行处理，通过类似前面的文件删除的代码模式获取文件，JSP 视图文件中传递的参数和文件删除一样。

然后，利用文件输入流读取字节数据，利用 Servlet 的响应输出流将字节数据发送给客户端。可在程序清单 5-11 的控制器代码中增加如下设计方法。

```java
@RequestMapping(value = "/downfile*")
public void downloadfile(@RequestParam("dir") String currentpath,
        @RequestParam("file") String file, HttpServletRequest request,
        HttpServletResponse response) {
    try {
        file = URLDecoder.decode(new String(file.getBytes("ISO-8859-1"),
                "UTF-8"), "UTF-8");
        currentpath = URLDecoder.decode(new String(
            currentpath.getBytes("ISO-8859-1"), "UTF-8"),"UTF-8");
        String userid = request.getRemoteUser();
        File x;
        x = new File("d:/user/" + userid +
                ((currentpath.equals("root")) ? "" : "/" + currentpath) +
                "/" + file);
        byte[] data = new byte[1024];
        InputStream infile = new FileInputStream(x);
        response.setHeader("Content-Disposition", "attachment; filename=\"" +
        URLEncoder.encode(file, "UTF-8") + "\"");           //对文件名编码处理
        response.addHeader("Content-Length", "" + x.length());
        response.setContentType("application/octet-stream;charset=UTF-8");
        OutputStream outputStream = new BufferedOutputStream(
                response.getOutputStream());
        while (true) {
            int byteRead = infile.read(data);               //从文件读数据给字节数组
            if (byteRead == -1)                             //在文件尾，无数据可读
                break;                                      //退出循环
            outputStream.write(data, 0, byteRead);          //读文件数据送输出流
        }
        outputStream.flush();
        outputStream.close();
    } catch (IOException e) { }
}
```

（1）HTTP 响应中 Header 部分的属性设置很重要，其中的信息表明这是一个文件附件，文件下载的附件名称在生成时需要用 UTF-8 进行编码处理，否则在客户浏览器端附件文件名将显示为乱码。

（2）程序将文件的数据以 1024 字节为单位循环逐步读取并发送给客户端。

5.7　使用 RestTemplate 访问 Web 服务

Spring 不仅可实现 REST 风格的 Web 服务，而且对 REST 风格的 Web 服务的访问也提供了很好的支持。Spring 提供了 RestTemplate 类，通过该类的方法可访问 REST 风格的 Web 服务。同时通过给 RestTemplate 注入消息转换，可在客户端和服务器之间传递特定格式的消息。在分布式应用中，两个应用之间要打交道，访问对方提供的信息，怎么办？这时，通过使用 RestTemplate 访问远程服务得到对方提供的信息，它在分布式应用的整合中很实用。Spring Boot 可通过 RestTemplateBuilder 的 build()方法创建一个 RestTemplate 对象。

5.7.1　RestTemplate 的方法简介

RestTemplate 的 getForObject()方法完成 GET 请求；postForObject()方法完成 POST 请求；put()方法完成 put 请求；delete()方法完成 DELETE 请求；execute()方法可以执行任何请求。RestTemplate 类中方法名的含义很简单，前面部分对应 HTTP 方法的名字，后面部分表明了方法返回值。例如，getForObject()方法执行 GET 操作并从 HTTP response 中返回一个对象。同样，postForLocation()方法执行 POST 操作并返回一个 HTTP location header，指明新创建对象的位置。传递到这些方法的参数和方法返回的对象分别通过 HttpMessageConverter 转换成 HTTP 消息。以下为 RestTemplate 的常用方法的格式。

- <T>:T getForObject(String url, Class<T> responseType,Object...urlVariables)：用 GET 请求访问 URL 资源，服务返回的结果为某类型的对象。

其中，第 1 个参数是 HTTP 请求的地址，第 2 个参数是响应返回的数据的类型，第 3 个参数是 URL 请求中需要设置的参数。

所有方法的 URL 参数支持两种类型数据：一种是变长的对象数组；另一种是 Map<String,? >类型。

例如，以下为变长字符串数组调用情形，多个数据项可以在一个对象数组中列出，也可以将数据项作为后续参数逐个列出。

```
String myUrl = "http://localhost:8080/show/{person}";
restTemplate.getForObject(myUrl, String.class, new Object[] {"mary"});
```

以上调用也可以直接写成如下形式。

```
restTemplate.getForObject(myUrl, String.class, "mary");
```

以下为使用 Map 类型参数的情形。

```
String myUrl = "http://localhost:8080/show/{person}";
Map<String, String> variables = new HashMap<String, String>();
variables.put("person", "mary");
restTemplate.getForObject(myUrl, String.class, variables);
```

- void delete(String url, String...urlVariables)：对资源的删除操作。
- HttpHeaders headForHeaders(String url, Object...urlVariables)：获取请求头的信息。
- Set<HttpMethod> optionsForAllow(String url, Object...urlVariables)：访问 OPTIONS 信息。
- <T>:T postForLocation(String url, Object request, Object...urlVariables)：提交 POST 访问请求。其中，第 2 个参数是提交传递给服务器的请求数据对象。
- void put(String url, Object request, Object...urlVariables)：PUT 请求处理，常用于资源的更新操作。
- void setMessageConverters(List<HttpMessageConverter<?>> messageconvert)：设置消息转换器。
- List<HttpMessageConverter<?>> getMessageConverters()：获取消息转换器列表。
- <T>:T execute(String url, HttpMethod method, RequestCallback requestCallback,ResponseExtractor <T> responseExtractor, Object... urlVariables)：在一个方法中包含了对 HTTP 的各种请求的访问处理。

5.7.2 使用 HttpMessageConverters 实现消息的转换处理

通常，浏览器和服务器通过文本消息进行通信。当 HTTP 响应返回结果为对象数据时，应该将对象进行序列化/反序列化处理，借助 HttpMessageConverter 实现消息的转换处理。消息格式有 JSON、XML、ATOM 等。

常用的 HTTP 消息转换器如下。

- StringHttpMessageConverter：处理文本数据，读取数据时，将"text/*"格式的消息识别为字符串，按 text/plain 格式输出字符串。
- FormHttpMessageConverter：处理类型为 application/x-www-form-urlencoded 的表单数据，并将数据转换为 MultiValueMap<String,String>类型的对象。
- MarshallingHttpMessageConverter：针对媒体类型为 application/xml 的数据，使用 marshaller/ un-marshaller 进行数据包装转换。
- MappingJacksonHttpMessageConverter：针对媒体类型为 application/json 的数据，使用 Jackson 的 ObjectMapper 进行数据包装转换。
- AtomFeedHttpMessageConverter：针对媒体类型为 application/atom+xml 的数据，使用 ROME 的 Feed API 对 ATOM 源进行包装处理。

● RssChannelHttpMessageConverter：针对媒体类型为 application/rss+xml 的数据，使用 ROME 的 Feed API 对 RSS 数据源进行包装处理。

根据需要，用户也可以编写自己的转换器，通过给 RestTemplate 注入具体的 HTTP 消息转换器可获取特定格式的响应数据。以下例子用 JSON 进行消息的封装。

5.7.3 使用 RestTemplate 实现服务调用的应用举例

该样例除了使用 Spring 框架的 jar 包外，还要用到 jackson-all-1.8.6.jar。

1．Web 服务的服务端代码

（1）REST 服务样例。

【程序清单 5-13】文件名为 **RESTController.java**

```
package chapter5.service;
import org.springframework.stereotype.Controller;
import org.springframework.web.bind.annotation.*;
@RequestMapping("/restful")
@Controller
public class RESTController {
    @RequestMapping(value = "/show/{person}", method = RequestMethod.GET, headers =
        "Accept=application/json")
    @ResponseBody
    public String show(@PathVariable("person") String me) {
        return "hello: " + me;
    }
}
```

 通过@ResponseBody 注解定义返回数据为响应消息，该消息将根据配置定义的 JSON 转换器进行数据包装。在@RequestMapping 注解中通过 headers="Accept=application/json" 定义来自请求的消息应为 JSON 格式。

（2）工程的配置文件。REST 服务端的 web.xml 文件和 MVC 模板工程的相似，主要定义 DispatcherServlet 控制分派的配置文件位置（/WEB-INF/dispatcher.xml）和 servlet-mapping 映射。

dispatcher.xml 配置文件定义了 MVC 模型的具体 Servlet 配置，其关键是给 AnnotationMethodHandler-Adapter 注入 JSON 消息转换器。

【程序清单 5-14】文件名为 **dispatcher.xml**

```
<?xml version="1.0" encoding="UTF-8"?>
<beans...>
<context:component-scan base-package="chapter5.service"/>
<bean class=
  "org.springframework.web.servlet.mvc.annotation.AnnotationMethodHandlerAdapter">
```

```
    <property name="messageConverters">
        <list>
            <ref bean="jsonConverter"/>
        </list>
    </property>
</bean>
<bean id="jsonConverter"  class=
 "org.springframework.http.converter.json.MappingJacksonHttpMessageConverter">
    <property name="supportedMediaTypes" value="application/json"/>
</bean>
</beans>
```

2. 客户端代码

（1）封装 REST 服务调用的 Bean。以下为客户端使用的 Java Bean，该 Bean 中通过配置注入的 RestTemplate 对象访问服务端的 REST 风格的 Web 服务。

【**程序清单 5-15**】文件名为 **RESTClient.java**

```
package chapter5.client;
import org.springframework.beans.factory.annotation.Autowired;
import org.springframework.stereotype.Component;
import org.springframework.web.client.RestTemplate;
@Component
public class RestClient {
    @Autowired
    private RestTemplate template;
    private final static String url = "http://localhost:8080/app/restful";
    //这里 app 为工程名
    public String show() {
        return (String) template.getForObject(url + "/show/{person}",
                String.class, new Object[] {"john"});
    }
}
```

 该 Java Bean 定义时通过@Autowired 注解让 template 属性自动在容器中查找匹配的对象实现依赖注入。下面配置文件中定义了 RestTemplate 类型的 Bean。

（2）RestTemplate 的注入配置。该配置文件是针对客户端使用的，存放在 src 目录下，在配置 RestTemplate 的 Bean 时需要通过 messageConverts 属性列出使用的消息转换器，这里引用 id 为 jsonConverter 的 Bean 定义的转换器，将返回的 JSON 消息进行转换，解析成 JavaObject。

【**程序清单 5-16**】文件名为 **application-context.xml**

```
<?xml version="1.0" encoding="UTF-8"?>
<beans...>
<context:component-scan base-package="chapter5.client"/>
```

```
<bean id="restTemplate" class="org.springframework.web.client.RestTemplate">
  <property name="messageConverters">
   <list>
      <ref bean="jsonConverter"/>
   </list>
  </property>
</bean>
    <bean id="jsonConverter" class="org.springframework.
       http.converter.json.MappingJacksonHttpMessageConverter">
     <property name="supportedMediaTypes" value="application/json"/>
    </bean>
</beans>
```

 这里的配置和 Web 服务端的 dispatcher.xml 配置文件中规定的消息处理格式要一致。Web 服务端是使用 Jackson 转换器包装 JSON 消息，所以这里也需要用它来进行消息解包。

（3）应用测试程序。该应用程序在客户端运行，通过访问 restClient 这个 Bean 调用 REST 服务。

【程序清单 5-17】文件名为 RestAppTest.java

```
import org.springframework.context.ApplicationContext;
import org.springframework.context.support.ClassPathXmlApplicationContext;
public class RestAppTest {
    public static void main(String[] args) {
        ApplicationContext appContext = new ClassPathXmlApplicationContext(
            "application-context.xml");
        RestClient s = (RestClient)appContext.getBean("restClient");
        System.out.println(s.show());
    }
}
```

【运行结果】

```
hello: john
```

 对比本例介绍的基于消息转换的数据传递机制和基于 ViewResolver 的内容协商的处理机制，它们均可实现请求和响应处理的多样化。使用视图解析器可使用多种视图来显示模型，而消息转换器也支持多种转换器。这两种方式各有特点，实际应用中根据需要选择。使用视图是产生供浏览器显示的文档（HTML、PDF 等格式），而使用 @ResponseBody 是与 Web 服务的调用者交换数据（JSON、XML 等格式）。

第 6 章　使用 Maven 构建工程

6.1　Maven 概述

实际应用中，工程常用 Maven 来构建和管理项目。例如，在 Cloud Foundry 云环境中，不支持动态 Web 工程，Web 项目要通过 Maven 构建。Maven 是 Java 项目构建、依赖管理和项目信息管理的强大工具。Maven 吸收了其他构建工具和构建脚本的优点，构建了一个完整的生命周期模型。Maven 把项目的构建划分为不同的生命周期（lifecycle），包括编译、测试、打包、集成测试、验证、部署。Maven 包括工程对象模型（POM）、依赖管理模型、工程生命周期和阶段。如图 6-1 所示是 Maven 操作和交互模型所涉及的主要部件。

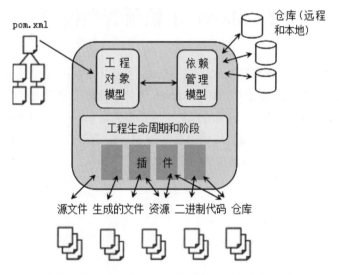

图 6-1　Maven 操作和交互模型所涉及的主要部件

　（1）POM 由一系列 pom.xml 文件中的声明性描述构成。其中包括依赖项、插件等。这些 pom.xml 文件构成一棵树，每个文件能从其父文件中继承属性。Maven 2 提供一个 Super POM，它包含所有项目的通用属性。

（2）Maven 根据其依赖项管理模型解析项目依赖项。Maven 在本地仓库和远程仓库寻找依赖性组件，称作工件（artifact）。在远程仓库中解析的工件被下载到本地仓库中，以便接下来的访问可以有效地进行。

（3）Maven 引擎通过插件执行文件处理任务，Maven 的每个功能都是由插件提供的。插件被配置和描述在 pom.xml 文件中。依赖项管理系统将插件当作工件来处理，并根据构建任务的需要来下载插件。每个插件都能和生命周期中的不同阶段联系起来。Maven 引擎有一个状态机，它运行在生命周期的各个阶段，在必要的时候调用插件。

（4）软件项目一般都有相似的开发过程，如准备、编译、测试、打包和部署等，Maven 将这些过程称为 Build Life Cycle。在 Maven 中，这些生命周期由一系列的短语组成，每个短语对应着一个（或多个）操作。在执行某一个生命周期时，Maven 会首先执行该生命周期之前的其他周期。如要执行 compile（编译），那么将首先执行 validate、generate-source、process-source 和 generate-resources，最后再执行 compile 本身。

在 Eclipse 和 STS 等开发工具中均内置有 Maven 支持。当然，也可以选择外部的 Maven，在工具中选择 Window→Preferences→Maven→Installations 命令来选择外部安装的 Maven 的安装位置。外部安装的 Maven 需要访问开源网址 http://maven.apache.org/下载安装压缩包，如 apache-maven-3.5.4-bin.zip。将安装包解压完成安装即可。

6.2 Maven 依赖项管理模型

一个典型的 Java 工程会依赖其他的包。在 Maven 中，这些被依赖的包就被称为 dependency。dependency 一般是其他工程的 artifact（工件）。Maven 依赖项管理引擎帮助解析构建过程中的项目依赖项。以下代码给出了一个工程中的依赖定义的元素构成。根元素 project 下的 dependencies 可以包含多个 dependency 元素，以声明项目依赖。项目依赖项存储在 Maven 存储库（简称为"仓库"）上。要成功地解析依赖项，需要从包含该工件的仓库里找到所需的依赖工件。

```
<dependencies>
    <dependency>
        <groupId>...</groupId>
        <artifactId>...</artifactId>
        <version>...</version>
        <type>...</type>
        <scope>...</scope>
        <optional>...</optional>
        <exclusions>
            <exclusion>...</exclusion>
        </exclusions>
    </dependency>
</dependencies>
```

每个依赖包含的元素中，groupId、artifactId 和 version 是依赖的基本坐标，Maven 根据坐标找到需要的依赖包；type 是依赖的类型，默认值为 jar；scope 是依赖的范围；optional 定义依赖标记是否可选；exclusions 用来排除传递性依赖。大部分依赖声明只包含基本坐标。例如：

```
<dependency>
    <groupId>javax.servlet</groupId>
    <artifactId>javax.servlet-api</artifactId>
    <version>3.0.1</version>
    <scope>provided</scope>
</dependency>
```

6.2.1　工件和坐标

工件通常被打包成包含二进制库或可执行库的 jar 文件，工件也可以是 war、ear 或其他代码捆绑类型。Maven 利用操作系统的目录结构对仓库中的工件集进行快速索引，索引系统通过工件的坐标唯一标识工件。

Maven 坐标是一组可以唯一标识工件的三元组值。坐标包含了下列三条信息。

- 组 ID：代表制造该工件的实体或组织。
- 工件 ID：工件的名称（通常为项目或模块的名称）。
- 版本：该工件的版本号。

6.2.2　各种依赖范围与 classpath 的关系

Maven 中在编译、测试、运行中使用各自的 classpath。依赖范围就是用来控制依赖与这三种 classpath 的关系。

- compile：为默认依赖范围。其对编译、测试、运行三种 classpath 都有效。
- test：该依赖范围只对测试 classpath 有效，典型的例子是 JUnit，它只在编译测试代码及运行测试时需要。
- provided：该依赖范围对编译和测试 classpath 有效，但在运行时无效。典型的例子是 servlet-api，编译和测试项目的时候需要该依赖，但在运行项目的时候，由于容器已经提供，就不需要 Maven 重复地应用一遍。
- runtime：该依赖范围对于测试和运行 classpath 有效，但在编译主代码时无效。典型的例子是 JDBC 驱动实现，项目编译只需要 JDK 提供的 JDBC 接口，在执行测试或者运行项目时才需要实现接口的具体驱动。
- system：该依赖与三种 classpath 的关系和 provided 依赖范围完全一致。但是，使用 system 范围的依赖时必须通过 systemPath 元素显式地指定依赖文件的路径。由于此类依赖不是通过 Maven 仓库解析的，而且往往与本机系统绑定，可能造成构建的不可移植。
- import：作用是把目标 POM 中依赖管理的配置导入当前 POM 的依赖管理的元素中。该依赖范围不会对三种 classpath 产生实际影响。

6.2.3　Maven 仓库

Maven 仓库分本地仓库和远程仓库。Maven 本地仓库是磁盘上的一个目录，通常位于 HomeDirectory/.m2/repository。本地库类似本地缓存的角色，存储着在依赖项解析过程中下载的工件；远程仓库要通过网络访问。在 STS 的 Window→Preferences 窗体中可对 Maven 进行各类配置。

依赖项解析器首先检查本地仓库中的依赖项，然后检查远程仓库列表中的依赖项，从远程下载到本地，如果远程列表中没有或下载失败，则报告一个错误。在 STS 环境中要注意更新远程依赖仓库 central 中心的索引信息，从而保证 pom.xml 增加依赖项时能搜索找到需要的依赖项，工程编译时将从远程仓库下载相应的 jar 包到本地仓库。

Maven 全局配置文件是 MavenInstallationDirectory/conf/settings.xml。该配置对所有使用该 Maven 的用户都起作用，也称为主配置文件。可以在 settings.xml 配置文件中维护一个远程仓库列表以备使用。

用户配置文件放在 UserHomeDirectory/.m2/settings.xml 下，只对当前用户有效，且可以覆盖主配置文件的参数内容。

【应用经验】在默认配置中，依赖包存放位置是 C 盘的某路径下，在 C 盘容量不足时，可以通过改动 localRepository 的值，将依赖包存储在别的路径。例如：

```
<localRepository>F:\maven\repo</localRepository>
```

之后，打开仓库（F:\maven\repo）会发现里面多了一些文件。这些文件就是从 Maven 的中央仓库下载到本地仓库的。

默认的远程仓库是一个能在全球访问的集中式 Maven 仓库。在内部开发中，可以设置额外的远程仓库来包含从内部开发模块中发布的工件。可以使用 settings.xml 中的 <repositories> 元素来配置这些额外的远程仓库。为提高 jar 包下载速度，可更改<mirror>元素将 Maven 镜像更换为国内阿里云。

第一次构建 Maven 项目，所有依赖的 jar 包要从 Maven 的中央仓库下载，所以需要时间等待。以后本地仓库中积累了常用的 jar 包，这将使开发变得方便。

在 STS 环境中，要查看 Maven 的仓库信息，可选择 Window→Show View→Other 命令，在弹出的 Show View 对话框选择视图中选择 Maven→Maven Repositories 命令，单击 OK 按钮，可看到如图 6-2 所示的窗体。其中，包含 STS 中 Maven 项目的所有仓库信息。

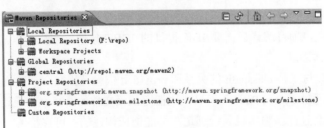

图 6-2　查看 Maven 的存储库

6.3　创建 Maven Web 工程

　　Maven 内容安排有自己的约定，Maven 提倡"约定优先于配置"的理念，从而可以简化配置。Maven 为工程中的源文件、资源文件、配置文件、生成的输出和文档都制定了一个标准的目录结构。当然，Maven 也允许定制个性的目录布局，这就需要进行更多的配置。

　　Maven 默认的文件存放结构如下：

```
/项目目录
    |— pom.xml 用于 Maven 的配置文件
    |— /src 源代码目录
    |    |— /src/main 工程源代码目录
    |    |    |— /src/main/java 工程 java 源代码目录
    |    |— /src/main/resource 工程的资源目录
    |    |— /src/test 单元测试目录
    |    |    |— /src/test/java
    |— /target 输出目录
    |    |— /target/classes 存放编译之后的 class 文件
```

1. 在 STS 中创建 Maven Web 工程

　　以下为在 STS 中创建 Maven Web 工程的过程。

　　选择 File→New→Other 命令，在弹出的对话框中选择 Maven 下的 Maven Project，然后单击 Next 按钮，在弹出的 New Maven Project 对话框中将列出可选项目类型，选择 Artifact Id 为 maven_archetype_web 类型的列表项，单击 Next 按钮。

　　在弹出的对话框中输入和选择 Group Id、Artifact Id、Version、Package，如图 6-3 所示。其中 Group Id 用于指定项目所属组别标识；Artifact Id 定义项目中的工件标识，在图中输入了 myapp，它也将作为工程名称；Version 定义项目的版本；Package 设定项目的包路径。

　　最后，可看到创建的工程目录结构。项目根目录中有 pom.xml，src/main/webapp 为 Web 应用根目录路径。该工程默认不含 src/main/java 文件夹，可通过工程 Java Build Path 对话框内的 source 选项卡中的 Add Folder 按钮进行添加，将弹出如图 6-4 所示的对话框，选中父目录路径 main，单击 Create New Folder 按钮，在弹出的输入对话框中输入 java，可以建立 java 文件夹。

　　在 POM 配置中常用到属性变量，通过 properties 元素设置，配置中可通过 EL 表达式${}来引用属性值。例如：

```
<properties>  <!-- 定义属性变量 -->
    <org.cloudfoundry-version>0.6.0</org.cloudfoundry-version>
</properties>
<dependency>
    <groupId>org.cloudfoundry</groupId>
```

```
    <artifactId>cloudfoundry-runtime</artifactId>
    <version>${org.cloudfoundry-version}</version>
</dependency>
```

图 6-3　输入和选择工件类型参数　　　　图 6-4　给 Maven 工程添加文件夹

Maven 提供了三个隐式的变量，分别是 env、project、settings，用来访问系统环境变量、POM 信息和 Maven 的 settings。例如，${project.artifactId}可得到项目工件标识。

2. 添加依赖关系

根据工程需要，添加依赖关系。对于 Web 工程，如果要支持 JSTL 标签，则需要添加 JSTL-API 的依赖包。如果是构建 Spring MVC 应用，所需依赖项应包括 spring-web 和 spring-webmvc。

添加过程是先选中 pom.xml 文件，右击，在弹出的快捷菜单中选择 Maven→Add Dependence 命令，可看到如图 6-5 所示的对话框；然后，可以在输入框中进行搜索，在列出的搜索结果中选择相应项目。成功添加的依赖应该在工程的 Maven Dependence 路径下看到相应的 jar 包路径。

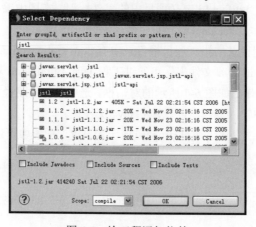

图 6-5　给工程添加依赖

有些 jar 包并不提供 Maven 仓库这种形式，在下载到本地后，可以使用如下方式来引用。

```
<dependency>
    <groupId>apache-tika</groupId>
    <artifactId>tika</artifactId>
    <version>1.0</version>
    <scope>system</scope>
    <systemPath>F:\tools\tika-app-1.0.jar</systemPath>
</dependency>
```

3．Maven 项目的导入

已存在的一个 Maven 项目，可用如下方式导入 STS 环境中，选择 File→Import→Maven→Existing Maven Projects 命令，然后选择 Maven 项目路径，单击"确定"按钮即可。

6.4　在 STS 中运行 mvn 命令

Maven 内置了开发流程的支持，它不仅能够编译，同样能够打包、发布。在 Maven 项目或者 pom.xml 文件上右击，在弹出的快捷菜单中选择 Run As，可看到 Maven 命令菜单，如图 6-6 所示。

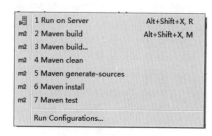

选择菜单项可执行相应的命令，同时也能在 STS 的 Console 界面中看到构建输出。其中，Maven build 可运行自定义的 Maven 命令，在弹出对话框的 Goals 一项中输入要执行的命令，如 clean test，单击 Run 按钮即可执行 clean 和 test 两个命令。

图 6-6　Maven 命令菜单

以下为常用 mvn 命令的解释说明。

- mvn clean：清理上一次构建生成的文件。
- mvn compile：编译项目的源代码。一般来说，是编译 src/main/java 目录下的 Java 文件至项目输出的主 classpath 目录中。
- mvn test：使用单元测试框架运行测试，测试代码不会被打包或部署。
- mvn package：接收编译好的代码，打包成可发布的格式，如 jar、war 格式等。但没有把打好的可执行 jar 包（war 包或其他形式的包）部署到本地 Maven 仓库。
- mvn install：完成了项目编译、单元测试、打包功能，同时把打好的可执行 jar 包（war 包或其他形式的包）部署到本地 Maven 仓库，供本地其他 Maven 项目使用。
- mvn site：生成项目站点。

实际上，STS 会自动对 Maven 项目进行编译处理。所以，通常情况下不用运行命令。

6.5 Maven 的多模块管理

大型工程需要将项目划分为多个模块，可用 Maven 来管理项目各模块之间复杂的依赖关系。Maven 项目配置之间的关系有两种：继承关系和引用关系。

1. 继承关系

Maven 默认根据目录结构来设定 POM 的继承关系，即下级目录的 POM 默认继承上级目录的 POM。继承关系通过抽取公共特性，可以大幅度地减少子项目的配置工作量。通过关联设置，所有父工程的配置内容都会在子工程中自动生效，除非子工程有相同的配置覆盖。

对于父子工程，配置涉及两方面。

（1）父工程配置

要求父工程的 packaging 设置必须是 pom 类型，并在父工程设置模块列表。例如：

```
<groupId>ecjtu.search</groupId>
<artifactId>searchWeb</artifactId>
<version>1.0.0-SNAPSHOT</version>
<packaging>pom</packaging>
<modules>
    <module>query</module>
    <module>analyzer</module>
</modules>
```

这里的 module 是目录名，描述的是子模块的相对路径。为了方便快速地定位内容，模块的目录名应当与其 artifactId 一致。

（2）子模块配置

在 STS 中通过建立模块工程来建立子模块，首先要选中父工程，然后右击，选择 New→Module 命令，创建子模块。在子模块 POM 设置中通过 parent 元素告知所属父工程。假设父工程的工件标识为 searchWeb，以下为子模块 query 对应的配置。

```
<parent>
    <groupId>ecjtu.search</groupId>
    <artifactId>searchWeb</artifactId>
    <version>1.0.0-SNAPSHOT</version>
</parent>
<groupId>ecjtu.search</groupId>
<artifactId>query</artifactId>
<packaging>jar</packaging>
```

ⓘ 一个项目的子模块应该具有与父工程相同的 groupId。在物理存储中，子模块将在父工程下建立一个子目录。采用层层缩进的目录结构较为清晰，也可以在子模块的 parent 元素中加入 <relativePath>../searchWeb/pom.xml</relativePath>来指定父工程的路径。

值得一提的是，在复用过程中，父工程的 POM 中可以定义 dependencyManagement 节点，其中存放依赖关系，但是这个依赖关系只是定义，不会真的产生效果，如果子模块想要使用这个依赖关系，可以在本身的 dependency 中添加一个简化的引用。例如：

```
<dependency>
    <groupId>org.springframework</groupId>
    <artifactId>spring</artifactId>
</dependency>
```

【应用经验】如果多个项目的依赖版本一致，则可定义一个 dependencyManagement 专门管理依赖的 POM，然后，在各个子模块中导入这些依赖管理配置。子模块在使用依赖时无须声明版本，如此，可避免多个模块使用的依赖版本不一致所导致的冲突。

2. 引用关系

另一种实现配置共用的办法是使用引用关系。Maven 中配置引用关系是加入一个 type 为 pom 的依赖。例如，以下将工件 ontology 中的所有依赖加入当前工程。

```
<dependency>
    <groupId>ecjtu.search</groupId>
    <artifactId>ontology</artifactId>
    <version>1.0</version>
    <type>pom</type>
</dependency>
```

无论是父子工程配置还是引用工程配置，这些工程都必须用 mvn install 安装到本地库，否则编译时会出现有的依赖没有找到的错误。

第 7 章　Spring Boot 简介与
初步应用

7.1　Spring Boot 简介与配置

在 Spring 应用中存在许多问题，最为突出的是项目的配置和项目的依赖管理。项目配置中 XML 配置逐步被注解取代，但 Spring 的注解较多，初学者掌握困难。更为突出的是项目的依赖包，决定项目里要用哪些库就已经够让人头痛，还要知道这些库的哪个版本和其他库不会有冲突，查找问题所在常常要耗费开发人员很多时间。

Spring Boot 是一个简化 Spring 开发的框架，可简单、快速、方便地搭建项目。Spring Boot 框架默认配置了很多框架的使用方式，采用约定大于配置，去繁就简，只需要很少的配置就可以创建出独立的、产品级别的应用。Spring Boot 可以生成独立的微服务功能单元，微服务可以将应用的模块单独部署，各个小型服务之间通过 HTTP 进行通信。Spring Boot 有 Gradle 和 Maven 两种项目构建形式，Gradle 是使用 Groovy 语言来声明配置。本书仅介绍 Maven 构建形式。

7.1.1　Spring Boot 的特性

Spring Boot 2.0 要求 Java 8 和 Spring 5 框架的支持，相应的 Maven 要求 3.2 以上版本。对主流开发框架的无配置集成，极大地提高了开发、部署效率。具体表现在以下几个方面。

（1）几秒钟构建项目。针对很多 Spring 应用程序常见的应用功能，Spring Boot 能自动提供相关配置，Spring Boot 将其功能场景都抽取出来，做成一个个的 starters（启动器），只需要在项目里面引入这些 starters，相关场景的所有依赖都会导入进来。starters 自动管理依赖与版本控制，起步依赖引入的库的版本不会出现不兼容的情况。

（2）支持运行期内嵌容器，支持热启动。Spring Boot 支持内嵌容器，同以往项目中烦琐地配置 Tomcat 相比，让部署变得简单，内嵌容器开发让开发人员不需要关心环境问题，专心编写业务代码即可。Spring Boot 支持 Tomcat 9.0、Jetty 9.4 等服务器，也可以将 Spring Boot 应用部署在任何 Servlet 3.1+兼容的容器中。

（3）支持关系数据库和非关系数据库。

（4）自带应用监控。Spring Boot 是一款自带监控的开源框架，通过提供组件 Spring Boot Actuator 来集成对应用系统的监控功能。Spring Boot admin 是基于 Spring Boot Actuator 的一款强大的监控软件，它可以监控项目的基本信息、健康信息、内存信息、垃圾回收信息等，能够深入运行中的 Spring Boot 应用程序。

（5）让测试变得简单。Spring Boot 内置了七种强大的测试框架，包括 JUnit、Spring Test、AssertJ 等，只需要在项目中引入 spring-boot-start-test 依赖包，就可以对 Web 和数据库进行测试。

（6）简洁的安全策略集成。

（7）提供命令行界面。这是 Spring Boot 的可选特性。借此，只需写代码就能完成完整的应用程序，无须传统项目构建。

7.1.2　Spring Boot 配置文件

Spring Boot 在启动运行过程中能考虑众多的自动配置。例如，如果检测 JdbcTemplate 在 classpath 里并且有 DataSource 的 Bean，则自动配置一个 JdbcTemplate 的 Bean。如果检测到 Thymeleaf 在 classpath 里，则配置 Thymeleaf 的模板解析器、视图解析器和模板引擎。如果检测到 Spring Security 在 classpath 里，则进行一个非常基本的 Web 安全设置。每当应用程序启动的时候，Spring Boot 的自动配置都要做将近 200 个这样的决定，涵盖安全、集成、持久化、Web 开发等诸多方面。

Spring Boot 还将读取配置文件中的信息进行设置，Spring Boot 的全局配置文件是 application.properties 或 application.yml，它们放置在 src/main/resources 目录或者类路径的/config 下。Spring Boot 的全局配置文件的作用是对一些默认配置的配置值进行修改。以下为使用 application.properties 的示例，它将服务器的服务端口变成了 8888，默认是 8080 端口。

```
server.port=8888
```

Spring 也支持用 YAML 文件来设置配置信息。以下是通过 application.yml 配置文件来设置服务端口的代码。

```
server:
    port:8888
```

YAML 文件内容对字母大小写敏感；使用缩进表示层级关系，缩进时不允许使用 Tab 键，只允许使用空格。YAML 表达采用 "k: v" 形式，字符串默认不用加上单引号或者双引号。

7.2　使用 STS 搭建 Spring Boot 项目

不同应用有各自的目录结构存放各种项目内容。Spring Boot 提供了 spring initializr 来辅助设置工程的项目结构。spring initializr 从本质上来说就是一个 Web 应用程序，利用它可以生成 Spring Boot 项目结构，以及对应的 Maven 或 Gradle 构建说明文件，程序员只需要添加应用程序的代码。

spring initializr 有如下几种用法。

● 通过 Web 界面使用。

- 通过 Spring Tool Suite 使用。
- 通过 IntelliJ IDEA 使用。
- 通过 Spring Boot CLI。

通过 Web 界面使用时可以访问 http://start.spring.io，如图 7-1 所示。

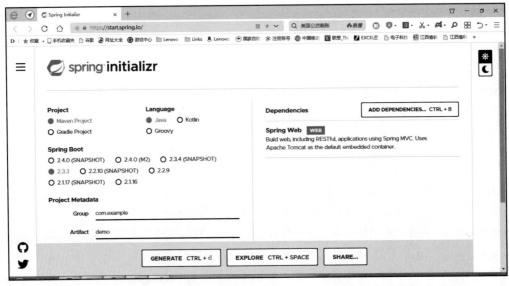

图 7-1　用 spring initializr 是生成空 Spring 项目的 Web 应用程序

填完表单，选好依赖，单击 GENERATE 按钮，spring initializr 会生成一个 ZIP 文件形式的压缩包。可以将其下载使用。

7.2.1　在 STS 环境中创建 Spring Boot 工程

在 STS 工具中选择 File→New 命令，在项目类型中选择 Spring Starter Project，如图 7-2 所示。在如图 7-3 所示的对话框中输入工程名称等信息。

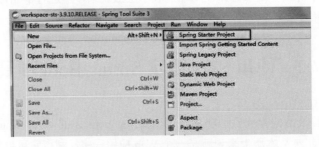

图 7-2　选择 Spring Starter Project

Location 指定了文件系统上项目的存放位置。也可以选中 Use default location 复选框，选择默认的位置。

单击 Next 按钮，进入如图 7-4 所示的对话框，勾选项目需要的依赖关系，例如，本例勾选 Spring Web，可以同时选择多项，单击 Finish 按钮。

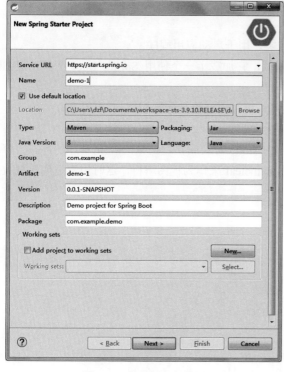

图 7-3　确定项目名称　　　　　　　　　　　　图 7-4　选择工程依赖关系

如果是首次配置 Spring Boot，可能需要等待一会儿，STS 将下载相应的依赖包，单击 Finish 按钮后，开始项目的生成和导入过程。默认创建好的项目结构如图 7-5 所示。

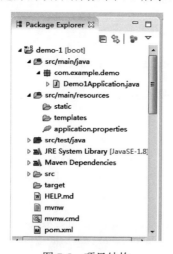

图 7-5　项目结构

Spring Tool Suite 是通过 REST API 与 spring initializr 交互的，因此，只有连上 spring initializr，它才能正常工作。

在项目结构中将默认生成如下文件。

- SpringbootApplication：一个带有 main()方法的类，用于启动应用程序。
- SpringbootApplicationTests：一个空的 JUnit 测试，它加载了一个使用 Spring Boot 配置功能的 Spring 应用程序上下文。
- application.properties：一个空的 properties 文件，可按需要添加配置属性。
- pom.xml：Maven 构建说明文件。

在 Spring Boot 应用中，就连空目录都有自己的意义。static 目录放置的是 Web 应用程序的静态内容（JavaScript、样式表、图片等）。Spring Boot 建议采用 thymeleaf 来作为视图解析，这时用于呈现模型数据的模板文件会放在 templates 目录里。

打开默认生成的 pom.xml 文件，其内容如下：

```xml
<?xml version="1.0" encoding="UTF-8"?>
<project xmlns="http://maven.apache.org/POM/4.0.0"
xmlns:xsi="http://www.w3.org/2001/ XMLSchema-instance"
    xsi:schemaLocation="http://maven.apache.org/POM/4.0.0
    https://maven.apache.org/xsd/maven-4.0.0.xsd">
    <modelVersion>4.0.0</modelVersion>
    <parent>
        <groupId>org.springframework.boot</groupId>
        <artifactId>spring-boot-starter-parent</artifactId>
        <version>2.3.3.RELEASE</version>
        <relativePath/> <!-- lookup parent from repository -->
    </parent>
    <groupId>com.example</groupId>
    <artifactId>demo-1</artifactId>
    <version>0.0.1-SNAPSHOT</version>
    <name>demo-1</name>
    <description>Demo project for Spring Boot</description>
    <properties>
        <java.version>1.8</java.version>
    </properties>
    <dependencies>
        <dependency>
            <groupId>org.springframework.boot</groupId>
            <artifactId>spring-boot-starter-web</artifactId>
        </dependency>
        <dependency>
            <groupId>org.springframework.boot</groupId>
            <artifactId>spring-boot-starter-test</artifactId>
            <scope>test</scope>
```

```
                <exclusions>
                    <exclusion>
                        <groupId>org.junit.vintage</groupId>
                        <artifactId>junit-vintage-engine</artifactId>
                    </exclusion>
                </exclusions>
            </dependency>
        </dependencies>
        <build>
            <plugins>
                <plugin>
                    <groupId>org.springframework.boot</groupId>
                    <artifactId>spring-boot-maven-plugin</artifactId>
                </plugin>
            </plugins>
        </build>
    </project>
```

关于 Spring Boot 的 pom.xml 文件，注意以下几点。

1. 关于标签<parent>

标签<parent>用于配置 Spring Boot 的父级依赖。

```
<parent>
    <groupId>org.springframework.boot</groupId>
    <artifactId>spring-boot-starter-parent</artifactId>
    <version>2.3.3.RELEASE</version>
    <relativePath/> <!-- lookup parent from repository -->
</parent>
```

这里，spring-boot-starter-parent 是一个特殊的 starter，它用来提供相关的 Maven 默认依赖，使用它之后，常用的包依赖就可以省去 version 标签。

2. 关于 starter 场景启动器

spring-boot-starter 是 spring-boot 场景启动器。可导入 web 模块正常运行所依赖的组件。通过 Spring Boot Starter 将常用的依赖分组进行整合，这样可一次性添加相关的依赖到项目的 Maven 构建中。

Spring Boot 为不同的 Spring 模块提供了许多入门依赖项。例如：

- spring-boot-starter-data-jpa
- spring-boot-starter-security
- spring-boot-starter-test
- spring-boot-starter-web
- spring-boot-starter-thymeleaf

工程中添加的 spring-boot-starter-web 这个依赖启动项就包含了 Spring MVC 的主要依赖，通过依赖组合避免管理众多依赖项目。Spring Boot 探测到添加了 Spring MVC 的依赖，会自动配置支持 Spring MVC 的多个 Bean，包括视图解析器、资源处理器和消息转换器等，程序员只要编写控制器和视图即可。

3. 关于热部署

每次修改 Spring Boot 项目，都需要重新启动才能够正确地得到效果，这样会略显麻烦。Spring Boot 提供了热部署的方式，当发生任何改变，系统会自动更新项目的变化。在 pom.xml 文件中添加如下依赖就可支持热部署。

```
<dependency>
    <groupId>org.springframework.boot</groupId>
    <artifactId>spring-boot-devtools</artifactId>
    <optional>true</optional> <!--为 true，热部署才有效 -->
</dependency>
```

重新启动 Spring Boot，然后修改任意代码，就能观察到控制台的自动重启现象。当然，如果不嫌重启应用麻烦，也可以不用添加 spring-boot-devtools 这个依赖项。

7.2.2　应用入口类

Spring Boot 项目通常有一个名为*Application 的入口类，入口类里有一个 main()方法，这个 main()方法其实就是一个标准的 Java 应用的入口方法。

【程序清单 7-1】文件名为 Demo1Application.java

```
package com.example.demo;
import org.springframework.boot.SpringApplication;
import org.springframework.boot.autoconfigure.SpringBootApplication;
@SpringBootApplication
public class Demo1Application {
    public static void main(String[] args) {
        SpringApplication.run(Demo1Application.class, args);
    }
}
```

其中，main()方法会调用 SpringApplication 中静态的 run()方法，后者会真正执行应用的引导过程，也就是创建 Spring 应用上下文。在传递给 run()的两个参数中，一个是配置类，另一个是命令行参数。尽管传递给 run()的配置类不一定要和引导类相同，但这是最便利和最典型的做法。

@SpringBootApplication 是 Spring Boot 的核心注解，它是一个组合注解，该注解组合了@Configuration、@EnableAutoConfiguration、@ComponentScan 的功能。而@EnableAutoConfiguration 让 Spring Boot 根据类路径中的 jar 包依赖为当前项目进行自动配置。例如，如果添加了 spring-boot-starter-web 依赖，

会自动添加 Tomcat 和 Spring MVC 的依赖，并对 Tomcat 和 Spring MVC 进行自动配置。Spring Boot 会自动扫描@SpringBootApplication 所在类的同级包以及下级包里的 Bean。

7.2.3　编写控制器

用@RestController 注解编写 REST 风格的控制器。其中，@RestController 注解是@Controller 和 @ResponseBody 两个注解的合体版。@ResponseBody 注解的方法的返回结果不会被解析为跳转路径，而是直接写入 HTTP 响应的内容中，返回 JSON 风格的结果。该注解一般会配合@RequestMapping 一起使用。@RestController 注解体现了 Spring Boot 将编写服务用于面向分布式计算的应用场景。

【程序清单 7-2】文件名为 HelloController.java

```java
package com.example.demo;
import org.springframework.web.bind.annotation.*;

@RestController
public class HelloController {
    @RequestMapping("/hello")
    public String hello(@RequestParam(value="name",
        defaultValue="Spring Boot") String name) {
        return String.format("Hello %s!", name);
    }
}
```

 添加@RestController 注解，表示此类中所有定义的接口均为 RESTful 风格，也就是说返回参数均为 JSON 格式的。@RequestMapping 注解提供路由信息，将来自浏览器的 HTTP 的访问"/hello"映射为 hello()方法，@RequestParam 注解提供了一个查询参数，参数名为 name，参数默认值为 Spring Boot。

7.2.4　运行 Spring Boot

在项目中选中 SpringbootApplication 这个类文件，然后右击，在弹出的如图 7-6 所示的快捷菜单中选择 Run As→Spring Boot App 命令。

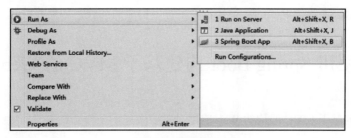

图 7-6　快捷菜单

在控制台显示成功运行的提示信息，如图 7-7 所示。从日志可以看出，Tomcat 运行在 8080 端口。

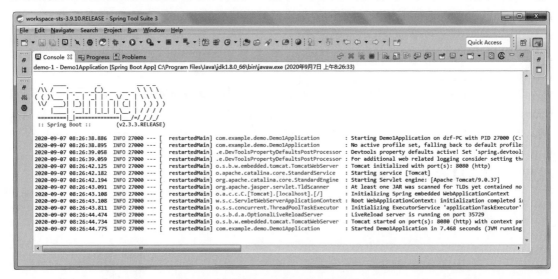

图 7-7　运行 Spring Boot 应用控制台显示

在浏览器中输入网址 http://localhost:8080/hello 访问，可看到如图 7-8 所示的显示结果。这里在地址栏中没有提供 name 参数，则按照程序中设置，name 取值为默认值 Spring Boot。

图 7-8　在浏览器访问应用

　用 http://localhost:8080/hello?name=world 进行访问，结果如何？

虽然该应用可以通过浏览器访问，但要注意的是该应用没有视图，它返回的仅仅是一条消息。实际上，该类型 Web 服务一般是用来在应用之间传递 JSON 风格的消息。

【练习】如果让 REST 服务返回的结果是若干字符串构成的列表，如何修改程序？

7.3　使用 Spring Boot 构建基于 MVC 的 Web 应用

前面的应用要改为基于 MVC 架构的 Web 应用，需要做如下工作。

1. Maven 依赖配置（pom.xml）

在项目 pom.xml 文件中添加如下依赖项。

```
<dependency>
    <groupId>org.springframework.boot</groupId>
    <artifactId>spring-boot-starter-thymeleaf</artifactId>
</dependency>
```

其中，spring-boot-starter-thymeleaf 这个依赖项表示视图模板采用 thymeleaf，它是 Spring Boot 中受到推崇的一种视图，比 JSP 更便于使用。

2. 新建应用入口

新建一个包 hello，在该包下建立一个 Spring Boot 应用入口。

```
package hello;
import org.springframework.boot.SpringApplication;
import org.springframework.boot.autoconfigure.SpringBootApplication;
@SpringBootApplication
public class Demo2Application {
    public static void main(String[] args) {
        SpringApplication.run(Demo2Application.class, args);
    }
}
```

3. 编写控制器

在 hello 包中添加以下的控制器代码。

【程序清单 7-3】文件路径为 src/main/java/hello/HelloController.java

```
package hello;
import org.springframework.stereotype.Controller;
import org.springframework.ui.Model;
import org.springframework.web.bind.annotation.GetMapping;
import org.springframework.web.bind.annotation.RequestParam;
@Controller
public class HelloController {
    @GetMapping("/greeting")
    public String greeting(@RequestParam(name="name", required=false,
            defaultValue="World") String name, Model model) {
        model.addAttribute("name", name);
        return "greeting";
    }
}
```

其中，控制器注解采用@Controller。@GetMapping 注解是@RequestMapping(method = RequestMethod

.GET)的缩写，是一个 GET 方式的请求访问。

4．编写 thymeleaf 视图文件

thymeleaf 视图文件存放在 resources/templates 路径下，视图文件的扩展名为.html。视图文件中采用 ${name}的形式获取来自模型变量的数据。

【程序清单 7-4】文件路径为 src/main/resources/templates/greeting.html

```html
<html xmlns:th="http://www.thymeleaf.org">
  <head>
    <meta http-equiv="Content-Type" content="text/html; charset=UTF-8"/>
  </head>
  <body>
    <center><font color=red size=6>
        <p th:text="'Hello, ' + ${name} + '!'" />
    </font></center>
  </body>
</html>
```

其中，th:text 将对表达式的值进行计算，并将结果显示在<p>标签处。

在 STS 环境中选择按 Spring Boot App 运行方式执行 Application 程序。服务将启动，在浏览器输入网址 http://localhost:8080/greeting 可查看效果，如图 7-9 所示。

图 7-9　来自 thymeleaf 的视图文件的显示

如果将第 5 章介绍的简单网上答疑应用中视图代码改为采用 thymeleaf，则可设计如下代码，读者可以和 JSTL 的视图进行对比。

```html
<div th:each="problem:${message}">
  <pre><a th:href="'youranswer/'+${problem.id}">
  <span th:text="${problem.question}"></span></a><br>
      解答如下:<br> <span th:text="${problem.answer}"> </span>
  </pre>
</div>
```

其中，th:each 类似于 JSTL 中 forEach 的循环效果，它会对模型变量 message 集合的元素进行遍历取值并赋给 problem 变量，因循环重复会产生多个 div 标签，th:href 用于对超链接的链接目标进行求值计算。thymeleaf 的标签详细说明请参见相关文档。

5. 应用开发部署的其他问题

（1）静态资源的访问

对于静态资源的访问，默认情况下，Spring Boot 从类路径下的以下几个目录路径去查找文件资源：①/static；②/public；③/resources；④/META-INF/resources 或从 ServletContext 的根目录。

（2）应用打包和部署

Spring Boot 支持 Maven 和 Gradle 等打包管理技术。它允许打包可执行 jar 或 war 文档，在"本地"运行应用程序。要支持应用在命令行运行，只要让 Spring Boot 的启动类实现 org.springframework.boot.CommandLineRunner 接口即可。

① 进入应用工程位置所在路径，运行以下 mvn 命令可产生工程的 jar 包。

```
mvn clean package
```

或者在 STS 环境中执行 mvn install 命令也可产生工程的 jar 包。

② 进入工程的 target 目录，可看到产生的 jar 文件，假设改名为 my.jar。

③ 修改 DOS 的当前目录为应用的 target 目录，使用以下命令执行 jar 程序。

```
java -jar  my.jar
```

可以看到 Spring Boot 程序的启动执行，显示内容和 STS 环境中控制台的一致。

7.4　Spring Boot 如何支持 JSP 视图

如果想要使用 JSP 作为视图，需要进行以下五步的配置和操作。

1. 修改 pom.xml 文件，增加对 JSP 文件的支持

```
<dependency>
    <groupId>javax.servlet</groupId>
    <artifactId>jstl</artifactId>
</dependency>
<dependency>
    <groupId>org.apache.tomcat.embed</groupId>
    <artifactId>tomcat-embed-jasper</artifactId>
    <scope>provided</scope>
</dependency>
```

2. 修改属性文件的配置，设置 JSP 视图文件的位置

修改 application.properties 文件，将 JSP 视图文件重定向到/views/目录。

```
spring.mvc.view.prefix=/views/
```

```
spring.mvc.view.suffix=.jsp
```

3. 修改 HelloController 控制器的内容

修改 hello()方法，返回结果要求是视图文件名。

```
@Controller
public class HelloController {
    @RequestMapping("/hello")
    public String hello() {
        return "display";                                  //视图文件名称为display.jsp
    }
}
```

4. 新建 display.jsp 文件

在 src/main 目录下创建 webapp/views 目录，并在该文件夹下创建一个 display.jsp 文件。该 JSP 文件的代码如下：

```
<%@ page language="java" contentType="text/html; charset=ISO-8859-1"
    pageEncoding="ISO-8859-1"%>
<body>hello</body>
```

5. 刷新网页

项目重启完成后再刷新网页就可以看到效果，如图 7-10 所示。这里浏览器页面显示的内容是来自 JSP 视图文件的处理结果。

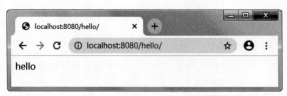

图 7-10　来自 JSP 视图文件的显示

第8章 使用 JdbcTemplate 访问数据库

Java 对数据库的访问有多种方式，最基础的办法是利用 JDBC 访问数据库。JDBC 对数据库的操作需要建立连接、关闭连接、异常处理等，总体上编程比较烦琐。

本章介绍用 Spring 的 JdbcTemplate 实现数据库访问的处理方法，后面章节将介绍 Spring Boot 对数据库的其他访问处理办法。使用 JdbcTemplate 访问数据库的一个突出特点是不需要建立 Java 对象和数据库表格之间的映射关系，对数据库的访问操作实际上是利用模板提供的方法执行 SQL 语句并对结果进行处理。

本章大部分例题是结合文件资源共享应用，该应用所涉及的对象及关系如图 8-1 所示。本章主要针对栏目和用户对象的数据访问操作进行介绍。

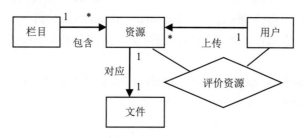

图 8-1　资源管理应用系统的对象关系图

栏目对象的属性比较简单，有栏目编号（number）、栏目标题（title）。而操作只考虑最常用的两个：一个是获取所有栏目列表集合，另一个是添加栏目。

用户对象的属性有用户登录名（username）、密码（password）、E-mail 地址（emailaddress）、用户姓名（myname）、积分（score）等。相应的操作包括用户注册、登录检查、增减用户积分、获取用户积分。

以下为 MySQL 中相应的 SQL 建表语句的代码。

```
CREATE TABLE  user (
  username varchar(30) NOT NULL,
  password varchar(20) NOT NULL,
  emailaddress  varchar(30) NOT NULL,
  myname varchar(20) NOT NULL,
  score  int(11) DEFAULT NULL,
  PRIMARY KEY (username)
)
CREATE TABLE ColumnTable(
```

```
     number   int(10) NOT NULL,
     title  varchar(255) DEFAULT ''
 )
```

其中，代表栏目的表名采用 ColumnTable，不能用 Column，在 MySQL 中它是保留字。

8.1 使用 JdbcTemplate 访问数据库概述

JdbcTemplate 是对 JDBC 的一种封装，可简化 JDBC 的编程访问处理。JdbcTemplate 处理了资源的建立和释放，可避免一些常见的错误（例如，忘了关闭连接），因而可提高编程效率。

Spring 提供的 JDBC 抽象框架由 core、datasource、object 和 support 四个不同的包组成。

- core 包中定义了提供核心功能的类。JdbcTemplate 是 JDBC 框架的核心包中最重要的类。JdbcTemplate 可执行 SQL 查询、更新或者调用存储过程，对结果集的迭代处理以及提取返回参数值等。
- datasource 包中含简化 DataSource 访问的工具类和 DataSource 接口的实现。获得 DataSource 对象的方式有 JNDI、DBCP 连接池、DriverManagerDataSource 等。
- object 包由封装了查询、更新和存储过程的类组成，它们是在 core 包的基础上对 JDBC 更高层次的抽象。
- support 包中含 SQLException 的转换功能和一些工具类。在 JDBC 调用中被抛出的异常会被转换成 org.springframework.dao 包中的异常。

8.1.1 连接数据库

应用 Spring Boot 构建工程，需要加入 JDBC 和 MySQL 处理的依赖关系。

```
<dependency>
    <groupId>org.springframework.boot</groupId>
    <artifactId>spring-boot-starter-jdbc</artifactId>
</dependency>
<dependency>
    <groupId>mysql</groupId>
    <artifactId>mysql-connector-java</artifactId>
    <scope>runtime</scope>
</dependency>
```

在属性文件 application.properties 中加入 MySQL 数据库的连接配置。

```
spring.datasource.url=jdbc:mysql://localhost:3306/test?serverTimezone=UTC
spring.datasource.username=root
spring.datasource.password=abc123
```

Spring Boot 将根据配置自动在容器中创建 JdbcTemplate 的 Bean 对象。应用中可随时通过依赖注入得到该 Bean，从而使用 JDBCTemplate 进行数据库的操作。

8.1.2　实体与业务逻辑

以下结合基于 Web 的资源共享应用中用户和栏目的操作功能设计进行介绍。

在栏目的业务逻辑中要使用栏目对象，其类设计如下。

【程序清单 8-1】 文件名为 Column.java

```
package chapter8;
public class Column {
    int number;                                       //栏目编号
    String title = "";                                //栏目的标题
    ...//上面两个属性对应的getter()和setter()方法略
}
```

1．业务逻辑接口

通过接口 ColumnService 定义栏目的操作，这里仅列出了两个方法。

【程序清单 8-2】 文件名为 ColumnService .java

```
package chapter8;
import java.util.List;
public interface ColumnService {
    public void insert(String title);                 //新增栏目
    public List<Column> getAll();                      //获取所有栏目列表
}
```

以下为对用户对象进行操作访问的 DAO 接口。其中定义了 4 个操作访问方法，分别实现用户注册、登录检查、增加用户积分、获取用户积分。

【程序清单 8-3】 文件名为 UserService.java

```
package chapter8;
public interface UserService {
    public boolean register(String username,String password,
            String emailAddress,String name);         //用户注册
    public boolean logincheck(String username,String pass);  //用户登录检验
    public void addScore(String username,int score);  //增加用户积分
    public int getScore(String username);             //获取用户积分
}
```

其中，register 和 logincheck 返回结果均为逻辑值，分别是在注册成功和登录成功时返回，结果为 true。

2. 业务逻辑实现

以下是 UserService 接口的具体实现类。这里仅含 jdbcTemplate 属性，各个业务逻辑方法的实现在后面将结合 JdbcTemplate 的功能介绍进行补充。

【程序清单 8-4】文件名为 UserServiceImpl.java

```java
package chapter8;
import org.springframework.jdbc.core.JdbcTemplate;
@Component
public class UserServiceImpl implements UserService {
    @Autowired
    private JdbcTemplate jdbcTemplate;
    ...//具体业务逻辑方法在后面补充
}
```

类似地，读者可自行完成栏目的业务逻辑，实现 ColumnServiceImpl 的代码编写。

8.1.3 使用 JdbcTemplate 查询数据库

JdbcTemplate 将 JDBC 的流程封装起来，包括异常的捕捉、SQL 的执行、查询结果的转换等。Spring 除了大量使用模板方法来封装一些底层的操作细节，也大量使用 callback 方式类来回调 JDBC 相关类别的方法，以提供相关功能，如图 8-2 所示。Spring 的数据访问模板类负责通用的数据访问功能，也就是数据访问中固定的部分，如事务处理、异常处理和资源管理等；而对于应用程序特定的任务，则会调用自定义的回调对象，这些任务包括参数绑定、结果的处理等。事实证明，这是非常好的设计，程序员只要关注自己的数据访问逻辑即可。

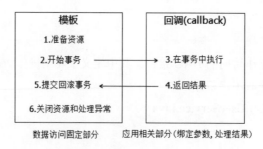

图 8-2 模板和回调的功能划分

1. 使用 queryForList()方法将多行记录存储到列表中

对于由多行构成的结果集，JdbcTemplate 的 queryForList()方法方便易用，其返回的是一个由 Map 构成的列表对象，Map 中存放的是一条记录的各字段。例如：

```java
String sql="SELECT * FROM  ColumnTable";
List<Map<String,Object>>  x = jdbcTemplate.queryForList(sql);
```

要访问第 1 行的栏目标题可以用 x.get(0).get("title")。

2. 通过 query()方法执行 SQL 语句，对多行查询结果进行对象封装

对于多行结果，要对查询结果进一步进行处理，可通过 query()方法的回调接口实现。

（1）使用 RowMapper 数据记录映射接口

通过回调 RowMapper 接口的 mapRow 方法可处理结果集的每行，并且每行处理后可返回一个对象，所有行返回的对象形成对象列表集合。

获取所有栏目列表的 getAll()方法用 JdbcTemplate 实现如下：

```
public List<Column> getAll(){
    List<Column> rows=jdbcTemplate.query ("SELECT * FROM ColumnTable",
    new RowMapper<Column>() {
      public Column mapRow(ResultSet rs, int rowNum) throws SQLException{
      Column m= new Column();                       //创建栏目对象
      m.setTitle(rs.getString("title"));            //根据记录字段值设置栏目属性
      m.setNumber(rs.getInt("number"));
      return m;                                      //返回一行的处理结果
       }
    });
    return rows;                                     //所有行的处理结果
}
```

有时，查询只关注某个字段的所有取值，则可用如下方法。

```
public static List<String> getName(String table) {
    String sql = "select  distinct  name  from" + table;
    List<String> rows = jdbcTemplate.query(sql, new RowMapper<String>() {
        public String mapRow(ResultSet rs, int rowNum) throws SQLException {
            return rs.getString("name");             //返回一条记录的字段 name 的值
        }
    });
    return rows;
}
```

（2）使用 RowCallbackHandler 数据记录回调管理器接口

RowCallbackHandler 接口定义的 processRow()方法可以对结果集的每行分别进行处理，该方法无返回值。上面介绍的 getName()方法也可改用以下方式实现。

```
public static List<String> getName(String table) {
    String sql = "select distinct name from" + table;
    final List<String> result = new List<String>();     //存放结果的列表
    jdbcTemplate.query(sql, new RowCallbackHandler(){
        public void processRow(ResultSet rs)throws SQLException{
            result.add(rs.getString("name"));            //将字段值加入结果集
        }
```

```
    });
    return result;
}
```

3. 返回单值结果的查询方法

另有一些查询方法，其执行结果返回为单个数据值，而不是集合。例如，负责登录检查的 logincheck() 方法可采用统计是否是用户表中存在满足用户名和密码均匹配的数据记录。

```
public boolean logincheck(String username, String pass) {
    String sql = "Select  count(*) from user where username='" + username
            + "' and password='" + pass + "'";
    return jdbcTemplate.queryForObject(sql, Integer.class) > 0;
}
```

这里，queryForObject()方法将会把返回的 JDBC 类型转换成最后一个参数所指定的 Java 类。如果类型转换无效，那么将会抛出 InvalidDataAccessApiUsageException 异常；如果无查询结果，则会抛出 EmptyResultDataAccessException 异常。

类似地，业务逻辑中的 getScore()方法是用于获取用户积分。其实现代码如下：

```
public int getScore(String username) {
    String sql="Select score from user where username='"+username+"'";
    return jdbcTemplate.queryForObject(sql, Integer.class);
}
```

以下是带填充参数的使用情形。

```
String name = jdbcTemplate.queryForObject("SELECT name FROM USER WHERE user_id = ?", new Object[]
{"user1"}, String.class);
```

如果要改为不带 SQL 填充参数的使用情形，可写成如下形式。

```
String name = jdbcTemplate.queryForObject("SELECT name FROM USER WHERE user_id ='user1'",
String.class);
```

8.1.4 使用 JdbcTemplate 更新数据库

1. 完整 SQL 命令串的执行处理

如果 SQL 拼写完整，则可采用只有一个 SQL 命令串参数的 update()方法或 execute()方法。用户业务逻辑 UserServiceImpl 中 addScore()方法可设计为如下形式。

```
public void addScore( String username, int s) {                    //给某用户增加积分
        String sql="update user set score=score+"+s+" where username='"
                + username + "'";
```

```
        jdbcTemplate.update(sql);
    }
```

用于添加栏目的 insert()方法可实现如下：

```
public void insert(String title1) {
    String sql = "insert into ColumnTable(title) "+"VALUES('"+title1+"')";
    jdbcTemplate.execute(sql);
}
```

2. 带填充参数的 SQL 语句的执行处理

以下结合 UserService 业务逻辑中 register()和 addScore()方法的实现进行讨论。

（1）通过参数数组填充 SQL 语句中的内容

```
/ * 根据给定的信息注册一个账户到系统中，注册成功返回 true，否则返回 false */
public boolean register(String username,String password,
        String emailAddress,String myname){
    try {
        String sql="insert into user values(?,?,?,?,10)";          //初始积分 10
        Object[] params=new Object[]{ username, password,
            emailAddress, myname };
        jdbcTemplate.update(sql,params);
    } catch(Exception e) { return false; }
    return true;
}
```

（2）利用 PreparedStatementSetter 接口处理预编译 SQL

通过回调 PreparedStatementSetter 接口的 setValues()方法实现参数的绑定。例如，addScore()方法也可采用以下方式实现。

```
public void addScore(final String username,final int s){
    String sql="update user set score=score+? where username=?";
    jdbcTemplate.update(sql, new PreparedStatementSetter() {
        public void setValues(PreparedStatement ps) throws SQLException{
            ps.setInt(1, s);
            ps.setString(2, username);
        }
    });
}
```

如果要将一批数据写入数据库表中，可以使用 batchUpdate()方法批量装载数据。以下代码将批量数据写入 customers 表中，代码中利用 Java 8 的 Stream 来处理集合数据。

```
jdbcTemplate.execute("DROP TABLE customers  IF EXISTS");
jdbcTemplate.execute("CREATE TABLE customers(" +
            "id SERIAL, first_name VARCHAR(255), last_name VARCHAR(255))");
//将每个人名字的 first/last name 提取出来放入数组中
    List<Object[]>  splitUpNames = Arrays.asList("John Woo", "Jeff Dean",
      "Josh Bloch").stream()
    .map(name -> name.split(" "))                           //用空格分离串形成数组
    .collect(Collectors.toList());
jdbcTemplate.batchUpdate("INSERT INTO customers(first_name, last_name) VALUES (?,?)",
splitUpNames);
```

8.1.5　对业务逻辑的应用测试

以下在 Spring Boot 应用程序中测试对用户对象的业务逻辑的操作访问。
【**程序清单 8-5**】文件名为 **JdbctempApplication.java**

```java
package chapter8;
import org.springframework.boot.ApplicationRunner;
import org.springframework.boot.SpringApplication;
import org.springframework.boot.autoconfigure.SpringBootApplication;
import org.springframework.context.annotation.Bean;

@SpringBootApplication
public class JdbctempApplication {

    public static void main(String[] args) {
        SpringApplication.run(JdbctempApplication.class, args);
    }

    @Bean
    ApplicationRunner init(UserService userService) {
        return args -> {
          if (userService.register("user1","xxx","1143566@qq.com","mary")) {
              System.out.println("a user registered");
              userService.addScore("user1", 5);
              System.out.println(userService.getScore("user1"));
          }
        };
    }
}
```

【运行结果】

```
a user registered
15
```

这里用 Spring Boot 的 ApplicationRunner 实现应用启动后初始化操作，Spring Boot 会自动执行方法返回结果为 ApplicationRunner 的 Bean 对象的方法。ApplicationRunner 接口中 run 方法的参数为 ApplicationArguments，代码中通过 Java 8 的 Lambda 表达式的表达形式实现 run()方法，程序中给 init()方法的参数注入 UserService 类型的对象，通过该对象的 register()方法注册一个登录名为 user1 的账户，如果注册成功，再给用户加 5 分，然后输出其积分。

 从 init()方法参数的注入，可以看出 Spring Boot 的强大之处，只要声明参数需要 UserService 类型的对象，方法执行时就会自动传递一个相应类型的 Bean 对象。

如果读者对 Java 8 的 Lambda 表达式形式不熟悉，也可以换一个表达形式，定义一个类实现 ApplicationRunner 接口，在类头部添加@Component 注解。

```
@Component
public class MyApplicationRunner implements ApplicationRunner{
    @Autowired
    private UserService userService;

    @Override
    public void run(ApplicationArguments args) throws Exception{
        if (userService.register("user1","xxx","1143566@qq.com","mary")){
            ...
        }
    }
}
```

8.2 数据库中大容量字节数据的读写访问

在实际应用中，有时需要将图片文件等大容量的数据存储到数据库中。例如，人员信息管理中每个人的照片。这种涉及数据量较大的数据通称为大对象数据（LOB），它们按数据特征又分为 BLOB 和 CLOB 两种类型，BLOB 用于存储二进制数据，如图片文件等；而 CLOB 用于存储长文本数据，如文章内容等。

在不同的数据库中，对于大对象数据提供的字段类型是不尽相同的。例如，DB2 对应 BLOB/CLOB，MySQL 对应 BLOB/LONGTEXT，SQL Server 对应 IMAGE/TEXT。有些数据库的大对象类型可以同简单类型一样访问，如 MySQL 的 LONGTEXT 的操作方式和 VARCHAR 类型一样。一般地，对 LOB 类型数据的访问方式不同于其他简单类型的数据，经常以流的方式操作 LOB 类型的数据。

Spring 在 org.springframework.jdbc.support.lob 包中提供的 API 有力支持 LOB 数据的处理。首先，Spring 提供了 NativeJdbcExtractor 接口，可以在不同环境里选择相应的实现类，从数据源中获取本地

JDBC 对象；其次，Spring 通过 LobCreator 接口消除了不同数据厂商操作 LOB 类型数据的差别，并提供了 LobHandler 接口，只要根据底层数据库类型选择合适的 LobHandler 即可。LobHandler 还充当了 LobCreator 的工厂类。

8.2.1　将大容量数据写入数据库

Spring 定义了 LobCreator 接口，以统一的方式操作各种数据库的 LOB 类型数据。下面对 LobCreator 接口中的方法进行简要说明。

- void setBlobAsBinaryStream(PreparedStatement ps, int paramIndex, InputStream contentStream, int contentLength)：通过流填充 BLOB 数据。
- void setBlobAsBytes(PreparedStatement ps, int paramIndex, byte[] content)：通过二进制数据填充 BLOB 数据。
- void setClobAsAsciiStream(PreparedStatement ps, int paramIndex, InputStream asciiStream,int contentLength)：通过 ASCII 字符流填充 CLOB 数据。
- void setClobAsCharacterStream(PreparedStatement ps, int paramIndex, Reader characterStream, int contentLength)：通过 Unicode 字符流填充 CLOB 数据。
- void setClobAsString(PreparedStatement ps, int paramIndex, String content)：通过字符串填充 CLOB 数据。

为实现大容量数据写入，JdbcTemplate 提供了如下方法。

```
execute(String sql, AbstractLobCreatingPreparedStatementCallback lcpsc)
```

建立 AbstractLobCreatingPreparedStatementCallBack 类型的对象，需要一个 lobHandler 实例，一般数据库采用 DefaultLobHandler。但对于 Oracle 数据库，由于其特殊的 lob 处理，需要使用 OracleLobHandler。

执行时将回调 AbstractLobCreatingPreparedStatementCallback 抽象类的子类的 setValues()方法，并自动注入 PreparedStatement 对象和 LobCreator 对象。在方法内，用 LobCreator 对象提供的各类 set()方法可实现对 PreparedStatement 对象中 SQL 参数的写入。

以下结合 Web 文件安全检测中文件恢复的应用介绍大容量数据的操作处理。该应用可使 Web 服务器文件在被黑客破坏时能进行恢复。首先，将文件内容保存到数据库中存储建立备份。当需要恢复时再从数据库中读取相应内容的重写文件。

该应用利用 MySQL 数据库保存文件信息，每个文件占用数据库的一条记录。

假设在 MySQL 数据库上通过如下语句创建 files 表，其中包含 filename、content 两个字段。其中，filename 为存储文件名，content 为存储文件内容。

```
CREATE TABLE files(filename varchar(45) NOT NULL,
    content blob NOT NULL, PRIMARY KEY(filename)
```

以下程序可将文件内容写入数据库中保存。参数 filepath 指定具体文件的路径信息。程序中，

jdbcTemplate 为 JdbcTemplate 对象，通过配置注入。

【程序清单 8-6】将文件存储到数据库中

```
public void save(String filepath) throws FileNotFoundException{
    File  x = new File(filepath);
    String  filename = x.getName();
    InputStream is = new FileInputStream(x);
    LobHandler lobHandler=new DefaultLobHandler();            //创建 LobHandler 对象
    jdbcTemplate.execute("insert into files(filename,content) values (?,?)",
        new AbstractLobCreatingPreparedStatementCallback(lobHandler){
        protected void setValues(PreparedStatement pstmt,
                LobCreator lobCreator)
                    throws SQLException, DataAccessException{
            pstmt.setString(1, filename);
            lobCreator.setBlobAsBinaryStream(pstmt,2,is,(int)x.length());
        }
    });
}
```

8.2.2 从数据库读取大容量数据

利用 LobHandler 接口提供的方法可获取 LOB 数据。一般地，对于容量大的 LOB 数据，通常使用流的方式进行访问，以便减少内存的占用。LobHandler 接口常用方法如下。

- InputStream getBlobAsBinaryStream(ResultSet rs, int columnIndex)：从结果集中返回 InputStream，通过 InputStream 读取 BLOB 数据。
- byte[] getBlobAsBytes(ResultSet rs, int columnIndex)：以二进制数据的方式获取结果集中的 BLOB 数据。
- InputStream getClobAsAsciiStream(ResultSet rs, int columnIndex)：从结果集中返回 InputStream，通过 InputStreamn 以 ASCII 字符流方式读取 BLOB 数据。
- Reader getClobAsCharacterStream(ResultSet rs, int columnIndex)：从结果集中获取 Unicode 字符流 Reader，并通过 Reader 以 Unicode 字符流方式读取 CLOB 数据。
- String getClobAsString(ResultSet rs, int columnIndex)：从结果集中以字符串的方式获取 CLOB 数据。
- LobCreator getLobCreator()：生成一个与用户会话相关的 LobCreator 对象。

JdbcTemplate 提供了如下方法。

```
query(String sql, Object[] args, ResultSetExtractor rse)
```

通过扩展实现 ResultSetExtractor 接口的抽象类 AbstractLobStreamingResultSetExtractor，可以用流的方式读取 LOB 字段的数据。

以下代码将数据库中存储的文件内容信息写入文件中，从而实现对被破坏文件的恢复。参数 filepath

指定要恢复文件的具体文件标识信息，包括目录路径和文件名。

【程序清单 8-7】将数据库中特定文件内容进行恢复处理

```
public void unsave(String filepath) throws FileNotFoundException{
    File  f = new File(filepath);
    OutputStream os = new FileOutputStream(f);
    LobHandler lobHandler=new DefaultLobHandler();              //创建 LobHandler 对象
    jdbcTemplate.query("select  content from files where filename=
        '"+f.getName()+"'",
            new AbstractLobStreamingResultSetExtractor(){       //匿名内部类
        protected void streamData(ResultSet rs)                 //以流的方式处理 LOB 字段
                throws SQLException,IOException,DataAccessException{
            FileCopyUtils.copy(lobHandler.getBlobAsBinaryStream(rs,1),os);
        }
    });
}
```

（1）执行查询时将回调 AbstractLobStreamingResultSetExtractor 抽象类的子类的 streamData(ResultSet rs)方法，在该方法内可用 lobHandler 对象的 getBlobAsBinaryStream() 方法从结果集对象中读取大容量数据。

（2）利用前面章节介绍的 FileCopyUtils 的 copy()方法，将 lobHandler 取得的流数据直接复制给文件输出流 FileOutputStream 对象，从而实现对文件的写入。

8.3　网络考试系统设计案例

网络考试是网络教学平台中较为复杂的一项功能。完整考试系统应支持较丰富的题型，为简单起见，只考虑单选题、多选题、填空题的情形。系统数据库采用 MySQL，程序中涉及的表的字段含义解释如下。

● 单选题表（danxuan）、多选题表（mxuan）、填空题表（tiankong）的结构相似。含字段有：number 为题号，content 为试题内容，diff 为难度，knowledge 为所属知识点，answer 为答案。只是填空题的答案字段长度更大些。

● 考试登记表（paperlog）含字段有：username 为用户名，paper 为试卷，useranswer 为用户解答。其中，后面两个字段为 text 类型。

● 考试参数配置表（configure）含字段有：knowledges 为考核知识点的集合，sxamount 为单选题的数量，sxscore 为单选题的小题分数……其中，knowledges 为一个文本串，列出所有考核知识点，每个知识点用单引号括住，知识点之间用逗号分隔。

考试系统主要针对用户端考试中所涉及的环节，包括组卷、试卷显示、交卷评分、试卷查阅等。在试卷处理不同阶段，需要试卷的不同信息。例如，组卷阶段只要记录大题类型、各小题编号；显示试卷时则需要大题名称、各小题的内容；评卷阶段则只要大题的每小题分值、各小题答案。因此，应用设计中对试卷信息进行各自的封装设计，实际上，试卷的其余信息可根据组卷试卷中记录的基本信息查阅数据库得到。

实现试卷在应用各功能之间传递有多种方法。例如，采用 session 对象，采用 Cookie 变量。本系统选择采用 URL 参数传递，其好处是不用消耗客户端和服务端的资源。但采用 URL 传递试卷对象需要将对象转换为字符串，否则，对象不能直接作为 URL 参数。本系统是采用 Google 的 Gson 工具实现对象与 JSON 串的变换。另外，还需要对变换后的内容进行 URL 编码处理。工程中要使用 Google 提供的 Gson 工具，需要在项目中添加如下依赖。

```
<dependency>
    <groupId>com.google.code.gson</groupId>
    <artifactId>gson</artifactId>
</dependency>
```

系统采用第 14 章介绍的知识进行用户认证设计。系统由一系列 REST 风格的服务构成，以下分别就试卷产生显示、解答评分及查卷的服务功能实现进行介绍，每个服务功能由 Spring 的控制器、模型、服务业务逻辑、视图协作完成。

8.3.1 组卷处理和试卷显示

1. 组卷相关数据对象的封装设计

定义以下类用来封装记录组好的试卷的相关信息。整个试卷由若干题型构成，每个题型由若干试题构成。系统假定每道大题的各小题分配相同分值。

（1）引入 Question 类记录下某类题型的抽题信息

包括题型编码、每小题分值和抽到的试题编号构成的列表。

【程序清单 8-8】文件名为 Question.java

```
public class Question {
    List<Integer> bh;                    //各小题编号
    int score ;                          //每小题分数
    int type;                            //题型，值为 1 表示单选，值为 2 表示多选
}
```

 这里 Question 类不是试题，而是存储某类试题的试题编号等信息。

（2）引入 ExamPaper 类记录整个抽取的试卷

引入该类的目的是方便后面的 JSON 包装处理。将 JSON 串转换为对象时，可通过 ExamPaper 类指示要转换的目标。

【程序清单 8-9】文件名为 ExamPaper.java

```
public class ExamPaper {
    List<Question> allst=new ArrayList<Question>();
        //存放试卷的各类试题的抽题情况
}
```

2. 组卷业务逻辑

定义如下的服务接口，其中，genPaper()方法用于产生一份试卷。

【程序清单 8-10】文件名为 PaperService.java

```
public interface PaperService {
    public ExamPaper genPaper();
}
```

以下是服务的具体实现。

【程序清单 8-11】文件名为 ServiceImpl.java

```
@Component
public class ServiceImpl implements PaperService {
    @Autowired
    JdbcTemplate jdbcTemplate;                              //注入 JDBC 模板
    ...//后面介绍 genPaper()方法具体实现
}
```

在类 ServiceImpl 设计了实例方法。genPaper()方法将根据数据库存储的组卷参数要求进行组卷，它将调用 pickst()方法实现具体某个题型的抽题处理。

（1）按组卷配置要求组卷

在数据库中存储的与组卷配置相关的信息包括考核的知识点范围、各类题型的抽题数量、每小题分值等。根据组卷参数要求，组卷程序从数据库中抽取试题组卷。

```
public ExamPaper genPaper(){
    ExamPaper paper=new ExamPaper();
    String sql="select knowledges from configure";         //查考核知识范围
    String knowledges=jdbcTemplate.queryForObject(sql,String.class);
    /* 以下对单选题进行选题处理 */
    sql="select sxamount from configure";                   //查配置表得到单选数量
    int amount=jdbcTemplate.queryForObject(sql, Integer.class);
    if (amount>0) {
        sql="select sxscore from configure";                //查配置表得到每小题分数
        int score=jdbcTemplate.queryForObject(sql, Integer.class);
        Question q=new Question();
        q.type=1;                                           //单选题型
```

```
        q.score= score;
        q.bh= pickst("danxuan",amount,knowledges);        //抽题处理
        paper.allst.add(q);                                //将单选题的组卷选题信息加入试卷中
    }
    ...//其他类试题的选题处理与上面类似
    return paper;
}
```

（2）某类题型的抽题算法

pickst()方法表示在知识点范围随机选题，使用 SQL 的 in 关键词选取，以下程序中未考虑难度要求。算法可自动适应课程的实际试题数量，数量不足时按实际数量选取。方法的参数包括数据库表格、选题数量、知识点范围等，方法的返回结果为选中试题编号构成的数组。由于该方法只在本类中使用，所以定义为私有方法。

```
private List<Integer> pickst(String table,int count,String knowledges){
    String List<Integer> have = new ArrayList<Integer>();      //存放选好的题的编号
    String sql="select count(*) from "+table+" where knowledge in ("+knowledges+")";
    int realAmout =jdbcTemplate.queryForObject(sql, Integer.class);
            //查可供抽取的试题总数
    if (realAmout < count) {
        count = realAmout;                                      //不够数量，按实际数量抽题
    }
    int  pick= 0;                                               //统计选题数量
    sql="select number from "+table+" where knowledge in ("+knowledges+")";
    List<Integer> result=jdbcTemplate.queryForList(sql, Integer.class);
    while ( pick < count) {                                     //循环处理，选 count 道试题
        int num = (int)(Math.random() * realAmout);             //随机生成题号
        Integer n= result.get(num);                             //根据随机数得到相应记录的试题编号
        if (!(have.contains(n))) {                              //判断该题是否已选过
            have.add(n);                                        //未选过，则选中该题
            pick = pick + 1;
        }
    }
    return have;
}
```

读者可练习改进组卷算法，按知识点均分选择试题，并考虑难度匹配。

3. 组卷 MVC 控制器

组卷控制器将调用组卷算法完成组卷，并设置试卷显示视图需要的模型参数。要传递的模型参数要考虑试卷的显示需要，也要考虑传递试卷给后续评分页面的需要。为方便显示处理，引入一个类

DisplayPaper 封装试卷显示所需的信息。

（1）试卷内容显示处理封装

DisplayPaper 存储某大类试题的显示所需信息，包括大类名称、每小题分值、题型与每小题内容。其中，题型用于生成解答界面的判定处理，各类试题的解答控件不同。

【程序清单 8-12】文件名为 DisplayPaper.java

```java
public class DisplayPaper {
    List<String> content = new ArrayList<String>();    //各小题的试题内容
    String name;                                        //该类试题名称
    int type;                                           //试题类型
    int score;                                          //小题分值
}
```

（2）访问控制器的设计

在访问控制器设计中，首先是要形成一份试卷让用户解答，将调用组卷业务逻辑进行组卷，并根据试卷显示要求获取试卷显示需要的信息。考虑到既要传递组卷给后续页面，又要显示试卷，在模型中分别用 paper 和 disppaper 两个属性记录组卷和显示试卷内容。由于传递给视图的 paper 要在后续页面中通过表单的 URL 传递，所以除了要进行串行化处理外，还需要进行 URL 编码处理。

另一种办法是采用表单的隐含域传递试卷，那样可以不必进行 URL 编码处理。请读者在相应视图设计中考虑如何实现。

以下为考试控制器的设计，在控制中属性中注入了 PaperService 的业务逻辑服务，考虑到在控制器中也要用 JdbcTemplate，所以用属性依赖注入相应对象。

【程序清单 8-13】文件名为 ExamController.java

```java
import java.io.UnsupportedEncodingException;
import java.net.URLEncoder;
import org.springframework.jdbc.core.JdbcTemplate;
import org.springframework.stereotype.Controller;
import org.springframework.ui.Model;
import org.springframework.web.bind.annotation.RequestMapping;
import org.springframework.web.bind.annotation.RequestMethod;
import com.google.gson.Gson;
@Controller
public class ExamController {
    @Autowired
    PaperService paperService;
    @Autowired
    JdbcTemplate jdbcTemplate;
    .../后面将介绍组卷显示、阅卷、查卷等访问控制设计
}
```

以下是用户进入测试，组卷并实现显示试卷的请求处理方法：

```
@RequestMapping(value = "/disppaper", method = RequestMethod.GET)
public String display(Model model) {
    ExamPaper paper= paperService.genPaper();        //调用组卷算法组卷
    int len = paper.allst.size();                     //求试题大类数量
    DisplayPaper[] disp =new DisplayPaper[len];       //存放显示的试卷内容
        /* 以下循环处理各大类试题,根据组卷的试题编号映射
           试卷显示需要的内容封装
         */
    for (int k=0;k<len;k++) {
        Question q= paper.allst.get(k);               //第 k 个题型
        disp[k]=new DisplayPaper();
        disp[k].type=q.type;
        disp[k].name=getTxName(q.type);               //获取题型名称
        disp[k].score=q.score;
        for (int i=0;i<q.bh.size();i++)               //获取此类试题的各题内容
            disp[k].content.add(getContent(q.bh.get(i), q.type));
    }
    /* 以下将组卷信息转换为 JSON 串,方便通过 URL 参数传递,
       将转换后的 JSON 试卷和试卷显示信息存入模型 */
    Gson gson = new Gson();
    String x1="";
    try { x1=URLEncoder.encode(gson.toJson(paper), "utf-8");
    } catch (UnsupportedEncodingException e) {    }
    model.addAttribute("paper",x1);                   //传递试卷的 JSON 串用于后续判分处理等
    model.addAttribute("disppaper", disp);
    return "display";
}
```

其中，在控制器的逻辑中还定义了两个私有方法：一个是 getTxName()，根据题型 type 得到题型的文字描述，可以根据题型数量扩展；另一个是 getContent()，根据题型和试题编号得到试题内容。后面还要用到一个类似方法 getAnswer()，用于获取试题的标准答案。

```
private String getTxName(int type) {                  //根据题型编码得到题型名称
    switch (type){
        case 1:return "单选题";
        case 2:return "多选题";
        case 3:return "填空题";
    }
    return null;
}
private String getContent(int bh,int type){           //根据题型编码和题型查试题内容
    String sql=null;
```

```
switch (type) {
    case 1:                                                    //单选
        sql="select content from danxuan where number="+bh; break;
    case 2:                                                    //多选
        sql="select content from mxuan where number="+bh; break;
    case 3:                                                    //填空
        sql="select content from tiankong where number="+bh; break;
    }
    return (String)jdbcTemplate.queryForObject(sql,String.class);
}
```

 本应用中考试试题的内容和答案均由数据库管理，没有定义 Java 实体对象来与存储试题的表格对应，获取试题内容是通过在数据库查询试题编号得到。

4. 试卷显示视图

视图文件给出试卷的显示模板，试卷显示除了解决试卷内容的显示外，还需要提供用户解答控件，如图 8-3 所示。这里用户解答控件的命名按"data+大题号+'-'+小题号"的拼接方式。用户交卷后进行判分处理时，可通过 HttpServletRequest 对象的 getParameter（"控件名"）方法得到学生的解答。

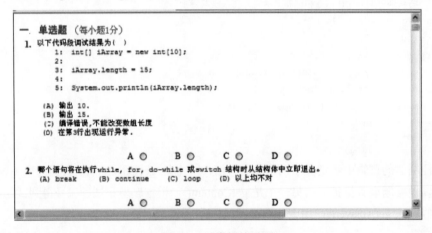

图 8-3　试卷解答界面

【程序清单 8-14】文件名为 display.jsp

```
<%@page contentType="text/html; charset=UTF-8"%>
<%@ taglib uri="http://java.sun.com/jsp/jstl/core" prefix="c" %>
<%@ taglib uri="http://java.sun.com/jsp/jstl/functions" prefix="fn" %>
<html><body>
<c:set value="一二三四五六" var="s" />
<form action="givemark/${paper}" method=post>
<!-- 以下循环处理各大题 -->
```

```
<c:set value="1" var="k" />
<c:forEach items="${disppaper}" var="st">
<font size=4 face="黑体" color=red>
${fn:substring(s,k-1,k)}. ${st.name}</font>
<font size=3 face="宋体" color=green>（每小题${st.score}分）</font> <br>
<!-- 以下循环处理各小题 -->
<c:set value="1" var="x" />
<c:forEach items="${st.content}" var="content">
<table width=98% align=center style="word-break:break-all"><tr>
<td align=left valign=top width=20>
<b><font color=blue>${x}.</font></b></td>
<td> <pre><font >${content}</font></pre>
</td></tr>
</table>
<table width=50% align=center><tr>
<!-- 以下处理单选和多选 -->
<c:if test="${st.type<=2 }">
<c:forTokens items="A,B,C,D,E" delims="," var="item" >
<td align=right>${item} </td> <td align=left>
  <c:choose>
    <c:when test="${st.type==1}">
     <input type=radio size="30" name="data${k}-${x}" value=${item}>
    </c:when>
    <c:when test="${st.type==2}">
     <input type=checkbox  size="30" name="data${k}-${x}" value=${item}>
    </c:when>
  </c:choose>
</td>
</c:forTokens>
</c:if>
<!-- 以下处理填空题 -->
<c:if test="${st.type==3}">
    <TextArea  rows="6" cols="40" name="data${k}-${x}"></TextArea>
</c:if>
</table>
<c:set var="x" value="${x+1}"/>
</c:forEach>
<c:set var="k" value="${k+1}"/><br>
</c:forEach>
<p align="center">
<input type="submit" name="button" value=" 交 卷 " >
</form>
</body></html>
```

【应用经验】通过 JSTL 变量实现试题序号的显示，注意变量累加的方法。另外，注意大写中文数字输出技巧，使用 JSTL 函数库中的 substring()方法提取文字串的中文数字。

8.3.2　考试阅卷处理

1．阅卷逻辑的方法设计

阅卷处理根据组卷传递的试卷信息和学生解答进行处理，各小题的标准答案要根据试题编号和题型从数据库获得。评阅某个大题时，可以将各小题标准答案放入数组中，与用户输入解答构成的数组元素逐个比较。

在 ExamPaper 类中增加一个 givescore()方法对阅卷逻辑进行封装，它将对某类题型的解答进行判分。该方法的参数有题型、标准答案、学生解答、小题分数，方法的返回结果为一个含两个元素的数组，分别为学生该题型的得分和总分。

以下是 PaperService 接口的实现类 ServiceImpl 的方法实现。

```
public int[] givescore(int type, String answer[],
    String useranswer[],int score){              //对某个题型的解答进行判分
    int sum[]={0,0};
    switch (type) {
      case 1:                                     //单选
          for (int k=0;k<answer.length;k++) {
              if (answer[k].equals(useranswer[k]))
                  sum[0]+=score;                  //累计得分
              sum[1]+=score;                      //累计总分
          }
          break;
        ...//其他类试题的阅卷处理略
    }
    return sum;                                   //返回结果含大题得分和大题总分
}
```

2．阅卷处理方面的控制器代码

用户在做完考试题目后，将单击"交卷"按钮，这个时候将提交给阅卷控制部分进行处理。用户的解答是通过页面表单提交，并通过 URL 参数传递用 JSON 封装的试卷。阅卷控制器的工作包括解开 JSON 试卷；对试卷的各大类通过循环处理，获取某大类每道小题的答案和用户解答，进行评分，并计算总得分。最后还要将用户的考卷和解答登记到数据库中。

以下是阅卷处理的代码实现。

```
@RequestMapping(value = "/givemark/{paper}", method = RequestMethod.POST)
public String marking(@PathVariable("paper") String paper, Model model,
    HttpServletRequest request) {
```

```
int total=0;                                            //用来统计总分值
int getscore=0;                                         //用来累计用户得分
ArrayList<String []> allanswer=new ArrayList<String []>();    //用户解答
try {    paper=URLDecoder.decode(paper, "utf-8");       //进行 URL 解码
} catch (UnsupportedEncodingException e) {    }
Gson gson = new Gson();
//以下解析 JSON 串恢复试卷
ExamPaper p=(ExamPaper)gson.fromJson(paper, ExamPaper.class);
for (int k=0;k<p.allst.size();k++) {                    //循环处理各类题型
    Question me=p.allst.get(k);                         //获取第 k 个大题
    String ans[]=new String[me.bh.size()];              //定义记录标准答案的数组
    String usera[]=new String[me.bh.size()];            //定义记录用户解答的数组
    for (int i=0;i<ans.length;i++){
        ans[i]=getAnswer(me.bh.get(i),me.type);         //获取标准答案
        usera[i]=request.getParameter("data"+(k+1)+"-"+(i+1));    //获取用户解答
    }
    int score[]=paperService.givescore(me.type,ans,usera,me.score);    //评分
    allanswer.add(usera);                               //将本大题的用户解答加入列表中
    total+=score[1];                                    //计算试卷总分值
    getscore+=score[0];                                 //计算试卷总得分
}
int lastscore=(int)(getscore*100.0/total);              //将用户得分转百分制
model.addAttribute("score",lastscore);
String user=request.getRemoteUser();                    //取得用户标识
//登记用户解答，试卷为 paper 参数，解答为 allanswer 列表
String sql="select count(*) from paperlog where username='"+user+"'";
int x=jdbcTemplate.queryForObject(sql,Integer.class);
if (x>0)   //只记录最新测试试卷，如以前有测试记录则更新，否则插入
    sql="update paperlog set paper='"+paper+"',useranswer='"+
        gson.toJson(allanswer) +"' where username='"+user+"'";
else
    sql="insert into paperlog(username,paper,useranswer) values('"+
        user+"','"+paper+"','"+gson.toJson(allanswer)+"')";
jdbcTemplate.update(sql);
return "score";                                         //用 score.jsp 视图文件显示得分
}
```

3. 学生得分显示视图

阅卷处理完毕将调用相关视图显示用户得分信息，在综合显示视图中通过 EL 表达式获取来自模型的分数，通过执行 JavaScript 脚本弹出对话框显示用户得分，并通过执行页面重定向将页面导向到系统首页，防止用户回退，从而避免用户反复交卷试出答案。

【程序清单 8-15】文件名为 score.jsp

```
<%@page contentType="text/html; charset=UTF-8"%>
<%@ taglib uri="http://java.sun.com/jsp/jstl/core" prefix="c" %>
<script type="text/javascript">
    alert(" 你的得分: ${score}");
    window.location ="http://localhost:8080/";          //返回系统首页
</script>
```

8.3.3 查阅用户答卷

1. 显示内容的封装设计

查阅答卷需要显示试卷标准答案与用户解答对比，因此，定义类 PaperCompare 实现相关数据封装。每道试题的显示内容包括试题内容、标准答案、用户解答。为简化处理，将每道试题的各项数据存储在一个 Map 对象中，所有小题信息为一个列表。用 PaperCompare 封装大题的数据，所有大题则为 PaperCompare 类型的列表集合。

【程序清单 8-16】文件名为 PaperCompare.java

```
public class PaperCompare {
    String name;                                          //该大题的题型名称
    List<Map<String,Object>> content=new ArrayList<Map<String,Object>>();
}
```

2. 查卷询问控制器代码设计

该控制器的方法设计需要从数据库读取学生试卷和解答，将存储的 JSON 串进行解包。JSON 解包时需要提供一个希望转换的目标类型参数，试卷解包直接用 ExamPaper.class 来表示，而存储学生解答的列表中每个元素为一个数组，要表示转换类型需要使用 JSON 包中的 TypeToken 类。将需要获取类型的泛型类作为 TypeToken 的泛型参数构造一个匿名的子类，就可以通过 getType()方法获取泛型参数类型。例如：

```
new TypeToken<ArrayList<String []>>(){ }.getType()
```

最后，模型中存储的是对应大题的 PaperCompare 对象的列表集合，而 PaperCompare 对象的 content 属性是一个 List<Map<String,Object>>类型对象，存放各小题信息。

```
@RequestMapping(value = "/searchpaper", method = RequestMethod.GET)
public String searchpaper(Model model,HttpServletRequest request) {
    String user=request.getRemoteUser();                  //获取用户标识
    String sql="select * from paperlog where username='"+user+"'";
    List<Map<String,Object>>  x = jdbcTemplate.queryForList(sql);
    List<PaperCompare> me=new ArrayList<PaperCompare>();   //所有大题的数据
    Gson json=new Gson();
    List<String []> x2;                                    //用户解答
```

```
if (x.size()>0)  {
ExamPaper x1=(ExamPaper)(json.fromJson((String)(x.get(0).get("paper")),
        ExamPaper.class));
x2=(ArrayList<String []>)
    (json.fromJson((String)(x.get(0).get("useranswer")),
        new TypeToken<ArrayList<String []>>() { }.getType()));
  for (int k=0; k<x1.allst.size();k++) {              //处理各大类题型
    Question q=x1.allst.get(k);                       //第 k 大类题型
    PaperCompare pac=new PaperCompare();
    pac.name=getTxName(q.type);
    for (int i=0;i<q.bh.size();i++) {                 //对这类试题的每道题进行处理
        Map<String,Object> onest=new HashMap<String,Object>();
        onest.put("content",getContent(q.bh.get(i),q.type) );  //试题内容
        onest.put("answer",getAnswer(q.bh.get(i),q.type) );    //标准答案
        onest.put("solution", x2.get(k)[i]);              //用户解答
        pac.content.add(onest);                           //将 Map 对象加入列表中
    }
    me.add(pac);
  }
}
model.addAttribute("paper",me);
return "searchpaper";
}
```

3. 查卷显示视图

该视图给出了 Map 集合的元素访问技巧，程序中用${question["content"]}访问试题的内容。如果用户解答错误，则将解答用红色显示。

【**程序清单 8-17**】文件名为 **searchpaper.jsp**

```
<%@page contentType="text/html; charset=UTF-8"%>
<%@ taglib uri="http://java.sun.com/jsp/jstl/core" prefix="c" %>
<%@ taglib uri="http://java.sun.com/jsp/jstl/functions" prefix="fn" %>
<html><body>
  <c:set value="一二三四五六" var="s"/>
  <c:set value="1" var="k"/>
  <c:forEach items="${paper}"  var="st">
  <font size=4 face="黑体" color=red>
  ${fn:substring(s,k-1,k)}. ${st.name}</font><br>
  <c:set value="1" var="x"/>
  <c:forEach items="${st.content}"  var="question">
  <table  width="98%" align=center style="word-break:break-all"><tr>
  <td align=left valign=top width="6%" rowspan=2>
  <b><font color=blue>${x}.</font></b></td>
  <td colspan=4><pre><font>${question["content"]}</font></pre> </td></tr>
  <tr><td align=center valign=top width="15%">
```

```
    <b><font color=blue>标准答案:</font></b></td>
    <td align=left width="32%">
    <pre><font>${question["answer"]}</font></pre></td>
    <td align=center valign=top width="15%">
    <b><font color=blue>用户解答: </font></b></td>
    <td align=left width="32%">
    <c:if test='${question["answer"]!=question["solution"]}'>
       <pre><font color="red">${question["solution"]}</font>  </pre>
    </c:if>
    <c:if test='${question["answer"]==question["solution"]}'>
        <pre>${question["solution"]}  </pre>
    </c:if>
    </td></tr>
    </table>
    <c:set var="x" value="${x+1}"/>
    </c:forEach>
    <c:set var="k" value="${k+1}"/><br>
    </c:forEach>
</body></html>
```

 同样，这里运用了 JSTL 函数库中的函数进行内容的提取处理。

第 9 章　使用 JPA 和 MyBatis 访问数据库

对于数据库的访问，Spring Boot 提供了多种手段。上一章介绍了使用 JdbcTemplate，但更常用的是 JPA 和 MyBatis。JPA 和 MyBatis 的学习使用差异主要有以下几方面。

（1）JPA 是对象与关系表之间的映射，而 MyBatis 是对象和结果集的映射。

（2）JPA 移植性比较好，不用关心具体数据库，而 MyBatis 支持 SQL 语句的描述，所以数据库改变时还需要修改其中的 SQL 内容。

（3）JPA 学习起来比较费时间，而 MyBatis 学习相对来说比较简单。

9.1　JPA 访问关系数据库的项目搭建过程

JPA 是 Java Persistence API 的简称，其宗旨是为 POJO 提供持久化标准规范。JPA 不但获得 Java EE 应用服务器的支持，还可以直接在 Java SE 中使用。Spring Data JPA 是 Spring 提供的一套简化 JPA 开发的框架，只要按照约定好的方法命名规则书写 DAO 层接口，就可以在不写接口实现的情况下，实现对数据库的访问操作。

以下针对网上答疑应用样例，给出搭建应用的过程。不难发现，很多事情 Spring Boot 都会自动完成。

1. 项目的 Maven 依赖

该应用是一个 Web 应用，在创建工程时选择创建一个 Maven Web 工程。然后在工程的 maven.xml 配置中添加 Spring Boot 中与 Web 相关的依赖关系。

该应用要访问数据库，根据采用的数据库不同添加相应的依赖管理。以下提供了两种数据库的依赖管理。

```
<dependency>
    <groupId>org.springframework.boot</groupId>
    <artifactId>spring-boot-starter-web</artifactId>
</dependency>
<!-- JPA Data (use Repositories, Entities, Hibernate, etc...) -->
<dependency>
    <groupId>org.springframework.boot</groupId>
    <artifactId>spring-boot-starter-data-jpa</artifactId>
```

```
    </dependency>
```

策略 1：使用内嵌数据库 H2 的依赖管理。

内嵌数据库 H2 是一个基于内存的数据库，内存数据库的特点是数据在重开机后会丢失。

```
<dependency>
    <groupId>org.springframework.boot</groupId>
    <artifactId>spring-boot-starter-jdbc</artifactId>
</dependency>
<dependency>
    <groupId>com.h2database</groupId>
    <artifactId>h2</artifactId>
</dependency>
```

 对于持久运行的应用一般不选择内嵌数据库。

策略 2：使用关系数据库 MySQL 的依赖管理。

```
<dependency>
    <groupId>mysql</groupId>
    <artifactId>mysql-connector-java</artifactId>
</dependency>
```

MySQL 数据库是 Java 应用中常用的一种数据库。使用 MySQL 数据库，还需要添加属性文件 application.properties，其存放的路径是 src/main/resources，Spring Boot 会自动发现该文件，并根据其中的内容与数据库建立连接。

该文件的具体内容如下：

```
spring.jpa.hibernate.ddl-auto=create
spring.datasource.url=jdbc:mysql://localhost:3306/test?serverTimezone=UTC
spring.datasource.username=root
spring.datasource.password=abc123
```

其中，如果有第 1 行，则每次启动应用时会导致表格重新创建，从而失去先前的数据。

spring.jpa.hibernate.ddl-auto 是 Hibernate 的配置属性，其主要作用是自动创建、更新、验证数据库表结构。该参数的几种配置如下。

（1）create：每次加载 Hibernate 时都会删除上一次生成的表，然后根据 model 类再重新生成新表，哪怕两次没有任何改变也要这样执行，这就是导致数据库表数据丢失的一个重要原因。

（2）create-drop：每次加载 Hibernate 时根据 model 类生成表，但是 sessionFactory 一关闭，表就自动删除。

（3）update：最常用的属性，第一次加载 Hibernate 时根据 model 类会自动建立起表的结构（前提是先建立好数据库），以后加载 Hibernate 时根据 model 类自动更新表结构，即使表结构改变了，但表中的行仍然存在，不会删除以前的行。要注意的是，当部署到服务器后，表结构是不会被马上建立起来的，要等应用第一次运行起来后才会建立。

（4）validate：每次加载 Hibernate 时，验证创建数据库表结构，只会和数据库中的表进行比较，不会创建新表，但是会插入新值。

2. 编写应用的 Java 实体类

这里将答疑应用进行了简化，仅包括问题编号、提问内容和解答内容三个属性，实际的答疑应用应该还要涉及提问的用户标识和解答疑问的教师标识等属性。实体的属性通过 ORM 框架会被映射到关系数据表的字段。

【程序清单 9-1】文件名为 Problem.java

```java
import javax.persistence.Entity;
import javax.persistence.GeneratedValue;
import javax.persistence.GenerationType;
import javax.persistence.Id;
@Entity                                      //告诉 Hibernate 根据该类创建一个表格
public class Problem {
    @Id
    @GeneratedValue(strategy = GenerationType.AUTO)
    private Long id;                         //问题编号
    private String question;                 //提问内容
    private String answer;                   //解答内容
    ... //以上属性的 getter()和 setter()方法略
}
```

 程序中的三个注解很关键，一个是类头上的@Entity 注解，它将告知 Hibernate 自动根据该类建表。熟悉 Hibernate 应用的读者应该知道，要实现对象关系映射，还要编写 XML 文件映射文件，Spring Boot 让读者得以解放。加注在 id 属性上的两个注解是用于表示该属性将对应表格中的关键字字段，并且是自动增值类型。

由于配置了 hibernate.ddl-auto 的值为 create，在应用启动的时候框架会自动在数据库中创建对应的表。

如果是手动建表，则使用下面的 SQL 命令。其中，表格名对应类的名称，各字段名称与类的属性名称一致。

```sql
create table problem(id int AUTO_INCREMENT, question varchar(255), answer varchar(255),
primary key (id))
```

3. 定义应用的 Repository 接口

Repository 中提供数据库访问的操作集合，Repository 居于业务层和数据层之间，将两者隔离开来，在它的内部封装了数据查询和存储的操作逻辑。Spring Boot 将数据库的访问处理进行了很好的封装，常见的业务逻辑接口预设好了，只要继承使用即可。Spring Data 提供了很神奇的魔法，只需定义 Repository 接口，在应用程序启动后，就会自动创建实现该接口的 Bean 对象。

【程序清单 9-2】文件名为 AskRepository.java

```
import org.springframework.data.repository.CrudRepository;
public interface AskRepository extends CrudRepository<Problem, Long> {

}
```

其中，CrudRepository<T, ID extends Serializable> 接口提供了最基本的对实体类的操作，CrudRepository 是一个泛型接口，有两个参数：实体对象类型及其 ID 属性的类型。CrudRepository 可以胜任最基本的 CRUD 操作（增、查、改、删）。

以下为接口 CrudRepository<T,ID>的主要方法。

- <S extends T> S save(S entity)：保存单个实体，返回结果为存储的实体。
- <S extends T> Iterable<S> saveAll(Iterable<S> entities)：保存集合。
- T findOne(ID id)：根据 id 查找实体。
- Iterable<T> findAll()：查询所有实体。
- void deleteAll(Iterable<? extends T> entities)：删除给定实体。
- void delete(ID id)：根据 id 删除实体。
- void delete(T entity)：删除一个实体。
- Optional<T> findById(ID id)：根据 id 查找。
- void deleteAll()：删除所有实体。
- boolean existsById(ID id)：判断给定 id 的实体是否存在。
- long count()：获取实体数量。

其中，save()方法存在两个用途，它会根据参数中数据的主键判断记录是否存在，如果存在，则更新；如果不存在，则插入新记录。

【深度思考】在没有使用 JPA 支持的时候，设计数据库应用的代码要定义 DAO（持久层实现类）、DAOImpl（持久层接口）、Service（业务层接口）等，这样每写一个实体类，都要衍生出多个类来进行操作。而在 Spring Boot 中使用 JPA，只需要声明一个接口即可。

4. 定义 Spring Boot 应用入口

【程序清单 9-3】文件名为 Application.java

```
import org.springframework.boot.SpringApplication;
import org.springframework.boot.autoconfigure.SpringBootApplication;
@SpringBootApplication
public class Application {
    public static void main(String[] args) {
```

```
        SpringApplication.run(Application.class, args);
    }
}
```

5. 编写访问控制器

【程序清单 9-4】文件名为 MainController.java

```
import org.springframework.beans.factory.annotation.Autowired;
import org.springframework.stereotype.Controller;
import org.springframework.web.bind.annotation.RequestMapping;
import org.springframework.web.bind.annotation.GetMapping;
import org.springframework.web.bind.annotation.RequestParam;
import org.springframework.web.bind.annotation.ResponseBody;
@Controller
@RequestMapping(path = "/demo")                         //应用 URL，以/demo 开头
public class MainController {
    @Autowired
    private AskRepository myRepository;
    @GetMapping(path = "/add")                          //用 GET 请求添加一个问题
    public @ResponseBody String addNewProblem(@RequestParam String q,
            @RequestParam String a)
    {
        Problem n = new Problem();
        n.setQuestion(q);
        n.setAnswer(a);
        repository.save(n);                             //保存实体到数据库
        myReturn "Saved";
    }

    @GetMapping(path = "/all")                          //查所有问题
    public @ResponseBody Iterable<Problem> getAllProblems() {
        return myRepository.findAll();                  //结果为 JSON 格式数据
    }
}
```

 方法 addNewProblem 的参数中，@RequestParam 注解没有指定参数名，则参数名默认与后面的变量名相同。该应用程序运行后，用如下 URL 就可以添加一项问题和解答。

```
http://localhost:8080/demo/add?q=who&a=me
```

而通过以下 URL 可查看所有写入数据库的问题和解答，结果为 JSON 格式。

```
http://localhost:8080/demo/all
```

访问显示结果如图 9-1 所示。

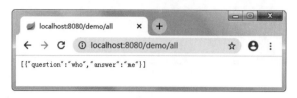

图 9-1　查看所有问题

在加入新提问时，如果 URL 参数数据有中文，则应对整个 URL 进行编码处理，否则不能正确分析汉字。由于有汉字，输入数据不能直接在地址栏提供，而是要通过应用处理表单来提交 URL 请求，URL 参数由来自页面上的表单输入控件代替。

【练习】设计一个 Web 应用实现网上答疑，学生可以查看提问和进行提问，教师可以对学生提问进行解答。

9.2　Spring Data JPA 简介

JPA（Java Persistence API）是 Sun 官方提出的 Java 持久化规范。它为 Java 开发人员提供了一种对象/关系映射工具来管理 Java 应用中的关系数据。JPA 的核心是 Java 持久化查询语言（JPQL），对存储在关系数据库中的实体进行查询。在语法上类似于 SQL 查询，但是操作的是实体对象而不是数据库表。Spring Data JPA 是 Spring 基于 ORM 框架、JPA 规范的基础上封装的一套 JPA 应用框架。

9.2.1　JPA 的实体相关注解

JPA 要用各种注解配合来实现数据实体间的一对多、多对多等关联关系。

1. 实体定义中的常用注解

表 9-1 列出了实体定义中的常用注解和说明。

表 9-1　实体定义中的常用注解和说明

注　　解	说　　明
@Entity	用于定义对象为 JPA 管理的实体，将字段映射到指定的数据库表中
@Table	用于指定数据库的表名
@Id	定义属性为数据库的主键，一个实体里面必须有一个，并且必须和 @GeneratedValue 配合使用和成对出现
@IdClass	利用外部类的联合主键
@GeneratedValue	在 GenerationType 中定义了 4 个取值 ① TABLE：使用一个特定的数据库表格来保存主键 ② SEQUENCE：通过序列产生主键，MySQL 不支持这种方式 ③ IDENTITY：采用数据库 ID 自增长，一般用于 MySQL 数据库 ④ AUTO：JPA 自动选择合适的策略，是默认选项

注　　解	说　　明
@Basic	表示属性是到数据库表的字段的映射。如果实体的字段上没有任何注解，默认即为@Basic
@Transient	表示该属性并非一个到数据库表的字段的映射，表示非持久化属性。JPA 映射数据库的时候忽略它，是与@Basic 相反的注解
@Column	定义该属性对应数据库中的列名
@Temporal	用来设置 Date 类型的属性映射到对应精度的字段 @Temporal(TemporalType.DATE)映射的日期只有日期 @Temporal(TemporalType.TIME)映射的日期有时间 @Temporal(TemporalType.TIMESTAMP)映射的日期含日期+时间
@Enumerated	直接映射 enum 枚举类型的字段
@Lob	将属性映射成数据库支持的大对象类型，支持以下两种数据库类型的字段。CLOB 是长字符串类型，BLOB 类型是字节类型。由于 CLOB 和 BLOB 占用内存较大，一般配合@Basic(fetch=FetchType.LAZY)将其设置为延迟加载

2. 定义关联关系的常用注解

表 9-2 列出了定义实体关联关系的常用注解和说明。

表 9-2　定义实体关联关系的常用注解和说明

注　　解	说　　明
@JoinColumn	定义外键关联的字段名称，@JoinColumn 主要配合@OneToOne、@ManyToOne、@OneToMany 一起使用，单独使用没有意义
@OneToOne	一对一关联关系
@OneToMany	一对多，@OneToMany 与@ManyToOne 可以相对存在，也可以只存在一方
@ManyToMany	表示多对多，当用到@ManyToMany 的时候一定是三张表
@OrderBy	关联查询的时候的排序，一般和@OneToMany 一起使用
@JoinTable	关联关系表，一般和@ManyToMany 一起使用

以下代码演示了一个部门有多个雇员的关系，针对部门实体的定义。

```
@Entity
@Table(name = "tb_dept")
@Data
public class Department {
    @Id
    @GenericGenerator(name = "idGenerator", strategy = "uuid")
    @GeneratedValue(generator = "idGenerator")
    private String id;

    @Column(name = "dept_name", unique = true, nullable = false, length = 64)
    private String deptName;                            //部门名称

    @OneToMany(mappedBy = "department", cascade = CascadeType.ALL,
            fetch = FetchType.LAZY)
    private Set<Employee> employees;                    //部门的雇员集合
}
```

这里将 @Data 注解加在类上，其作用是自动为类提供读写属性的 setter()方法和 getter() 方法。此外，还提供了 equals()方法、hashCode()方法和 toString()方法。

为支持 @Data 注解，需要引入如下依赖关系。

```
<dependency>
    <groupId>org.projectlombok</groupId>
    <artifactId>lombok</artifactId>
    <version>1.16.10</version>
</dependency>
```

9.2.2　Spring Data JPA 的 Repository

Spring Data JPA 让数据访问层简单到只要编写接口就可以。Spring JPA 的数据访问接口的继承关系如图 9-2 所示。有关 Spring Data JPA 的 API 详细介绍可参考 Spring 发布的文档说明，网址是 https://docs.spring.io/spring-data/commons/docs/current/api/。

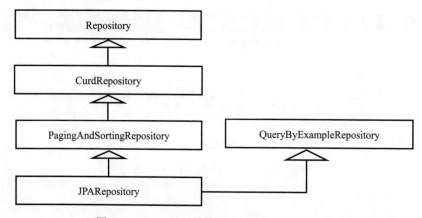

图 9-2　Spring JPA 的数据访问接口的继承关系

1．JPARepository 的基本方法

Repository 接口是一个标记型接口，它不提供任何方法。CurdRepository 继承 Repository，它实现了一组 CURD 相关的方法，这些方法前面已有介绍。

PagingAndSortingRepository 继承 CurdRepository，实现了一组分页排序相关的方法。例如，下面是分别支持分页和排序的两个 findAll()方法。

● Iterable<T> findAll(Sort sort)：按排序要求取所有对象的集合。

● Page<T> findAll(Pageable pageable)：根据分页限制取一页实体。

例如，以下是取第 2 页的 20 个实体。

```
Page<User> users = repository.findAll(PageRequest.of(1, 20));
```

其中，PageRequest 是 Pageable 接口的具体实现类。

     PageRequest 的 page 参数是从 0 开始的。

JPARepository 继承 PagingAndSortingRepository 和 QueryByExampleRepository，实现一组 JPA 规范相关的方法。JPARepository 在父接口的基础上，提供了其他一些方法，如 flush()、saveAndFlush()、deleteInBatch()等。JPARepository 的实现类是 SimpleJPARepository。

2．JPARepository 的扩展方法

按照 JPA 标准命名规范还可以扩展得到很多方法，遵照规则命名的方法可以在不写任何代码的情况下完成逻辑。例如，查询某姓名的用户，可以命名函数为 findUserByName。

以下是按用户名称模糊查询得到用户列表的方法。

```
List<User> findByUserNameLike(String userName);
```

以下是根据主键进行查询得到某个用户对象的方法。

```
User getUserByid(Long id);
```

以下是按照用户名称（name）或者备注（note）进行模糊查询的方法。

```
List<User> findByNameLikeOrNoteLike(String name, String note);
```

以下对上面几个查询方法进行验证。

首先，建立 User 实体类。假设 User 实体中拥有 id（标识）、name（姓名）、username（登录名）、note（备注）等属性。其代码如下：

```
@Entity
public class User {
    @Id
    @GeneratedValue(strategy = GenerationType.AUTO)
    Long id;
    String username;
    String name;
    String note;
    public User(String username, String name, String note) {          //构造方法
        this.username = username;
        this.name = name;
        this.note = note;
    }
    public String toString() {
        return "User [id=" + id + ", username=" + username + ",
          name=" + name + ", note=" + note + "]";
```

```
        }
    }
```

接下来，建立 UserRepository 类，在类体中添加要验证的方法。

```
@Repository
public interface UserRepository extends CrudRepository<User, Long> {
    public User findUserByName(String name);                    //按名称查用户
}
```

然后，建立一个 Bean，为了让其在 Spring Boot 启动时自动执行，可以让该类继承 ApplicationRunner 接口，在实现接口的 run()方法中通过属性注入 UserRepository 对象。

这样，就可在 run()方法中访问自定义的存储库，在 run()方法中首先存入 3 个 User 实体。再调用存储库对象的 findUserByName()方法。

```
@Component
public class MyApplicationRunner implements ApplicationRunner {
    @Autowired
    private UserRepository repository;

    @Override
    public void run(ApplicationArguments args) throws Exception {
        repository.save(new User("zhang","abc","jiangxi"));
        repository.save(new User("zhang2","abc2","hunan"));
        repository.save(new User("zhang3","abc3","hubei"));
        System.out.println(repository.findUserByName("abc"));
    }
}
```

运行输出结果如下：

```
User [id=1, username=zhang, name=abc, note=jiangxi]
```

类似地，可以将其他几个方法加入 UserRepository 类中进行验证。

方法调用 findByUsernameLike("zh%")的返回结果含 3 个 User。注意查询字符串中的百分号（%）不可省；否则，结果为空列表。

方法调用 getUserById((long)2)的结果是第 2 个加入的 User 对象。

方法调用 findByNameLikeOrNoteLike("b%", "hu%")的结果是后面 2 个 User 对象，显然，前面的"b%"针对 name 的查询都不满足，但后面的"hu%"针对 note 的查询有 2 个 User 匹配。

事实上，在工程环境中，任何添加到 UserRepository 中的方法，如果不符合标准命名规范的方法出现，会给出编译错误提示。

JPA 标准命名规范的部分样例如表 9-3 所示。命名是以动词（get/find）开始的，by 代表按照什么内容进行条件查询，条件属性用条件关键字连接，属性首字母大写。

表 9-3　JPA标准命名规范部分样例

关　键　词	例　子	JPQL 代码段
And	findByNameAndPwd	…where name = ?1 and pwd = ?2
Or	findByNameOrUsername	…where name = ?1 or username = ?2
Is,Equals	findByName，findByNameIs，findByNameEquals	…where name = ?1
Between	findByDateBetween	…where date between ?1 and ?2
LessThan	findByPriceLessThan	…where price < ?1
LessThanEqual	findByPriceLessThanEqual	…where price <= ?1
GreaterThan	findByPriceGreaterThan	…where price > ?1
GreaterThanEqual	findByPriceGreaterThanEqual	…where price >= ?1
IsNull	findByPriceIsNull	…where price is null
Like	findByNameLike	…where name like ?1
NotLike	findByNameNotLike	…where name not like ?1

在计数和删除处理中也可以使用命名规范。例如：

```
interface UserRepository extends CrudRepository<User, Long> {
    long countByLastname(String lastname);
        //按 lastname 匹配统计实体数量，返回统计结果
    long deleteByLastname(String lastname);
        //删除匹配 lastname 的实体，返回删除的实体个数
    List<User> removeByLastname(String lastname);
        //删除匹配 lastname 的实体，返回匹配删除的实体
}
```

 使用 deleteByName(String name)时，需要添加@Transactional 注解。

此外，JPA 还支持用 First、Top 和 Distinct 关键字来限制查询结果。例如：

```
Problem findFirstByQuestionOrderByQuestionAsc(String q);
List<Problem> findTop10ByQuestion(String q, Sort sort);
    //查询结果为满足条件的顶端的 10 条数据
List<Problem> findTop10ByQuestion(String q, Pageable pageable);
```

9.2.3　在 JPA 中使用@Query 创建查询

将@Query 注解标记在继承了 Repository 的自定义接口的方法上，就不需要遵循查询方法命名规则。查询中还支持命名参数和索引参数的使用。

1. 自定义查询方法

下面针对 Problem 实体创建对应的 Repository 接口实现对该实体的数据访问。

```
public interface AskRepository extends JpaRepository<Problem,Long> {
    @Query("select p from Problem p where p.question=:q")
    Problem findProblem(@Param("q") String q);
}
```

这里，是使用冒号（:）传递参数，使用@Param 注解注入参数，在查询中绑定参数名称。
上面的表达方式等价于下面的扩展命名方法。

```
Problem findByQuestion(String question);
```

以下使用了两个参数按 or 条件组合查询。

```
@Query("select p from Problem p where p.question = :q or p.answer = :a")
Problem getByQuestionOrAnswer(@Param("q") String q, @Param("a") String a);
```

2. 分页查询及排序

Spring Data JPA 可以在方法参数中直接传入 Pageable 或 Sort 来完成动态分页或排序，通常 Pageable 或 Sort 会是方法的最后一个参数。例如：

```
@Query("select p from Problem p where p.question like %?1%")
Page<Problem> findByQuestionLike(String q, PageRequest pageRequest);
```

其中，这里在查询中使用问号传递参数，参数位置编号表示第一个参数。另外，还使用了 Like 表达式。

对于 Pageable 参数，Spring 推荐使用 PageRequest.of()方法。以下为使用样例。

```
public Page<User> findByPage(int page,int pagesize) {
    Sort sort = Sort.by(Sort.Direction.ASC, "username");
    Pageable pageable = PageRequest.of(page,pagesize,sort);
    return  userRepository.findAll(pageable);
}
```

通过 Page 对象的 getTotalPages()方法可获取总页数，通过 getPageNumber()方法可得到当前页号。

3. 使用 Native SQL Query

所谓本地查询，就是使用原生的 SQL 语句（根据数据库的不同，在 SQL 的语法或结构方面可能有所区别）进行查询数据库的操作。在 Query 中原生态查询默认是关闭的，需要手动设置为 true。

```
@Query(value = "select * from book b where b.name=?1", nativeQuery = true)
List<Book> findByName(String name);
```

这里使用了基于位置的参数绑定，使用索引参数的缺点是不便于重构参数位置。

4. JPA 的更新和删除操作

通过使用@Query 注解来执行一个更新操作，为此，需要在使用@Query 注解的同时，用@Modifying 注解来将该操作标识为修改查询。

以下代码根据提问的内容修改其解答。方法的返回值表示更新语句所影响的行数。

```
@Modifying
@Query("update Problem set answer=?2 where question=?1")
public int changeAnswer(String question,String answer);
```

该方法在调用的地方通常要添加事务处理。以下是在控制器中调用上面的方法修改指定问题的解答。

```
@Transactional
@GetMapping(path = "/change")                              //修改某个问题，显示结果
public @ResponseBody Iterable<Problem> change(String q,String a) {
    myRepository.changeAnswer(q,a);
    return myRepository.findAll();                         //结果为 JSON 格式数据
}
```

同样，通过执行 SQL 的 DELETE 语句可实现 JPA 的删除操作，也需要添加@Modifying 注解。

【补充说明】@Transactional 注解用于表达应用的事务配置，事务管理是保证应用操作的完整性。该注解既可修饰类，也可修饰方法。如果修饰类，则表示对整个类起作用；如果修饰方法，则仅对方法起作用。

@Transactional 注解提供了一系列属性修饰，以给出事务处理的明确信息。一般取属性的默认值，只需要加注该注解即可。以下为各属性的简要说明。

- isolation：事务隔离级别，默认为 Default，表示底层事务的隔离级别。
- propagation：事务传播属性，默认值为 REQUIRED。
- readOnly：指定事务是否只读。
- timeout：指定事务超时（秒）时间。
- rollbackFor：指定遇到指定异常需要回滚事务。
- rollbackForClassName：指定遇到指定异常类名需要回滚事务，该属性可指定多个异常类名。
- noRollbackFor：指定遇到指定异常不需要回滚事务。
- noRollbackForClassName：指定遇到指定异常类名不需要回滚事务。

9.3　利用 MyBatis 访问数据库

9.3.1　MyBatis 简介

MyBatis 是一个优秀的持久层框架，它支持定制的 SQL，可以使用 XML 或者注解来配置和映射原生信息，将 POJO（普通 Java 对象）映射成数据库中的记录。

1．MyBatis 的功能架构

MyBatis 的功能架构分为三层。

（1）API 接口层：提供给外部使用的接口 API，开发人员通过这些本地 API 来操纵数据库。接口层一接收到调用请求就会调用数据处理层来完成具体的数据处理。

（2）数据处理层：负责具体的 SQL 查找、SQL 解析、SQL 执行和执行结果映射处理等。它主要的目的是根据调用的请求完成一次数据库操作。

（3）基础支撑层：负责最基础的功能支撑，包括连接管理、事务管理、配置加载和缓存处理等最基础的组件。

2．MyBatis 的特点

MyBatis 具有以下特点。

- 简单易学：MyBatis 本身就很小且简单；易于学习，易于使用。
- 灵活：MyBatis 不会对应用程序或者数据库的现有设计强加任何影响；通过 SQL 语句可以满足操作数据库的所有需求；SQL 写在 XML 里，便于统一管理和优化。
- 解除 SQL 与程序代码的耦合：通过提供 DAO 层，将业务逻辑和数据访问逻辑分离，使系统的设计更清晰，更易维护，更易测试；SQL 和代码的分离提高了可维护性。
- 提供 XML 映射标签，支持对象与数据库的 ORM 字段关系映射。
- 支持编写动态 SQL。

9.3.2 基于 Spring Boot 的 MyBatis 应用构建

1．通过工程自动构建、自动添加 Maven 依赖

在创建工程时按如图 9-3 所示选择添加了依赖。生成的 pom.xml 的依赖关系如下：

```
<dependency>
    <groupId>org.springframework.boot</groupId>
    <artifactId>spring-boot-starter-jdbc</artifactId>
</dependency>
<dependency>
    <groupId>org.springframework.boot</groupId>
    <artifactId>spring-boot-starter-web</artifactId>
</dependency>
<dependency>
    <groupId>org.Mybatis.spring.boot</groupId>
    <artifactId>Mybatis-spring-boot-starter</artifactId>
    <version>2.1.0</version>
</dependency>
<dependency>
    <groupId>mysql</groupId>
```

```
    <artifactId>mysql-connector-java</artifactId>
    <scope>runtime</scope>
</dependency>
<dependency>
    <groupId>org.springframework.boot</groupId>
    <artifactId>spring-boot-starter-test</artifactId>
    <scope>test</scope>
</dependency>
```

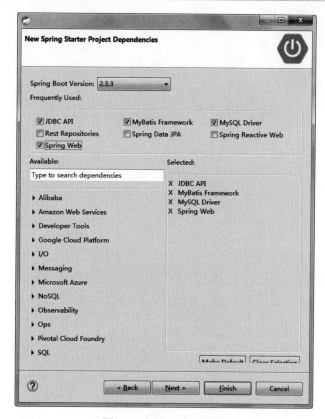

图 9-3　勾选用到的依赖

2. 在 application.properties 中配置数据库连接

在 application.properties 配置文件中配置数据库连接。

```
spring.datasource.url=jdbc:mysql://localhost:3306/test?serverTimezone=UTC
spring.datasource.username=root
spring.datasource.password=abc123
```

3. 编写 Spring Boot 应用启动类

【程序清单 9-5】文件名为 **MyBatisApplication.java**

```
package com.example.demo;
import org.springframework.boot.SpringApplication;
import org.springframework.boot.autoconfigure.SpringBootApplication;
@SpringBootApplication
public class MyBatisApplication {
    public static void main(String[] args) {
        SpringApplication.run(MyBatisApplication.class, args);
    }
}
```

4. 编写实体类

【程序清单 9-6】文件名为 User.java

```
package com.example.demo.entity;
public class User {
    private int id;
    private String name;
    private  int age;

    public int getAge() {
        return age;
    }

    public void setAge(int age) {
        this.age=age;
    }

    public int getId() {
        return id;
    }

    public void setId(int id) {
        this.id=id;
    }

    public String getName() {
        return name;
    }

    public void setName(String name) {
        this.name = name;
    }
}
```

　　如果已经有名称为 user 的数据库表格，且表格字段和类的属性不匹配，则在 UserMapper 中建立实体关系映射时将失败。如果表格字段和实体属性名称上匹配有问题，也可通过在实体类中实现 RowMapper<User>接口的方式给出对象属性的映射。以下为 RowMapper 接口的 mapRow()方法的编写样例。

```
@Override
public User mapRow(ResultSet rs, int rowNum) throws SQLException {
    User user = new User();
    user.setId(rs.getInt("id"));
    user.setName(rs.getString("name"));
    user.setAge(rs.getInt("age"));
    return user;
}
```

5. 建立业务服务操作与数据库表操作的映射

　　通过在方法上添加注解将映射接口中定义的操作转换为对数据库表格的操作访问。注解代码中可以通过 SpEL 表达式语言获取方法参数或者参数对象的属性值。例如，以下注解方法中的"#{name}"代表获取参数 user 中的 name 属性。

```
@Insert("insert into user(name,age) values(#{name},#{age})")
void insert(User user);
```

【程序清单 9-7】 文件名为 UserMapper.java

```
package com.example.demo.dao;
import java.util.List;
import org.apache.ibatis.annotations.Delete;
import org.apache.ibatis.annotations.Insert;
import org.apache.ibatis.annotations.Mapper;
import org.apache.ibatis.annotations.Select;
import com.example.demo.entity.User;

@Mapper
public interface UserMapper {
    @Delete("drop table user")
    void dropTable();

    @Insert("create table user (id int AUTO_INCREMENT, age integer,
            name varchar(255), primary key (id))")
    void createTable();

    @Insert("insert into user(name,age) values(#{name},#{age})")
    void insert(User user);
```

```
    @Select("select id,name,age from user")
    List<User> findAll();

    @Select("select id,name,age from user where name like #{name}")
    List<User> findByNameLike(String name);

    @Delete("delete from user")
    void deleteAll();
}
```

6. 编写 Controller 层

定义 URL 访问与具体操作的关联，以及操作结果的显示处理。

【程序清单 9-8】文件名为 **UserController.java**

```java
package com.example.demo.controller;
import java.util.List;
import javax.annotation.Resource;
import org.springframework.stereotype.Controller;
import org.springframework.web.bind.annotation.RequestMapping;
import org.springframework.web.bind.annotation.ResponseBody;
import com.example.demo.dao.UserMapper;
import com.example.demo.entity.User;

@Controller
@RequestMapping("/user")
public class UserController {
    @Resource
    private UserMapper usermap;

    @RequestMapping("/")
    @ResponseBody
    public List<User> alluser(){
        return usermap.findAll();
    }

    @RequestMapping("/insertuser")                          //增加用户
    @ResponseBody
    public String insert(User user){
        usermap.insert(user);
        return "insert a user ok";
    }

    @RequestMapping("/finduser")                            //按名字查找用户
    @ResponseBody
```

```
public List<User> find(String username){
    List<User> my = usermap.findByNameLike(username);
    return my;
}


@RequestMapping("/createtable")                              //创建表格
@ResponseBody
public String home(){
    usermap.createTable();
    return "create table success!";
}


@RequestMapping("/droptable")                                //删除表格
@ResponseBody
public String drop(){
    usermap.dropTable();
    return "drop table success!";
}

}
```

图 9-4 所示为执行插入操作的结果。可以看到,"/insertuser"映射关联的方法 insert()的参数是 User 类型,来自 URL 参数的 name 和 age 的值自动给 User 对象的属性 name 和 age 注入数据。这是 Spring 的又一个神奇的地方,自动根据 URL 参数名给 mapping()方法中的参数对象的属性注入值。实际上,该请求数据如果来自发送请求页面的表单数据域,则表单控件的名称结果是 name 和 age 也一样。如果 URL 参数名称和属性名称不匹配,则相应属性将不能得到数据。图 9-5 中就是 URL 的参数名称是 username,与属性 name 不一致。因此,输入的数据虽然增加了一条记录,但 name 字段的值为 null。

图 9-4　正确插入新数据

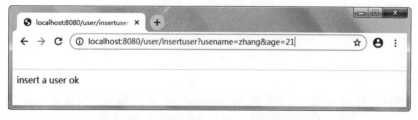

图 9-5　参数名不匹配,插入数据将不完整

图 9-6 所示为查询所有用户的访问显示。显示结果为 JSON 格式的字符串。

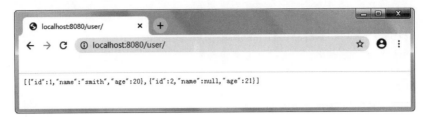

图 9-6　查询所有用户

9.3.3　关于 MyBatis 的 Mapper 编写

1．MyBatis 中 Mapper 的定义形式

（1）注解方式

可以在启动类上添加@MapperScan 注解，自动扫描包路径下的所有接口。如果使用这种方法设置扫描，则在定义 Mapper 接口上就可以不用添加任何注解。

```
@SpringBootApplication
@MapperScan("springbook.charpter9.dao")
public class MapperTestApplication {
    public static void main(String[] args) {
        SpringApplication.run(MapperTestApplication.class, args);
    }
}
```

以下为使用注解形式定义 Mapper 的样例。

```
@Mapper
public interface PersonMapper extends Mapper<Person> {
    @Select("SELECT * FROM person WHERE name=#{name}")
    Person selectByName(@Param("name") String name);
}
```

其中，@Select 注解里的#{name}就是 selectByName()方法的参数名 name 的值。

（2）XML 文件方式

以下为使用注解形式定义 Mapper 的样例。

```
<select id="selectPerson" parameterType="int" resultType="hashmap">
  SELECT * FROM PERSON WHERE ID = #{id}
</select>
```

其中，<select>标记的 id 属性标识方法名，parameterType 属性标识参数类型，resultType 属性指示结果类型。这里的#{id}来自 selectPerson 的方法参数对象的 id 属性值。

2. MyBatis 常用注解

MyBatis 提供了增加、删除、修改、查询等核心操作的基础注解，如表 9-4 所示。

表 9-4　MyBatis常用注解

注　解	说　明
@Select	映射查询的 SQL 语句
@Insert	映射插入的 SQL 语句
@Update	映射更新的 SQL 语句
@Delete	映射删除的 SQL 语句
@Result	修饰返回的结果集

以下代码为 UserMapper 接口设计，其中包括增加、删除、修改、查询 4 种操作，来自数据库表格的两个属性 user_sex、nick_name 加了下划线，和实体类 UserEntity 中的属性名不一致，所以，在@Result 结果处理中进行了说明。另外，user_sex 使用了 UserSexEnum 枚举类型。

```
public interface UserMapper {
    @Select("SELECT * FROM users")
    @Results({
        @Result(property = "userSex", column = "user_sex",
            javaType = UserSexEnum.class),
        @Result(property = "nickName", column = "nick_name")
    })
    List<UserEntity> getAll();

    @Select("SELECT * FROM users WHERE id = #{id}")
    @Results({
        @Result(property = "userSex", column = "user_sex",
            javaType = UserSexEnum.class),
        @Result(property = "nickName", column = "nick_name")
    })
    UserEntity getOne(Long id);

    @Insert("INSERT INTO users(userName,passWord,user_sex)
            VALUES(#{userName}, #{passWord}, #{userSex})")
    void insert(UserEntity user);

    @Update("UPDATE users SET userName=#{userName},
        nick_name=#{nickName} WHERE id =#{id}")
    void update(UserEntity user);

    @Delete("DELETE FROM users WHERE id =#{id}")
    void delete(Long id);
}
```

3. 动态 SQL 的编辑

MyBatis 鼓励读者手写 SQL，而不是自动生成 SQL，好处是方便对 SQL 进行管理和优化。动态 SQL 是在 XML 中写 SQL 的内容。依靠特定标记的解释执行动态产生具体的 SQL 内容。动态 SQL 是针对某个 Mapper 接口给出的 XML 映射关系，MyBatis 通过读取对应的 mapper.xml 文件中的信息生成对应的接口实现类。

例如，某停车场管理应用中针对用户实体操作的接口如下：

```java
public interface UserMapper {
    ...
    int insert(User user);
    List<Map<String,Object>> findPageUser(Map<String,Object> param);
}
```

在相应的 UserMapper.xml 文件中含有如下代码。其中标记中的 id 属性对应前面接口中的方法名，parameterType 属性则对应参数的类型，要和接口中定义的对应一致。

```xml
<mapper namespace="com.parking.dao.UserMapper">
    <insert id="insert" parameterType="com.parking.db.User">
        insert into user (uuid, username, password,
          realname, tel, usertype, carnum)
        values(#{uuid,jdbcType=INTEGER},#{username,jdbcType=VARCHAR},
         #{password,jdbcType=VARCHAR},#{realname,jdbcType=VARCHAR},
         #{tel,jdbcType=VARCHAR}, #{usertype,jdbcType=VARCHAR},
         #{carnum,jdbcType=VARCHAR})
    </insert>
    <select id="findPageUser" parameterType="map" resultType="map">
        SELECT * FROM  user where usertype!='管理员'
        <if test="usertype != null">
            and usertype = #{usertype}
        </if>
        limit #{start},#{end}
    </select>
</mapper>
```

在<insert>标记中，传入的参数类型是一个 User 类型的实体对象，在 XML 代码中可以直接访问对象的各个属性值。例如，要访问 User 对象的 password 属性值可以使用#{password}或者#{password,jdbcType =VARCHAR}，后面的形式声明了参数的类型。

在<select>标记中，其参数和结果类型均为 map 类型，代码中 usertype、start 和 end 为通过 map 对象传入的参数，这里实际是键名获取对应的键值。在<select>标记内部有一个条件判断的<if>标记，该标记产生的 SQL 内容取决于 if 条件的测试结果，也就是 "and usertype..." 部分是否在 SQL 中存在是取决于条件值。

动态 SQL 还包含<foreach>和<choose>等丰富的标记，详细文档参见如下网址。

```
https://Mybatis.org/Mybatis-3/dynamic-sql.html
```

9.3.4　实现分页处理

1. 配置分页功能

在 MyBatis 应用中，利用 PageHelper 这个特殊的工具类来实现分页处理。在项目中添加如下 Maven 依赖项。

```
<dependency>
    <groupId>com.github.pagehelper</groupId>
    <artifactId>pagehelper-spring-boot-starter</artifactId>
    <version>1.2.11</version>
</dependency>
```

2. 实现分页控制器

【程序清单 9-9】文件名为 UserListController.java

```
package com.example.demo.controller;
import java.util.List;
import org.springframework.beans.factory.annotation.Autowired;
import org.springframework.stereotype.Controller;
import org.springframework.ui.Model;
import org.springframework.web.bind.annotation.RequestMapping;
import org.springframework.web.bind.annotation.RequestParam;
import com.example.demo.dao.UserMapper;
import com.example.demo.entity.User;
import com.github.pagehelper.PageHelper;
import com.github.pagehelper.PageInfo;

@Controller
public class UserListController {
    @Autowired
    UserMapper userService;
    @RequestMapping("/showPageUser*")
    public String getUsers(@RequestParam(value = "start",defaultValue = "1")
            Integer start, Model model)
    {
        PageHelper.startPage(start,10);                      //设置页码以及每页的大小
        List<User> users = userService.findAll();
        PageInfo<User> info = new PageInfo<>(users);
            //使用 PageInfo 来包装查询后的结果
        model.addAttribute("page",info);
            //把封装好的 PageInfo 设置到 model 模型中
        return "list";
    }
}
```

以上代码中，PageHelper.startPage(start,10)设置要显示的当前页的页码，页的大小为 10。new PageInfo<>(users)根据数据集合和 PageHelper 中设置来创建 PageInfo 对象。

3. 创建分页视图（list.jsp）

在视图中，通过 page.pageNum 获取当前页码，通过 page.pages 获取总页数。

【程序清单 9-10】文件名为 list.jsp

```
//具体显示内容省略，通过 page.list 可以获取列表数据内容
<div style="text-align: center;font-size: 15px;" id="p">
  <a href="/showPageUser?start=1">首页</a>
  <c:choose>
    <c:when test="${page.pageNum> 1}">
        <a href="/showPageUser?start=${page.pageNum-1}">上一页</a>
    </c:when>
    <c:otherwise>
        <a href="#">上一页</a>
    </c:otherwise>
  </c:choose>
  <c:forEach var="p" begin="1" end="${page.pages}">
        <a href="/showPageUser?start=${p}">${p}</a>
  </c:forEach>
  <c:choose>
    <c:when test="${page.pageNum<page.total}">
        <a href="/showPageUser?start=${page.pageNum+1}">下一页</a>
    </c:when>
    <c:otherwise>
        <a href="#">下一页</a>
    </c:otherwise>
  </c:choose>
  <a href="/showPageUser?start=${page.pages}">末页</a>
</div>
```

9.4   用户登录模块的设计案例

以下结合某应用系统的用户登录部分来讨论实际应用中的设计思想。假设系统的响应消息安排在一个 ReturnData 类中，其中可以包括若干属性，如状态码（statusCode）、消息内容（data）等，这样方便在模块设计中进行统一的处理。在该案例中，将应用进行分层处理，包括访问控制器层、业务逻辑服务与实现层、数据操作映射处理层，这是大部分应用的设计风格。对于简单的应用也可以不需要业务服务层，直接在控制器的方法实现中调用数据操作映射处理层的方法实现相关逻辑处理。

1. 用户实体类（User）和系统响应消息类类（ReturnData）

以下是用户实体类和系统响应消息类的代码。

【程序清单 9-11】文件名为 User.java

```java
public class User {
    private String loginname;                    //登录用户名
    private String name;                         //姓名
    private String password;                     //密码
    ...//其他属性和方法略
}
```

【程序清单 9-12】文件名为 ReturnData.java

```java
public class ReturnData {
    int statusCode;                              //状态码体现服务执行后的状态
    String data;                                 //用来返回服务执行后的结果描述信息
    ...//其他属性和方法略
}
```

2. 访问控制器设计（UserController）

以下给出了针对用户登录（login）和用户退出（logout）的访问处理。登录操作中将调用业务逻辑服务层的 login()方法，根据 URL 传递的参数进行登录检查，检查通过，则将用户的登录名记入到名字为 user 的 Session 对象中。登录情况通过 ReturnData 对象返回。

【程序清单 9-13】文件名为 UserController.java

```java
@Controller
public class UserController {
    @Autowired
    private UserService userService;                          //注入业务服务

    /* 账户登录检查*/
    @RequestMapping(value = "login",
         produces ="application/json;charset=UTF-8")
    @ResponseBody
    public ReturnData login(@RequestParam("username") String username,
        @RequestParam("password") String password,HttpServletRequest request)
        {
         ReturnData returnData = new ReturnData();
         boolean flag = userService.login(username,password);
         if (flag) {
            request.getSession().setAttribute("user",username);     //记入 Session 对象
            returnData.setStatusCode(1);                            //代表成功
         }else
            returnData.setStatusCode(0);                            //代表失败
```

```
        return returnData;
    }
}

/*处理账户退出 */
@RequestMapping(value = "logout",
    produces = "application/json;charset=UTF-8")
@ResponseBody
public ReturnData logout(HttpServletRequest request){
    ReturnData returnData = new ReturnData();
    request.getSession().removeAttribute("user");          //删除 session
    return returnData;
}
```

 该控制器返回的是 JSON 表示的数据信息，不是视图，这类的服务设计应用广泛，不仅可以应用于 Web 客户端通过 AJAX 技术进行的服务调用场景，也可以应用于手机上的用户登录处理设计。服务调用返回的响应信息供调用者进行判定处理。

3. 业务服务设计

（1）服务接口（UserService）

在服务接口中定义针对用户操作的业务逻辑服务。其中，包括登录、注册、增删用户、查询用户等。这里仅列出了 login()方法的形态，其功能是检查用户登录名和密码是否正确，返回结果为一个逻辑值。

【程序清单 9-14】文件名为 UserService.java

```
public interface UserService {
    boolean login(String username, String password);
    ...
}
```

（2）服务实现（UserServiceImpl）

UserServiceImpl 类给出业务逻辑服务的实现，要将业务逻辑的实现定义为 Bean 对象。这里仅列出了 login()方法的具体实现。在 login()方法中通过调用数据操作映射处理层的 getUserByName()方法获取 User 对象，然后，调用 User 对象的 getPassword()方法得到密码，与参数传递的密码进行比对。若比对正确，则登录成功，返回 true；否则返回 false。

【程序清单 9-15】文件名为 UserServiceImpl.java

```
@Component
public class UserServiceImpl  implements UserService {
    @Autowired
    private UserMapper userMapper;                          //注入数据访问映射
    @Override
    public boolean login(String username, String password) {
        boolean flag = false;
```

```
        User user = userMapper.getUserByName(username);
        if (user!=null) {
            if (user.getPassword().equals(password))        //验证成功
                flag=true;
        }
        return flag;
    }
}
```

4. 数据访问映射层（UserMapper）

通过 MyBatis 的 Mapper 建立数据操作访问处理的映射，将 Java 的操作方法映射为数据库表格的访问处理。以下代码仅给出了 getUserByName() 方法的映射实现。

【程序清单 9-16】文件名为 UserMapper.java

```
@Mapper
public interface UserMapper {
    @Select("SELECT * FROM user WHERE username=#{name}")
    User getUserByName(@Param("name") String name);
}
```

5. 测试服务

通过 Spring Boot 启动应用程序启动服务，通过 URL 访问进行测试。

【程序清单 9-17】文件名为 LoginApplication.java

```
@SpringBootApplication
public class LoginApplication {
    public static void main(String[] args) {
        SpringApplication.run(LoginApplication.class, args);
    }
}
```

服务开启后，可在浏览器中输入如下地址验证，结果显示是一个 JSON 字符串，如图 9-7 所示。实际应用中 URL 查询参数会来自登录表单。

```
http://localhost:8080/login?username=ding&password=123
```

图 9-7　模拟登录访问示例

第 10 章　使用 Spring Boot 访问 MongoDB

10.1　MongoDB 简介

MongoDB 是一个面向文档存储的 NoSQL 数据库，它将数据存储为一个文档，数据结构由键值对 (key=>value) 组成，其存储的文档不能有重复的键。MongoDB 的数据存储格式是一种类似于 JSON 格式的 BSON。Spring Boot 对 MongoDB 的访问提供了很好的支持。

对于 MongoDB 来说，一个数据库服务器可以有多个数据库，每个数据库中有多个集合（Collection），每个集合中有多个文档（Document）。集合就是 MongoDB 文档组，类似于关系数据库中的表格。

MongoDB 支持大部分的数据类型：字符串类型（String）、整型（Integer）、浮点类型（Double）、布尔类型（Boolean）、空值（Null）、数组（Arrays）、时间类型（Date）等。MongoDB 的文档不需要设置相同的字段，并且相同的字段不需要相同的数据类型。MongoDB 字段值可以包含其他文档，从而支持文档数组之间的嵌套。

例如，以下将不同数据结构的文档插入集合中。

```
{"site":"www.baidu.com"}
{"site":"www.ecjtu.edu.cn","name":"华东交通大学"}
{"site":"book.dangdang.com","name":"Spring教程","number":10}
```

1. 在 DOS 命令行启动 MongoDB

MongoDB 安装简单，MongoDB 提供了可用于 32 位和 64 位系统的预编译二进制包，从 MongoDB 官方网站下载".msi"文件后双击该文件，按操作提示安装即可。

进入 MongoDB 安装位置的 bin 目录下，输入以下命令即可启动 MongoDB。

```
C:\mongodb\bin> mongod --dbpath  C:\mongodb\db
```

其中，C:\mongodb\db 为 MongoDB 文档数据库所在的存储位置。

2. MongoDB 的端口

在 resources 下的 application.properties 中加入如下内容。

```
spring.data.mongodb.host=localhost
```

```
spring.data.mongodb.database=test
spring.data.mongodb.port=27017
```

Spring Data MongoDB 在使用上有两种实现方式：一种是直接继承框架提供的 MongoRepository 接口，另一种是通过框架提供的 MongoTemplate 对象来操作数据库。

10.2　使用 MongoTemplate 访问 MongoDB

在 pom.xml 配置文件中添加依赖管理。

```
<dependency>
    <groupId>org.springframework.boot</groupId>
    <artifactId>spring-boot-starter-data-mongodb</artifactId>
</dependency>
```

Spring Boot 在执行时会智能地去发现和连接 MongoDB。MongoTemplate 是数据库和代码之间的接口，提供了非常多的操作 MongoDB 的方法。它是线程安全的。MongoTemplate 实现了 MongoOperations 接口，此接口定义了众多的操作方法，如 find、findAndModify、findOne、insert、remove、save、update 和 updateMulti 等。MongoTemplate 将 Java 对象转换为 DBObject，默认转换类为 MongoMappingConverter，并提供了 Query、Criteria 和 Update 等流式 API。

1. 建立模型

Spring Data MongoDB 提供了将 Java 类型映射为 MongoDB 文档的注解，@Document 和@Id 注解类似于@Entity 和@Id 注解。

以下通过对代表人（Person）的文档操作来演示对 MongoDB 的操作访问。实体类中提供了 4 个属性。

【程序清单 10-1】文件名为 Person.java

```
package com.example.demo;
import org.springframework.data.annotation.Id;
import org.springframework.data.mongodb.core.mapping.Document;
import java.util.Date;
import java.util.List;

@Document(collection = "person")
public class Person {

    @Id
    private String personId;                      //人的标识
    private String name;                          //人的姓名
    private List<String> favoriteBooks;           //喜爱的书籍
    private Date dateOfBirth;                      //出生日期
```

```java
    public String getPersonId() {
        return personId;
    }

    public void setPersonId(String personId) {
        this.personId = personId;
    }

    public String getName() {
        return name;
    }

    public void setName(String name) {
        this.name = name;
    }

    public List<String> getFavoriteBooks() {
        return favoriteBooks;
    }

    public void setFavoriteBooks(List<String> favoriteBooks) {
        this.favoriteBooks = favoriteBooks;
    }

    public Date getDateOfBirth() {
        return dateOfBirth;
    }

    public void setDateOfBirth(Date dateOfBirth) {
        this.dateOfBirth = dateOfBirth;
    }

    public Person() {
    }

    public Person(String name, List<String> favoriteBooks, Date dateOfBirth)
    {
        this.name = name;
        this.favoriteBooks = favoriteBooks;
        this.dateOfBirth = dateOfBirth;
    }

    @Override
    public String toString() {
        return String.format("Person{personId='%s', name='%s',
```

```
                dateOfBirth=%s}\n", personId, name, dateOfBirth);
        }
    }
```

2. 定义数据访问接口

在数据访问接口层定义应用提供的所有操作。

【程序清单 10-2】文件名为 **PersonDAO.java**

```
package com.example.demo;
import java.sql.Date;
import java.util.List;

public interface PersonDAO {
    Person savePerson(Person person);
    List<Person> getAllPerson();
    List<Person> getAllPersonPaginated(int pageNumber, int pageSize);
    Person findOneByName(String name);
    List<Person> findByName(String name);
    List<Person> findByBirthDateAfter(Date date);
    List<Person> findByFavoriteBooks(String favoriteBook);
    Person updateOnePerson(Person person);
    void deletePerson(Person person);
    void deleteAllPerson();
}
```

3. 实现数据访问层

利用 MongoTemplate 实现接口定义的操作，通过属性 mongoTemplate 获取容器中 Spring Boot 自动构建的 MongoTemplate 类型的 Bean。

【程序清单 10-3】文件名为 **PersonDAOImpl.java**

```
@Repository
public class PersonDAOImpl implements PersonDAO {
    private final MongoTemplate mongoTemplate;
    @Autowired
    public PersonDAOImpl(MongoTemplate mongoTemplate) {
            this.mongoTemplate = mongoTemplate;
    }
    ... //其他方法接下来介绍
}
```

以下给出各个业务操作的具体实现。

（1）保存和查找所有数据

数据保存直接通过 MongoTemplate 模板提供的 save()方法即可实现，查找所有人则利用 Mongo-

Template 模板提供的 findAll()方法。

```
@Override
public Person savePerson(Person person) {
    mongoTemplate.save(person);
    return person;
}

@Override
public List<Person> getAllPerson() {
    return mongoTemplate.findAll(Person.class);
}

@Override
public List<Person> findByName(String name) {
    Query query = new Query();
    query.addCriteria(Criteria.where("name").is(name));
    return mongoTemplate.find(query, Person.class);
}
```

（2）使用分页查询

当数据很多时需要使用分页查询，传递页号（pageNumber）和页的大小（pageSize）。每次只从数据库中获取 pageSize 数量的对象。

```
@Override
public List<Person> getAllPersonPaginated(int pageNumber, int pageSize) {
    Query query = new Query();
    query.skip(pageNumber * pageSize);
    query.limit(pageSize);
    return mongoTemplate.find(query, Person.class);
}
```

（3）精确查找匹配对象

通过 mongoTemplate 对象的 findOne()方法精确查找匹配对象。

```
@Override
public Person findOneByName(String name) {
    Query query = new Query();
    query.addCriteria(Criteria.where("name").is(name));
    return mongoTemplate.findOne(query, Person.class);
}
```

（4）找出一定范围的数据

通过使用条件查询，以下 findByBirthDateAfter()方法实现查询出生日期晚于某个时间的对象，findByFavoriteBooks()方法查找共有喜爱书的人。

```
@Override
public List<Person> findByBirthDateAfter(Date date) {
    Query query = new Query();
    query.addCriteria(Criteria.where("dateOfBirth").gt(date));
    return mongoTemplate.find(query, Person.class);
}

@Override
public List<Person> findByFavoriteBooks(String favoriteBook) {
    Query query = new Query();
    query.addCriteria(Criteria.where("favoriteBooks").in(favoriteBook));
    return mongoTemplate.find(query, Person.class);
}
```

（5）更新对象

更新操作可以使用 save()方法。前面已经知道，save()方法也可插入一个新对象。实际上，插入新对象也可用 insert()方法。

```
@Override
public Person updateOnePerson(Person person) {
    mongoTemplate.save(person);
    return person;
}
```

更新操作也常使用 update()或 updateFirst()方法。例如，以下更新某人姓名。

```
public WriteResult changeName(String personId, String newName) {
    Query query = new Query(Criteria.where("id").is(personId));
    Update update = new Update();
    update.set("name",newName);                    //根据人的标识查找修改某人姓名
    return mongoTemplate.updateFirst(query,update,String.class);
}
```

（6）删除对象

删除对象可以调用 remove()方法，可以传递对象或具体 id 标识来实现删除。以下是通过指定一个 Person 对象的参数来实现删除。

```
@Override
public void deletePerson(Person person) {
    mongoTemplate.remove(person);
}
```

以下是实现根据 id 删除某人的代码。其中，personId 代表某人标识。

```
Query query = new Query(Criteria.where("id").is(personId));
mongoTemplate.remove(query, Person.class);
```

以下可删除所有含 name 的 Person 对象。

```
@Override
public void deleteAllPerson(){
    Query query = new Query();
    query.addCriteria(Criteria.where("name").exists(true));
    mongoTemplate.remove(query,Person.class);
}
```

4. 使用命令行进行应用测试

以下代码通过命令行应用程序对数据访问进行测试。

【程序清单 10-4】文件名为 MongoTemplateApp.java

```
package com.example.demo;
import java.sql.Date;
import java.util.Arrays;
import org.slf4j.LoggerFactory;
import org.springframework.beans.factory.annotation.Autowired;
import org.springframework.boot.CommandLineRunner;
import org.springframework.boot.SpringApplication;
import org.springframework.boot.autoconfigure.SpringBootApplication;

@SpringBootApplication
public class MongoTemplateApp implements CommandLineRunner {
    private static final org.slf4j.Logger LOG =
            LoggerFactory.getLogger("Mongo TSET");
    private final PersonDAO personDAO;
    @Autowired
    public MongoTemplateApp(PersonDAO personDAO) {
        this.personDAO = personDAO;
    }

    public static void main(String[] args) {
        SpringApplication.run(MongoTemplateApp.class, args);
    }

    @Override
    public void run(String... args) {
        personDAO.deleteAllPerson();
        personDAO.savePerson(new Person("王小二",
          Arrays.asList("Java", "C 语言"), new Date(769372200000L)));
        personDAO.savePerson(new Person("刘云",
          Arrays.asList("水浒传", "Java"), new Date(664309800000L)));
        personDAO.savePerson(new Person("张三",
          Arrays.asList("聊斋", "三国演义"), new Date(695845800000L)));
        personDAO.savePerson(new Person("李四",
```

```
        Arrays.asList("水浒传", "C 语言"), new Date(569615400000L)));
    personDAO.savePerson(new Person("丁军",
        Arrays.asList("Java", "聊斋"), new Date(348777000000L)));
    LOG.info("1)全部数据: \n{}", personDAO.getAllPerson());
    LOG.info("2)分页查询: \n{}", personDAO.getAllPersonPaginated(0, 2));
    LOG.info("3)按姓名查询: {}", personDAO.findByName("张三"));
    LOG.info("4)出生日期晚于: {}",
        personDAO.findByBirthDateAfter(new Date(695845800000L)));
    }
}
```

输出结果如下。

（1）全部数据：

```
[Person{personId='5f7e6c5ae669db006dec05e7', name='丁军', dateOfBirth=Tue Jan 20 02:30:00 CST
1981},
 Person{personId='5f7e6c5ae669db006dec05e3', name='王小二', dateOfBirth=Fri May 20 02:30:00
CST 1994},
 Person{personId='5f7e6c5ae669db006dec05e4', name='刘云', dateOfBirth=Sun Jan 20 02:30:00 CST
1991},
 Person{personId='5f7e6c5ae669db006dec05e5', name='张三', dateOfBirth=Mon Jan 20 02:30:00 CST
1992},
 Person{personId='5f7e6c5ae669db006dec05e6', name='李四', dateOfBirth=Wed Jan 20 02:30:00 CST
1988}]
```

（2）分页查询：

```
[Person{personId='5f7e6c5ae669db006dec05e7', name='丁军', dateOfBirth=Tue Jan 20 02:30:00 CST
1981},
 Person{personId='5f7e6c5ae669db006dec05e3', name='王小二', dateOfBirth=Fri May 20 02:30:00
CST 1994}]
```

（3）按姓名查询：

```
[Person{personId='5f7e6c5ae669db006dec05e5', name='张三', dateOfBirth=Mon Jan 20 02:30:00 CST
1992}]
```

（4）出生日期晚于：

```
[Person{personId='5f7e6c5ae669db006dec05e3', name='王小二', dateOfBirth=Fri May 20 02:30:00
CST 1994}]
```

10.3 使用 MongoRepository 访问 MongoDB

Spring Data 作为 Spring 框架下的一员，致力于为所有不同的 SQL 数据库、NoSQL 数据库提供一致的数据库访问操作，从而让开发人员专心业务逻辑的实现。针对 MongoDB 数据库，Spring Data 提供了 MongoRepository 数据访问接口。

10.3.1　MongoRepository 的方法简介

MongoRepository 继承 PagingAndSortingRepository，实现一组 MongoDB 规范相关的方法。要使用 MongoRepository，就需要开发者自己编写接口继承框架提供的 MongoRepository 接口，然后编写符合 Spring Data JPA 标准的方法名，Spring Data 就会根据开发者编写的方法自动完成相应查询，而不需要实现这个方法。

以下为 MongoRepository 的方法。

- count()：统计总数。
- count(Example<T> example)：按例条件统计总数。
- delete(T t)：通过对象信息删除某条数据。
- delete(ID id)：通过 id 删除某条数据。
- delete(Iterable<? extends Apple> iterable)：批量删除某条数据。
- deleteAll()：清空表中所有的数据。
- exists(ID id)：判断数据是否存在。
- exists(Example<T> example)：判断某特定数据是否存在。
- findAll()：获取表中所有的数据。
- findAll(Sort sort)：获取表中所有的数据，按照某特定字段排序。
- findAll(Pageable pageable)：获取表中所有的数据，分页查询。
- findAll(Example<T> example)：按例条件查询。
- findAll(Iterable ids)：条件查询。
- findAll(Example<T> example,Pageable pageable)：按例条件分页查询。
- findAll(Example<T> example,Sort sort)：按例条件查询排序。
- findOne(String id)：通过 id 查询一条数据。
- findOne(Example example)：按例条件查询一条数据。
- insert(T t)：插入一条数据。
- insert(Iterable<T> iterable)：插入多条数据。
- save(T t)：保存一条数据。
- save(Iterable<T> iterable)：保存多条数据。

10.3.2　MongoRepository 的使用样例

以下简单介绍在 Spring Boot 应用中访问该类数据库的几个关键点。

1. 编写应用实体类

【程序清单 10-5】文件名为 Customer.java

```
import org.springframework.data.annotation.Id;
import org.springframework.data.mongodb.core.mapping.Document;
@Document
public class Customer {
    @Id
    public long id;
    public static long idx = 1000;                        //文档码初始值
    public String firstName;
    public String lastName;

    public Customer(String firstName, String lastName) {
        id = idx++;                                       //文档标识码值递增
        this.firstName = firstName;
        this.lastName = lastName;
    }

    public String toString() {
        return  String.format("Customer[id=%s, firstName='%s',
          lastName='%s']", id, firstName, lastName);
    }
    ... //各属性的 getter()和 setter()方法略
}
```

其中，@Id 注解的属性要在赋值中保证唯一性。这里，通过一个类变量来实现值递增，MongoDB 不支持注解实现自动增值。@Document 注解标注在实体类上，类似于 Hibernate 的@entity 注解。

2. 编写访问数据库的 Repository 接口

【程序清单 10-6】文件名为 CustomerRepository.java

```
import java.util.List;
import org.springframework.data.mongodb.repository.MongoRepository;
public interface CustomerRepository extends MongoRepository<Customer,Long>
{
    public Customer findByFirstName(String firstName);
    public List<Customer> findByLastName(String lastName);
    public Customer findById(long id);
}
```

其中，MongoRepository 接口是 Spring Boot 针对 MongoDB 数据库提供的操作访问接口，该接口提供了更为丰富的数据访问处理方法。例如，findByFirstNameLike()方法支持按 firstName 属性进行模糊查询。

3. 用命令行应用程序测试

以下程序只给出了部分方法调用，注意观察 findByLastName()方法的执行结果。

【**程序清单 10-7**】文件名为 **Application2.java**

```java
import org.springframework.beans.factory.annotation.Autowired;
import org.springframework.boot.CommandLineRunner;
import org.springframework.boot.SpringApplication;
import org.springframework.boot.autoconfigure.SpringBootApplication;
@SpringBootApplication
public class Application2 implements CommandLineRunner {
    @Autowired  CustomerRepository repository;

    public static void main(String[] args) {
        SpringApplication.run(Application2.class, args);
    }

    public void run(String... args) throws Exception {
        repository.deleteAll();                                  //删除所有数据
        repository.save(new Customer("Alice", "Smith"));        //存入数据
        repository.save(new Customer("Bob", "Smith"));
        repository.save(new Customer("Mary", "Dean"));
        for (Customer customer : repository.findByLastName("Smith"))
            System.out.println(customer);
        System.out.println(repository.findById(1001));
    }
}
```

【运行结果】

```
Customer[id=1000, firstName='Alice', lastName='Smith']
Customer[id=1001, firstName='Bob', lastName='Smith']
```

第 11 章　面向消息通信的应用编程

　　企业应用系统之间，以及企业与外部组织间往往需要进行数据交换。异构系统之间的数据交换通常采用松耦合机制，最常用的选择是采用 Web 服务和消息队列服务。基于消息的数据交换促进了发送者和接收者之间的松耦合，便于增量式开发应用。针对用户访问量大的高并发应用，也往往面临处理瓶颈。例如，注册用户时发送激活邮件、微信抢红包、淘宝的订单、铁道部的购票等，如果不丢给队列排队处理，突然性的高并发会有让应用或者数据库瘫痪的风险。最基础的 Java 消息通信是采用 JMS（Java Message Service）消息服务编程接口，Spring 框架在 JMS 的基础上对消息通信进行了简化封装，方便了应用编程。本章结合 ActiveMQ 和 RabbitMQ 消息队列服务器，介绍用 Spring JMS 实现异步消息通信编程的具体方法。

11.1　异步通信方式与 JMS

11.1.1　异步通信方式

　　标准异步消息传递有点对点（P2P）和发布/订阅（Publish/Subscribe）两种方式。

　　（1）点对点方式：适用于发送方和接收方为一对一的情形。发送方将消息发送到消息队列，接收方从队列中取出消息。队列保存着所有发送给它的消息，直到这个消息被取走或者消息已经过期。如果多个消费者在监听同一个队列，则一条消息只有一个消费者会接收到。

　　（2）发布/订阅方式：用于消息广播应用，通过一个称为主题（Topic）的虚拟通道进行交换消息。发布者将消息发送到指定的主题，消息服务器负责推送消息给该主题的所有订阅者。多个发布者可以向一个主题发布消息，多个订阅者可以从一个主题订阅消息。如果使用持久订阅，在订阅者与 JMS 提供者连接断开时，JMS 提供者将为该订阅者保存消息。

11.1.2　JMS（Java 消息服务）

　　JMS 是一个 Java 平台中关于面向消息中间件（MOM）的 API，用于应用程序或分布式系统中发送消息，进行异步通信。它是一个与具体平台无关的 API，绝大多数 MOM 提供商都对 JMS 提供支持。JMS 定义的接口以及它们之间的关系如图 11-1 所示。

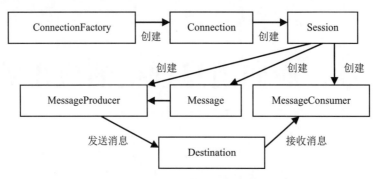

图 11-1　JMS 定义的接口以及它们之间的关系

　（1）Session 接口（会话）：操作消息的接口。一个会话允许用户创建消息生产者来发送消息，创建消息消费者来接收消息。消息是按照发送的顺序逐个接收的。会话的好处是它支持事务，通过事务控制一组消息的发送与回滚取消。

（2）MessageConsumer 接口（消息消费者）：由会话创建的对象，用于接收发送到目标的消息。消费者可以同步或异步接收队列和主题类型的消息。

（3）MessageProducer 接口（消息生产者）：由会话创建的对象，用于发送消息到目标。

（4）Message 接口（消息）：是在消费者和生产者之间传送的对象。一个消息有 3 个主要部分：消息头、一组消息属性、消息体。

（5）Destination 接口（目标）：消息目标是指消息发布和接收的地点。JMS 有两种类型的目标：点对点模型的队列，以及发布者/订阅者模型的主题。

（6）ConnectionFactory 接口（连接工厂）：用来创建 JMS 提供者的连接的对象，是使用 JMS 的入口。

（7）Connection 接口（连接）：连接代表了应用程序和消息服务器之间的通信链路。通过连接工厂可以创建与 JMS 提供者的连接，通过连接可创建会话对象。

消息是 JMS 中的一种类型对象，由消息头和消息主体两部分组成。消息头由路由信息以及有关该消息的元数据组成。消息主体则携带着应用程序的数据或有效负载。Java 消息服务定义了 6 种消息体，它们分别携带简单文本（TextMessage）、可序列化的对象（ObjectMessage）、映射信息（MapMessage）、字节数据（BytesMessage）、流数据（StreamMessage）、无有效负载的消息（Message）。

发送端的标准流程是：创建连接工厂→创建连接→创建 Session→创建消息发送者→创建消息体→发送消息到 Destination（队列或主题）。

接收端的标准流程则为：创建连接工厂→创建连接→创建 Session→创建消息接收者→创建消息监听器监听某 Destination 的消息→获取消息并执行业务逻辑。

直接采用 JMS API 编写消息通信应用有些烦琐，代码较长，本书不予介绍。

11.2 ActiveMQ 消息队列服务

ActiveMQ 是 Apache 研制的一个功能强大的开源消息队列服务软件。ActiveMQ 实现了 JMS 规范，是一个标准的、面向消息的、能够跨越多语言和多系统的应用集成消息通信中间件，以异步松耦合的方式为应用程序提供通信支持。ActiveMQ 的安装配置如下。

（1）从 ActiveMQ 的官方网站 http://activemq.apache.org/下载 ActiveMQ。

（2）在本地解压后，双击 bin 目录下 activemq.bat 文件即可启动 ActiveMQ。

（3）在浏览器中输入 http://localhost:8161/admin/，如果需要登录用户名和密码，则均输入 admin，就可以打开 ActiveMQ 的网页图形化管理界面。可以通过该管理界面进行队列和主题的管理。

（4）ActiveMQ 提供了点对点和订阅/发布两个模型的消息通道，单击页面的 Queues 超链接，进入队列的管理界面，新建一个队列 TestQueue，如图 11-2 所示。随着应用的执行，可以刷新该页面观察队列的消息处理情况。同样，通过单击页面的 Topics 超链接，进入主题的管理界面，可以创建某个名称的主题。

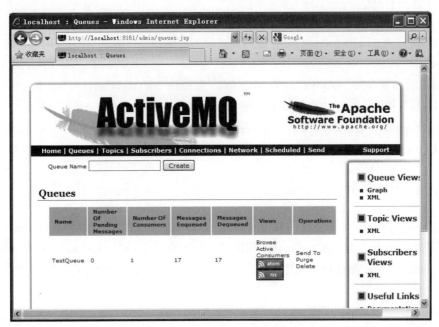

图 11-2 ActiveMQ 队列管理界面

在应用的配置文件中可以通过 Bean 来指定消息目标，以下为 ActiveMQ 两类消息发送机制的发送目标的具体定义形式。

基于主题的目标使用 ActiveMQTopic 进行对象构建，通过构造参数传递主题。以下 Bean 定义目标的主题名为 SOA。

```
<bean id="mytopic" class="org.apache.activemq.command.ActiveMQTopic"
    autowire="constructor">
    <constructor-arg value="SOA" />
</bean>
```

基于队列的目标使用 ActiveMQQueue 进行对象构建，以下 Bean 定义了一个名为 TestQueue 的队列作为目标。

```
<bean id="destination" class="org.apache.activemq.command.ActiveMQQueue">
    <constructor-arg index="0" value="TestQueue"/>
</bean>
```

11.3　Spring JMS 编程方法

Spring JMS 定义了一系列接口和类，对发送的消息创建、消息转换、消息目标解析以及消息发送与接收方法进行了有效封装，从而简化消息通信应用编程处理。

（1）org.springframework.jms.core 包提供了在 Spring 中使用 JMS 的核心功能，其中，JmsTemplate 处理资源的创建和释放，简化了访问目标（队列或主题）和向指定目标发布消息时 JMS 的使用。

（2）org.springframework.jms.support 包提供转换 JMSException 的功能，JMSException 是 Spring 框架所有 JMS 异常的抽象基类；support 包的 converter 子包提供 MessageConverter 抽象，以在 Java 对象和 JMS 消息之间进行转换；support 包的 destination 子包提供管理 JMS 目标的不同策略。

（3）org.springframework.jms.connection 包提供适合在独立应用程序中使用的 ConnectionFactory 实现，即 SingleConnectionFactory。多个 JmsTemplate 调用可以使用同一个连接以跨越多个事务。

11.3.1　JmsTemplate 简介

JmsTemplate 提供多种发送和接收消息的方法。在 JmsTemplate 模板定义中通过 connectionFactory 属性指定连接工厂。还可通过 defaultDestination 属性指定默认的目标，通过 receiveTimeout 属性指定超时时间，通过 messageConverter 属性指定消息转换器。以下为采用 ActiveMQ 连接工厂的配置。

```
<bean id="JmsConnectionFactory"
    class="org.apache.activemq.spring.ActiveMQConnectionFactory">
    <property name="brokerURL" value="tcp://localhost:61616"/>
</bean>
<bean id="jmsTemplate" class="org.springframework.jms.core.JmsTemplate">
    <property name="connectionFactory" ref="JmsConnectionFactory"/>
</bean>
```

表 11-1 列出了 JmsTemplate 的几个常用方法。

表 11-1　JmsTemplate的常用方法

方法名称	功　能
send	发送消息至指定的目标。可通过设置 JmsTemplate 的 defaultDestination 属性指定默认目标
receive	用于同步方式从指定目标接收消息，可通过设置 JmsTemplate 的 receiveTimeout 属性指定超时时间
convertAndSend	委托 MessageConverter 接口实例处理转换，并发送消息至指定目标
receiveAndConvert	从默认或指定的目标接收消息，并将消息转换为 Java 对象

11.3.2　消息转换器

消息转换器可以让应用程序集中处理事务对象，而不用为对象如何表示为 JMS 消息所困挠。MessageConverter 接口的目的是向调用者屏蔽 JMS 细节，在 JMS 之上搭建一个隔离层，这样调用者可以直接发送和接收 POJO（Plain Ordinary Java Object），而不是发送和接收 JMS 相关消息，调用者的程序将得到进一步简化。

SimpleMessageConverter 是 MessageConverter 的默认实现。可将 String 转换为 JMS 的 TextMessage，字节数组（byte[]）转换为 JMS 的 BytesMessage，Map 转换为 JMS 的 MapMessage，将 Serializable 对象转换为 JMS 的 ObjectMessage。

借助消息转换器，JmsTemplate 提供了如下方法发送 Java 对象到目标。

● convertAndSend(Object message)：发送对象到默认目标。

● convertAndSend(Destination dest,Object message)：发送对象到指定目标。

11.3.3　消息发送和接收处理

1．发送消息

Spring 提供了 JmsTemplate 模板来简化 JMS 操作。发送者只需被注入 JmsTemplate，发送的消息通过 MessageCreator 以回调的方式创建。以下程序给出了通过 JmsTemplate 发送文本类型消息到目标的具体实现。

```
public void sendMessage(final String msg) {
    jmsTemplate.send(destination, new MessageCreator() {
        public Message createMessage(Session session)
            throws JMSException {
            return session.createTextMessage(msg);
        }
    });
}
```

如果利用消息转换器发送，则 send()方法内代码还可简化，只需要如下一行即可。

```
jmsTemplate.convertAndSend(destination, msg);
```

2. 接收消息

消息接收有两种方法，一种是同步方式，采用 JmsTemplate 的 receive()方法，默认情况下，调用 receive()方法之后将会等待消息发送至 Destination。

另一种是异步方式，它是最常用的方式，采用事件驱动。JMS 提供了消息监听器接口 MessageListener 来实现消息的异步接收，该接口中只含 onMessage()方法，消息到来时将触发执行该方法。Spring 通过 ListenerContainer（消息监听容器）来包裹 MessageListener。对应消息监听容器有两种，它们是 AbstractMessageListenerContainer 的子类。

- SimpleMessageListenerContainer：最简单的消息监听容器，它在启动时创建固定数量的 JMS session，并在容器的整个生命周期中使用这些 session。该容器不能动态适应运行时的要求，也不能参与消息接收的事务处理。
- DefaultMessageListenerContainer：是使用得最多的消息监听容器。它可以动态适应运行时的要求，也可以参与事务管理。

以下给出文本类型消息的接收处理代码。

```java
public class Receiver implements MessageListener {
  public void onMessage(Message message) {
    if(message instanceof TextMessage) {
     TextMessage text = (TextMessage) message;
     try {
      System.out.println("收到消息: " + text.getText());
     } catch(JMSException e) {   }
    }
  }
}
```

以下为配置相应的 Bean 处理消息的接收监听处理。

```xml
<bean id="messageListener" class="Receiver"/>
<bean id="listenerContainer"
class="org.springframework.jms.listener.DefaultMessageListenerContainer">
    <property name="connectionFactory" ref="JmsConnectionFactory"/>
    <property name="destination" ref="destination"/>
    <property name="messageListener" ref="messageListener"/>
</bean>
```

11.4　利用消息通信实现聊天应用

相信读者对 QQ 都很熟悉，在 QQ 中可以选择好友发送消息，也可以在群组中发送消息。可以采用消息服务来实现类似 QQ 的应用，每个用户在服务器上对应一个属于自己的消息队列，用户间发消息，只要发往这个队列即可。而群组则对应消息服务器的某个主题，加入群组相当于订阅该主题的消息。在本节介绍的简易聊天应用中，借助队列将消息发送给单个目标用户，通过主题实现群发消息。应用界面如图 11-3 所示。该应用可直观演示基于队列和基于主题的消息通信的差异性。当然，实际的 QQ 应用并不是如此工作的。

图 11-3　利用消息队列实现简易聊天应用

11.4.1　配置文件

在配置文件中定义若干 Bean，包括消息服务的连接工厂、基于队列和基于主题的消息目标、消息服务模板、消息接收监听处理程序，以及消息监听接收的包裹容器。

【程序清单 11-1】文件名为 config.xml

```xml
<?xml version="1.0" encoding="UTF-8"?>
<beans xmlns="http://www.springframework.org/schema/beans"
    xmlns:xsi="http://www.w3.org/2001/XMLSchema-instance"
    xsi:schemaLocation="
        http://www.springframework.org/schema/beans
    http://www.springframework.org/schema/beans/spring-beans-3.0.xsd">
<!-- JMS 队列连接工厂配置，使用 ActiveMQ 服务器 -->
<bean id="JmsConnectionFactory"
    class="org.apache.activemq.spring.ActiveMQConnectionFactory">
    <property name="brokerURL" value="tcp://localhost:61616" />
</bean>
    <!-- 基于主题的 Destination 配置 -->
<bean id="destination1"
        class="org.apache.activemq.command.ActiveMQTopic">
    <constructor-arg index="0" value="me"/>
</bean>
<!-- 基于队列的 Destination 配置 -->
<bean id="destination2"
        class="org.apache.activemq.command.ActiveMQQueue">
    <constructor-arg index="0" value="TestQueue"/>
</bean>
<bean id="jmsTemplate" class="org.springframework.jms.core.JmsTemplate">
    <property name="connectionFactory" ref="JmsConnectionFactory"/>
</bean>
<bean id="messageListener" class="Receiver"/>
<bean id="listenerContainer1"
class="org.springframework.jms.listener.DefaultMessageListenerContainer">
    <property name="connectionFactory" ref="JmsConnectionFactory"/>
    <property name="destination" ref="destination1"/>
```

```
            <property name="messageListener" ref="messageListener"/>
    </bean>
    <bean id="listenerContainer2"
    class="org.springframework.jms.listener.DefaultMessageListenerContainer">
            <property name="connectionFactory" ref="JmsConnectionFactory"/>
            <property name="destination" ref="destination2"/>
            <property name="messageListener" ref="messageListener"/>
    </bean>
</beans>
```

 针对主题消息和队列消息分别有对应的消息包裹容器来处理消息。由于两类消息在收到消息时均是显示在同一个文本域中，所以，仅创建了一个消息监听处理器，并将其传递给两个消息包裹容器。如果要将两类消息区分对待，一般要建立两个监听处理器。

11.4.2　消息发送与接收程序

1. 应用主程序

该程序将实现客户端应用界面，在窗体中安排一个文本框用于输入消息，一个文本域用于显示消息，两个按钮分别用来给队列和主题两类目标发送消息。

【程序清单 11-2】文件名为 **Main.java**

```java
import javax.jms.Destination;
import org.springframework.context.ApplicationContext;
import org.springframework.context.support.ClassPathXmlApplicationContext;
import org.springframework.jms.core.JmsTemplate;
import org.springframework.jms.listener.MessageListenerContainer;
import java.awt.*;
import java.awt.event.*;
public class Main {
    public static void main(String[] args) throws Exception {
        Frame myframe = new Frame("消息收发演示");
        Panel p1 = new Panel();
        TextField input = new TextField(30);
        TextArea display = new TextArea(5,30);
        p1.add(input);
        myframe.add("North", p1);
        Button send1 = new Button("发给主题");
        send1.setFont(new Font("宋体", Font.BOLD, 12));
        Button send2 = new Button("发往队列");
        send2.setFont(new Font("宋体", Font.BOLD, 12));
        Panel p2 = new Panel();
        p2.add(send1);
```

```
        p2.add(send2);
        myframe.add("Center", p2);
        myframe.add("South", display);
        myframe.addWindowListener(new WindowAdapter() {
            public void windowClosing(WindowEvent e) {
                e.getWindow().dispose();
            }
        });
        myframe.setSize(340, 240);
        myframe.setVisible(true);
        ApplicationContext context =
            new ClassPathXmlApplicationContext("config.xml");
        final JmsTemplate sender =
                (JmsTemplate) context.getBean("jmsTemplate");
        Destination des1 = (Destination) context.getBean("destination1");
        Destination des2 = (Destination) context.getBean("destination2");
        Receiver r = (Receiver) context.getBean("messageListener");
        r.setDisplayarea(display);                //设置消息监听者的显示文本域
        send1.addActionListener(new ActionListener() {
            public void actionPerformed(ActionEvent e) {
                String ms = input.getText();
                sender.convertAndSend(des1, ms);          //发往主题
            }
        });
        send2.addActionListener(new ActionListener() {
            public void actionPerformed(ActionEvent e) {
                String ms = input.getText();
                sender.convertAndSend(des2, ms);          //发送给队列
            }
        });
    }
}
```

 由于消息接收时要将收到的消息在文本域中进行显示，而文本域是在创建窗体时构建的，程序中通过 Receiver 对象的 setDisplayarea()方法将文本域注入给消息监听器。

2. 消息接收处理类

该程序的功能是处理收到的消息，将消息内容显示在文本域中。

【程序清单 11-3】文件名为 Receiver.java

```
import java.awt.TextArea;
import javax.jms.*;
import org.springframework.jms.core.JmsTemplate;
public class Receiver implements MessageListener {
```

```
        TextArea displayarea;
        public void setDisplayarea(TextArea displayarea) {
            this.displayarea = displayarea;
        }
        public void onMessage(Message message) {
            if (message instanceof TextMessage) {
                TextMessage text = (TextMessage) message;
                try {
                    displayarea.append("收到消息: " + text.getText()+"\n");
                } catch (JMSException e) {      }
            }
        }
    }
```

本应用接收到的消息属于文本消息（TextMessage），可以通过 TextMessage 对象的 getText()方法得到消息内容，其他常见的消息类型有 ObjectMessage、BytesMessage、StreamMessage 等。对于 ObjectMessage 类型的消息，可以通过 JmsTemplate 模板的 getMessageConverter()方法得到消息转换器，借助其 fromMessage(Message message）方法获取消息内容。例如，如果要通过消息通信传送文件，并且想以对象形式传送，则可以将文件名和文件内容通过 Map<String,Object>存放，将 Map 对象转换为消息发送。

首先，发送方读取某个 File 对象 file 的内容，采用如下代码存入 Map 中。

```
Map<String,Object> map = new HashMap<String,Object>();
map.put("filename", file.getName());              //filename 对应键值为文件名
InputStream inputstream = new  FileInputStream(file);
int len = (int) file.length();
byte data[] = new byte[len];
inputstream.read(data);                           //从文件读字节数据到字节数组中
map.put("content", data);                         //content 对应键值为文件的字节数据
```

接下来，在接收方通过如下形式读取来自 Map 对象(obj)的内容。

```
String  name = (String) obj.get("filename");      //文件名
byte[]  data = (byte[]) obj.get("content");       //文件内容
```

将文件名和文件内容合并发送的好处是接收者能统一接收，如果分两个消息发送，带来的后果是在消息队列中可能被两个不同的接收者取走消息。有兴趣的读者可以将应用改为能广播传送文件的应用。

11.5　Spring Boot 整合 ActiveMQ 样例

在 Spring Boot 中，实现基于 JMS 的消息发布与接收处理也变得简单。只要定义相关的 Bean，并通过使用 Spring Boot 提供的注解，就可以方便地编写消息处理程序。

1. 添加 Spring Boot 的依赖及属性配置

如果采用 ActiveMQ 作为消息队列服务器，需要添加如下依赖。

```
<dependency>
    <groupId>org.springframework.boot</groupId>
    <artifactId>spring-boot-starter-activemq</artifactId>
</dependency>
<dependency>
    <groupId>org.apache.activemq</groupId>
    <artifactId>activemq-broker</artifactId>
</dependency>
<dependency>
    <groupId>com.fasterxml.jackson.core</groupId>
    <artifactId>jackson-databind</artifactId>
</dependency>
```

为连接 ActiveMQ，在属性文件 application.properties 中添加如下信息。

```
spring.activemq.broker-url = tcp://localhost:61616
spring.activemq.in-memory = true
spring.activemq.pool.enabled = false
```

2. 定义消息监听接收处理程序

【程序清单 11-4】文件名为 **BootReceiver.java**

```
@Component
public class BootReceiver {
    @JmsListener(destination = "testQueue", containerFactory = "myFactory")
    public void receiveMessage(String message) {    //接收消息
        System.out.println("Received <" + message + ">");
    }
}
```

 程序中省略了相关的 import 语句，事实上，在 STS 开发环境中编译会自动根据其知晓的 jar 包提示你要引入的类。@JmsListener 注解的参数包括消息的目标和消息容器工厂。该注解定义消息处理程序，方法的参数就是消息内容，它可以是任何 POJO 对象。

3. 定义相关 Bean 和应用入口

【程序清单 11-5】文件名为 **Application.java**

```
@SpringBootApplication
@EnableJms
```

```java
public class Application {
    @Bean                                                    //定义消息监听容器
    public JmsListenerContainerFactory<?> myFactory(
        ConnectionFactory connectionFactory,
        DefaultJmsListenerContainerFactoryConfigurer configurer)
    {
        DefaultJmsListenerContainerFactory factory =
            new DefaultJmsListenerContainerFactory();
        configurer.configure(factory, connectionFactory);
        return factory;
    }
    @Bean                                                    //定义 JSON 消息变换器
    public MessageConverter jacksonJmsMessageConverter() {
        MappingJackson2MessageConverter converter =
            new MappingJackson2MessageConverter();
        converter.setTargetType(MessageType.TEXT);
        converter.setTypeIdPropertyName("_type");
        return converter;
    }
    public static void main(String[] args) {
        ConfigurableApplicationContext context =
            SpringApplication.run(Application.class, args);
        JmsTemplate jmsTemplate = context.getBean(JmsTemplate.class);
        jmsTemplate.convertAndSend("testQueue", "Hello");     //发送消息
    }
}
```

 @EnableJms 注解会触发并添加@JmsListener 注解的方法。在应用程序中定义了消息监听容器和 JSON 消息变换器两个 Bean。Spring Boot 将自动检测消息变换的存在，并将它们与 JmsTemplate 以及 JMS 监听容器建立关联。

也许有读者会发现，没添加属性文件时应用也能工作，是因为在这种情况下，Spring Boot 实际是默认选择了基于内存的消息代理。

11.6 RabbitMQ 消息通信编程

RabbitMQ 是一个支持 AMQP（Advanced Message Queuing Protocol）标准的消息服务器。RabbitMQ 支持各种消息传递模式，包括点对点、发布/订阅、多播、RPC 等。RabbitMQ 中的核心组件是 Exchange（交换器）和 Queue（消息队列），Exchange 接收来自发送者的消息和路由信息，然后将消息发送给消息队列。Exchange 和 Queue 通过绑定关键字实现绑定。交换器通过消息的路由关键字去查找匹配的绑定关

键字，将消息路由到被绑定的队列中。路由规则是由 Exchange 类型及 Binding 来决定的。一个消息的处理流程如图 11-4 所示。

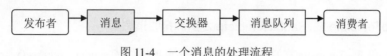

图 11-4　一个消息的处理流程

RabbitMQ 的交换器有 direct、topic、fanout、Headers 四种类型。一个交换器可以绑定多个队列，一个队列可以被多个交换器绑定。

- 直接（direct）交换将消息转发到绑定关键字与路由关键字精确匹配的队列。如图 11-5 所示，P 代表消息生产者，C 代表消息消费者，X 代表交换器。假如将发送消息的路由关键字 black 或 green 发送至 Q2 队列，路由关键字 orange 则发送至 Q1 队列。

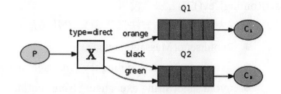

图 11-5　直接交换根据消息的路由关键字选择路由

- 主题（topic）交换按规则转发消息。可使用通配符参与路由匹配，*代表一个单词，#可代表 0 到多个单词。例如，ab.#匹配 ab 和 ab.x.s，a.*匹配 a.xy。
- fanout 交换器最简单，它将消息广播给所有绑定队列。
- Headers 是一种基于消息头的更加复杂的路由交换。

1. 在应用配置中定义相应 Bean

根据 RabbitMQ 服务连接工厂可以创建 AmqpTemplate 对象。为提高应用效率，可将 AmqpTemplate 配置为 Bean，在 Spring 应用中通过依赖关系引用该 Bean 对象。交换器和队列可以在配置文件中进行声明。在 CloudFoundry 云环境下，建立与云服务器提供的 RabbitMQ 服务的连接，通过以下为配置代码。

```
<!-- 获取与 RabbitMQ 的连接 -->
<rabbit:connection-factory id="connectionFactory"/>
<!-- 设置 AmqpTemplate/RabbitTemplate -->
<rabbit:template id="amqp" connection-factory="connectionFactory"/>
<!-- 队列、交换器在代理上自动声明和绑定 -->
<rabbit:admin connection-factory="connectionFactory"/>
<!-- 定义 messages 队列，应用中可通过队列名引用队列 -->
<rabbit:queue name="messages" durable="true"/>
<!-- 声明一个 topic 类型的交换器-->
<topic-exchange name="logs"
  xmlns="http://www.springframework.org/schema/rabbit">
  <bindings>
    <!--定义绑定队列时通过 pattern 属性指定绑定关键字-->
    <binding queue="messages"  pattern="black.*"/>
  </bindings>
</topic-exchange>
```

配置中通过<topic-exchange>标记定义主题交换器，其他交换器只需将 topic 改成相应交换器的名称即可。例如，通过<direct-exchange>标记定义直接交换器。

2. 使用 AmqpTemplate 或 RabbitTemplate 发送和接收消息

AmqpTemplate 和 JmsTemplate 在功能上有相似性，它也提供了 send()、receive()、convertAndSend()、receiveAndConvert()等方法。但这里发送的消息可能经过交换器和路由关键字来选择路由。其中，交换器和路由关键字可通过 send()方法的参数指定，也可分别通过 AmqpTemplate 的 setExchange()方法和 setRoutingKey()方法独立设置。

以下为使用 send()方法发送消息的几种形态。

- void send(Message message);
- void send(String routingkey, Message message);
- void send(String exchange, String routingKey, Message message)。

接收消息有同步和异步两种情形。同步接收使用 receive()方法，具体形态有两种。

- Message receive();：从默认队列接收消息。
- Message receive(String queueName);：从指定队列接收消息。

异步接收消息的方法之一是利用实现 MessageListener 接口的消息监听器，在其 onMessage()方法中实现消息接收处理，并将消息监听器的包裹容器定义为 Bean。例如：

```
<bean name="myContainer" class=
"org.springframework.amqp.rabbit.listener.SimpleMessageListenerContainer">
    <property name="connectionFactory" ref="connectionFactory"/>
    <property name="queueNames" value="messages"/>
    <property name="messageListener" ref="someListener"/>
</bean>
```

其中，someListener 为实现 MessageListener 接口的 Bean 的标识。

AmqpTemplate 还支持基于消息转换器（Message Converter）的消息发送和接收方法，可直接发送和接收对象。但要注意，这里的方法和 Spring JmsTemplate 的形态不同。发送消息的 convertAndSend()方法共有 6 种形态，最简单的形态只含消息对象 1 个参数，最复杂的形态则要提供交换器、路由关键字、消息和消息后处理程序共 4 个参数。以下列出其中 3 种方法，其他 3 种方法只是在最后添加 1 个 MessagePostProcessorDelegate 类型的参数。

- void convertAndSend(Object message);
- void convertAndSend(String routingKey, Object message);
- void convertAndSend(String exchange,String routingKey, Object message);

 对于没有用到 Exchange 的 AmqpTemplate 对象，方法中的 routingKey 参数对应消息队列名。例如，以下代码发送一条消息到 messages 队列。

```
amqpTemplate.convertAndSend("messages","hello");
```

消息接收方法 receiveAndConvert()只有两个形态。其中，无参方法是从 AmqpTemplate 对象设置时注入的队列属性得到队列名。

- Object receiveAndConvert();：从默认队列接收消息。
- Object receiveAndConvert(String queueName);：从指定队列接收消息。

以下代码从 messages 队列接收一条消息。

```
String message = (String)amqpTemplate.receiveAndConvert("messages");
```

11.7 Spring Boot 整合 RabbitMQ 样例

目前 RabbitMQ 的安装包在 Window 平台的最高版本是 rabbitmq-server-3.8.9，可以在 RabbitMQ 的网站下载（https://www.rabbitmq.com/download.html）。RabbitMQ 是基于 Erlang 语言开发的，在本地计算机上安装 RabbitMQ 服务有些复杂，需要先安装 OTP（网址：https://www.erlang.org/downloads），目前最高版本是 OTP23.1。

在 DOS 命令行下启动 RabbitMQ 服务，直接输入其安装路径的 sbin 目录下的批处理程序。

```
rabbitmqctl.bat
```

要停止服务，运行以下命令。

```
rabbitmqctl.bat stop
```

要查看服务的运行状态，运行以下命令。

```
rabbitmqctl.bat status
```

1. 创建工程，添加 maven 依赖及属性配置

在创建 Spring Starter 工程时，选择消息处理部分的 RabbitMQ 项目，将自动添加如下依赖项 spring-boot-starter-amqp。

```
<dependency>
    <groupId>org.springframework.boot</groupId>
    <artifactId>spring-boot-starter-amqp</artifactId>
</dependency>
```

在工程的 application.properties 文件中添加 RabbitMQ 的连接配置信息。

```
spring.rabbitmq.host=127.0.0.1
spring.rabbitmq.port=5672
spring.rabbitmq.username=guest
spring.rabbitmq.password=guest
```

以上设置实际上是 RabbitMQ 的默认设置，安装 RabbitMQ 后就自动有账户 guest。监听端口也默认是 5672。

2. 编写 RabbitConfig 配置类

在配置类中定义若干 Bean 对象实现与 RabbitMQ 服务器的连接，创建 RabbitTemplate 模板对象，以及配置队列、交换机和路由等。

【程序清单 11-6】文件名为 RabbitConfig.java

```java
import org.springframework.amqp.core.Binding;
import org.springframework.amqp.core.BindingBuilder;
import org.springframework.amqp.core.DirectExchange;
import org.springframework.amqp.core.Queue;
import org.springframework.amqp.rabbit.connection.CachingConnectionFactory;
import org.springframework.amqp.rabbit.connection.ConnectionFactory;
import org.springframework.amqp.rabbit.core.RabbitTemplate;
import org.springframework.beans.factory.annotation.Value;
import org.springframework.context.annotation.Bean;
import org.springframework.context.annotation.Configuration;

@Configuration
public class RabbitConfig {
    @Value("${spring.rabbitmq.host}")
    private String host;                                    //主机
    @Value("${spring.rabbitmq.port}")
    private int port;                                       //端口
    @Value("${spring.rabbitmq.username}")
    private String username;                                //用户
    @Value("${spring.rabbitmq.password}")
    private String password;                                //密码

    @Bean
    public ConnectionFactory connectionFactory() {          //建立连接
        CachingConnectionFactory connectionFactory = new
            CachingConnectionFactory(host,port);
        connectionFactory.setUsername(username);
        connectionFactory.setPassword(password);
        connectionFactory.setVirtualHost("/");
        return connectionFactory;
    }

    @Bean
    public RabbitTemplate rabbitTemplate() {                //创建 RabbitTemplate 模板
        RabbitTemplate template = new RabbitTemplate(connectionFactory());
```

```
        return template;
    }
}
```

程序中通过@Value注解从配置文件中读取属性值给在 RabbitConfig 类中的各个属性变量赋值。接下来，在 RabbitConfig 类中添加以下 Bean，分别创建交换机和队列，并进行路由绑定。实际应用中，一个交换机可以绑定多个消息队列，从而实现将消息通过交换机分发到多个队列中。

```
@Bean
public DirectExchange defaultExchange() {
    return new DirectExchange("myexchange");
}
@Bean
public Queue queueA() {                              //获取队列 A
    return new Queue("QUEUE_A", true);               //队列持久
}
@Bean
public Binding binding() {                           //实现路由与队列的绑定
    return BindingBuilder.bind(queueA())
      .to(defaultExchange()).with("route-1");
}
```

3. 编写消息接收处理程序

@RabbitListener 注解用于定义消息监听者，@RabbitHandler 注解用于定义具体的消息处理程序，通过其 process()方法的参数获取消息内容。

【程序清单 11-7】文件名为 MsgReceiver.java

```
import org.springframework.amqp.rabbit.annotation.RabbitHandler;
import org.springframework.amqp.rabbit.annotation.RabbitListener;
import org.springframework.stereotype.Component;

@Component
@RabbitListener(queues = "QUEUE_A")
public class MsgReceiver {
    @RabbitHandler
    public void process(String content) {
        System.out.println("接收处理队列 A 当中的消息："+content);
    }
}
```

4. 在应用测试程序中发送消息

在应用测试程序中利用 RabbitTemplate 对象的 convertAndSend()方法发送消息。

【程序清单 11-8】文件名为 RabbitApplication.java

```java
@SpringBootApplication
public class RabbitApplication {
    public static void main(String[] args) {
        ConfigurableApplicationContext context =
            SpringApplication.run(RabbitApplication.class, args);
        RabbitTemplate rabbit = context.getBean(RabbitTemplate.class);
        rabbit.convertAndSend("myexchange", "route-1","Hello");
            //发送消息
    }
}
```

运行程序，在控制台可看到如下输出结果。

接收处理队列 A 当中的消息：Hello

第 12 章　Spring WebSocket 编程

WebSocket 是 HTML5 新增特性之一，目的是在浏览器端与服务器端之间建立全双工的通信方式，对聊天、游戏等实时性要求高的应用提供全新支持。为了建立 WebSocket 连接，浏览器端首先要向服务器端发起一个申请协议升级的 HTTP 请求，握手成功后进入双向长连接阶段，双方就可以通过这个连接通道传递信息，并且这个连接会持续存在，直到客户端或者服务器端的某一方主动关闭连接。

在 Spring 编程中，如果用 Maven 工程构建 WebSocket 应用，则需要添加来自 Spring 框架组别的工件为 spring-websocket 和 spring-messaging 的依赖关系。如果是动态 Web 工程，则要添加 spring-websocket 和 spring-messaging 的 jar 包到类库路径下。

如果采用 Spring Boot 构建 WebSocket 应用，只需要添加以下的依赖。

```
<dependency>
    <groupId>org.springframework.boot</groupId>
    <artifactId>spring-boot-starter-websocket</artifactId>
</dependency>
```

本章将分别从底层和高层处理角度介绍 WebSocket 的应用，重点介绍采用 STOMP 协议进行消息处理的发布/订阅通信的具体配置和编程方法。

12.1　Spring WebSocket 底层编程

以一个无登录的特殊聊天室设计为例来介绍 Spring WebSocket 底层的配置及应用编程处理，共涉及以下 4 个程序文件。当然，在应用的 XML 配置中，要设置启用注解扫描。

12.1.1　WebSocket 的注解配置

Spring 提供了 WebSocketConfigurer 接口用于实现服务器的底层 WebSocket 配置。底层 WebSocket 配置要给 WebSocket 注册消息处理程序和建立连接前后的握手处理拦截器，通过它们可以实现个性化的消息处理。

【程序清单 12-1】文件名为 MyWebSocketConfig.java

```
@Configuration
@EnableWebSocket                                                    //开启 WebSocket
```

```
public class MyWebSocketConfig implements WebSocketConfigurer {
    public void registerWebSocketHandlers(WebSocketHandlerRegistry registry)
    {
        registry.addHandler(myHandler(), "/mysockjs")
                .addInterceptors(handshakeInterceptor()).withSockJS();
    }

    public ChatHandler  myHandler() {                            //处理事件及消息
        return new ChatHandler();
    }

    public HandshakeInterceptor handshakeInterceptor() {        //握手前后处理
        return new HandshakeInterceptor();
    }
}
```

 程序中的"/mysockjs"表示连接端点，客户端与服务器建立 WebSocket 连接时依据该标识确定要连接的具体应用的 WebSocket 服务。addHandler()方法实现路由的功能，当客户端发起 WebSocket 连接，将由对应的 handler 处理；而 addInterceptors()方法是为 handler 添加拦截器，在调用 handler 前后加入自己的逻辑。withSockJS()方法用于开启 SockJS 功能，SockJS 是 WebSocket 技术的一种模拟，在浏览器端拥有一套 JavaScript 代码的 API，SockJS 所处理的 URL 是 http://，而不是 ws://。

12.1.2 握手处理拦截器

Spring WebSocket 配置还允许添加客户端与服务器连接握手前后处理的拦截器，通过继承 HttpSessionHandshakeInterceptor 来编写拦截器。该聊天室设计没有用户登录环节，为了区分用户，在 WebSocket 会话中添加一个 user 属性，用于记录每个用户的昵称，昵称从一个字符串数组中随机抽取。在后续对话过程中，用这个昵称代表用户。

其中，beforeHandshake()方法表示在调用 handler 前处理。常用来注册用户信息，绑定 WebSocketSession，在应用中，还可以建立一个由用户标识到 WebSocketSession 的 Map 映射，将来在 handler 里可根据用户来获取对应的 WebSocketSession 进行个性化消息发送。

【程序清单 12-2】文件名为 HandshakeInterceptor.java

```
public class HandshakeInterceptor extends HttpSessionHandshakeInterceptor{
    public boolean beforeHandshake(ServerHttpRequest request,
        ServerHttpResponse response, WebSocketHandler handler,
        Map<String, Object> attributes) throws Exception
    {  //握手前
        attributes.put("user", getRandomNickName());
        return super.beforeHandshake(request, response, handler, attributes);
```

```
    }

    public void afterHandshake(ServerHttpRequest request,
      ServerHttpResponse response, WebSocketHandler wsHandler, Exception ex)
    {  //握手后
      super.afterHandshake(request, response, wsHandler, ex);
    }

    //给每个进来的用户(session)随机分配一个昵称
    public String getRandomNickName(){
        String[] nickNameArray={"Mary","John","Smith","Jerry","Cat"};
        Random random = new Random();
        return nickNameArray[random.nextInt(5)];
    }
}
```

 以上代码中 afterHandshake()方法在本应用中实际没有用，可以省略，考虑到要让读者看到方法的具体形态，所以也列出了。在 beforeHandshake()方法中将用户的昵称存入记录 WebSocket 会话内容的属性 user 中，用户的昵称是从 5 个字符串元素中选一个，为了避免出现重复选择的现象，可以考虑添加一个计数变量，用于区分用户。例如，第一个用户可能是 Smith1，第 2 个用户可能是 Mary2。

12.1.3 消息处理程序

在 Spring 中定义了一个接口 WebSocketHandler，其中定义了 WebSocket 进行操作处理的行为。该接口中定义了如下 5 个方法。

```
public interface WebSocketHandler {
    void afterConnectionEstablished(WebSocketSession session) throws Exception;
                                                    //连接建立后执行
    void handleMessage(WebSocketSession session, WebSocketMessage<?> message) throws
        Exception;                                  //处理消息
    void handleTransportError(WebSocketSession session, Throwable exception) throws
        Exception;                                  //处理传输错误
    void afterConnectionClosed(WebSocketSession session, CloseStatus closeStatus) throws
        Exception;                                  //连接关闭后执行
    boolean supportsPartialMessages();              //是否支持分片消息处理
}
```

相比直接实现这 5 个方法，更为简单的处理是扩展 AbstractWebSocketHandler 这个抽象类，这是 WebSocketHandler 接口的一个抽象实现类。除了重载接口中的 5 个方法外，该抽象类还有以下 3 个方法来处理特定类型的消息，它们比 handleMessage()方法处理消息更为具体。

● handleTextMessage()：处理文本消息。

- handleBinaryMessage()：处理二进制消息。
- handlePongMessage()：处理心跳响应消息。

在聊天室设计中，要用到 handleTextMessage()方法。如果应用中要传输文件，则在接收客户端发送过来的二进制数据时可用 handleBinaryMessage()方法进行编程处理。

本应用还对连接的建立和关闭感兴趣，用户在进入和离开时均要更新在线用户的信息记录，程序中通过一个列表 sessionList 记录所有用户的 WebSocketSession 信息，可以借助 WebSocketSession 对象的 sendMessage()方法给用户推送消息。给所有在线用户推送消息只需遍历列表中的对象元素，并给每个对象调用 sendMessage()方法发送消息。

【程序清单 12-3】文件名为 ChatHandler.java

```java
public class ChatHandler extends AbstractWebSocketHandler {
    public final static List<WebSocketSession> sessionList = Collections
            .synchronizedList(new ArrayList<WebSocketSession>());
    public void afterConnectionEstablished(WebSocketSession
            webSocketSession) throws Exception {
        System.out.println("Connection established..." +
            webSocketSession.getRemoteAddress());
        System.out.println(webSocketSession.getAttributes().get("user") +
            "Login");
        webSocketSession.sendMessage(new TextMessage("I'm " +
            (webSocketSession.getAttributes().get("user"))));
        sessionList.add(webSocketSession);
    }

    public void afterConnectionClosed(WebSocketSession webSocketSession,
            CloseStatus status) throws Exception {
        System.out.println("Connection closed..." +
            webSocketSession.getRemoteAddress() + " " + status);
        System.out.println(webSocketSession.getAttributes().get("user") +
                "Logout");
        sessionList.remove(webSocketSession);
    }

    public void handleTextMessage(WebSocketSession websocketsession,
            TextMessage message) {
        String payload = message.getPayload();                 //得到消息内容
        for (WebSocketSession session : sessionList) {
            String textString = websocketsession.getAttributes().get("user")
                    + ":" + payload;
            TextMessage textMessage = new TextMessage(textString);
            try {
                session.sendMessage(textMessage);              //推送消息
            } catch (IOException e) { }
        }
    }
```

```
    }
  }
```

 在服务器上监测每个客户的进入和退出,在连接和关闭处理的方法中利用输出语句将用户的相关信息输出,用户创建好连接时,还给用户发送一个反馈消息,告知用户指定的昵称标识。

该聊天室是开放的,所以消息将发送给所有用户的客户端,因此,程序中是将所有用户的 WebSocketSession 存放在一个列表中。如果要支持私聊,可以建立一个用户标识到 WebSocketSession 的 Map 映射对象来存放,这样可根据用户标识选择 WebSocketSession。

12.1.4　客户端的编程

在浏览器端,WebSocket 支持几个特殊的事件监听处理函数:onOpen()(当连接建立时触发事件)、onError()(当网络发生错误时触发事件)、onClose()(当 WebSocket 被关闭时触发事件)、onMessage()(当 WebSocket 接收到服务器发来的消息时触发事件)。

以下为聊天室的客户端页面代码。聊天室的显示效果如图 12-1 所示。本应用仅关注消息的发送和接收显示,因此,程序中只编写了 onMessage 事件的处理方法,在方法内通过方法参数 event 的 data 属性获取消息内容。另外,还编写了一个消息发送处理的 doSend()方法,在其方法中通过 WebSocket 对象的 readyState 属性读取其连接状态,只有状态值为 1 时才表示连接开启,这时可以发送消息。利用 WebSocket 对象的 send()方法发送消息。

图 12-1　用 Spring WebSocket 编程技术制作的聊天室

【程序清单 12-4】文件名为 chatRoom.html

```
<html> <head> <meta charset="UTF-8">
<script type="text/javascript" src="sockjs-0.3.4.js"></script>
<script type="text/javascript">
    var websocket = new SockJS("http://localhost:8080/mysockjs");
    websocket.onmessage = onMessage;

    function onMessage(event) {
        var element = document.createElement("p");
```

```
        element.innerHTML = event.data;                        //读取消息内容
        document.getElementById("display").appendChild(element);
    }

    function doSend() {
        if (websocket.readyState == 1) {
                //0-CONNECTING;1-OPEN;2-CLOSING;3-CLOSED
            var msg = document.getElementById("message").value;
            if(msg) websocket.send(msg);                        //发送消息
            document.getElementById("message").value="";
        } else {
            alert("连接失败!");
        }
    }
</script>
</head>
<body>
    <div>
        <input id="message"  type="text" style="width: 350px"></input>
        <button id="send" onclick="doSend()">send</button>
    </div>
    <div id="display"></div>
</body>
</html>
```

12.2　Spring WebSocket 高级编程

12.2.1　基于 STOMP 的 WebSocket 配置

WebSocket 是一个低级的消息传送协议，其对消息的语义缺乏描述，这就意味着无法路由和处理消息，除非客户端和服务器对消息进行协商，因此，WebSocket 是通过 HTTP 的子协议来实现消息的传送。STOMP 是常用于 WebSocket 消息传送的一种简单的、面向文本的消息传送协议（Simple Text Orientated Messaging Protocol），其消息内容均为 JSON 文本串格式。Spring 消息代理支持 STOMP，通过开启 SockJS 的服务，并提供相应的 URL 映射，就可方便地实现基于发布订阅的消息通信。对于客户订阅关心的主题，消息服务器在收到相应主题的数据时会向主题订阅者主动推送。

配置 WebSocket 可通过继承覆盖 AbstractWebSocketMessageBrokerConfigurer 类并在类前添加注解 @Configuration 和@EnableWebSocketMessageBroker 实现。通过重写如下两个方法分别进行消息代理的配置以及 STOMP 消息端点服务的注册，开启 SockJS 访问支持。

```
@Configuration
@EnableWebSocketMessageBroker
```

```
public class WebSocketConfig implements WebSocketMessageBrokerConfigurer {
    public void  registerStompEndpoints(StompEndpointRegistry registry) {
        registry.addEndpoint("/sockjs").withSockJS();                 //连接端点
    }

    public void configureMessageBroker(MessageBrokerRegistry config) {
        config.setApplicationDestinationPrefixes("/app");             //注解消息前缀
        config.enableSimpleBroker("/topic");                          //消息代理前缀
    }
}
```

以上配置代码中，通过执行 enableSimpleBroker()方法定义采用基于内存的简单消息代理。/topic 是简单消息代理的目标标识端点，服务器发送给客户端的消息和客户端订阅服务器的消息的目标标识均以 /topic 为前缀；/app 是客户端上的浏览器发送消息给服务器的消息代理时需要指定的代表消息代理目标的前缀；/sockjs 是 WebSocket 连接端点，客户端与服务器建立 WebSocket 连接时通过/projectid/sockjs 指定 URL 连接路径，其中，projectid 假定为 Web 应用的工程名，需根据实际工程名称取代。

12.2.2 处理来自客户端的消息

在 Spring MVC 控制器中，现在允许两类 Mapping 并存，一种是@RequestMapping 注解，接收来自浏览器的 HTTP 请求，其注解指定的参数为 REST 风格的访问路径信息，用于对使用了 MVC 编程的控制器的请求处理设计；另一种是@MessageMapping 注解，它是新增加的，用于接收来自浏览器通过 WebSocket 发送给某个主题的消息，其注解参数为目标主题，通过注解方法中的参数传递消息变换后所对应的 Java 对象。例如：

```
@Controller
public class GreetingController {
    @MessageMapping("/greeting")
    public String handle(String message) {
        return "received: " + message;
    }
}
```

本例的消息主题为 greeting，浏览器发送消息时，要增加/app 前缀，也就是发送消息时对应的消息目标地址是/app/greeting，消息内容将传送给上面 handle()方法的 message 参数。

1. 消息转发

如果服务器要将接收的消息进行转发，有两种方法。

一种方法是通过给控制器注入消息模板（SimpMessagingTemplate）对象，依靠 SimpMessagingTemplate 对象的 convertAndSend()方法实现消息的转发。例如，以下代码在消息处理方法中就是将消息内容转发到主题为 talking 的目标。

```
@Controller
public class GreetingController {
    @Autowired
    private SimpMessagingTemplate template;

    @RequestMapping(path="/greetings", method=POST)
    public void greet(String message) {
        this.template.convertAndSend("/topic/talking", message);
    }
}
```

使用消息模板不仅可以用于接收消息后的转发处理，实际上，它可以在应用的任何地方进行消息的发送。

还有一种方法是通过@SendTo 注解来实现消息的转发。将@SendTo 注解添加到带@MessageMapping 注解的方法头前，表示将方法的返回结果作为消息负载发送给指定主题的订阅者。例如，以下代码将方法执行的结果发送给主题为 talking 的目标。

```
@MessageMapping("/greetings")
@SendTo("/topic/talking")
public String greeting(String message) throws Exception {
    return new String("Hello, " + message + "!");
}
```

2. 消息代理

在前面的服务端配置代码中采用了基于内存的消息代理，它的消息处理流程如图 12-2 所示。针对每个客户连接，在服务器将建立两个消息通道，一个接收客户端消息的请求通道（Request Channel），一个是发送消息给客户端的响应通道（Response Channel）。客户端可以发送两类消息。一类是交给注解方法处理的消息，根据前面介绍的服务器的配置设置，它是以/app 为前缀，注解方法处理的消息在经过处理后，可以通过消息代理通道（Broker Channel）传输给消息代理进行基于主题的推送。另一类是由消息代理接收处理的消息，采用基于主题的发布/订阅形式，根据之前配置，主题标识是以/topic 为前缀，消息代理会将消息推送给所有订阅相应主题的订阅者。

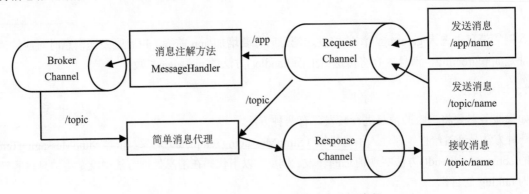

图 12-2　基于内存的消息代理的消息处理流程

如果消息代理改为使用 ActiveMQ 等消息代理服务器，则前面设置代理的配置行改为：

```
config.enableStompBrokerRelay("/topic");
```

3. 消息推送的选择与消息主题的标识

消息通信中消息主题的设计和推送方式的选择是两个重要的问题。从前面介绍可以看出，实现消息推送的方式多种多样，可通过 SimpMessagingTemplate 直接推送，也可通过@SendTo 注解。消息主题一般情况下是固定的，但有些应用中（如网上对弈应用，某桌的对弈消息应仅推送给同桌的用户，因此，消息主题的命名要考虑与具体的桌名挂钩），由程序运行时动态决定，消息推送宜选用消息模板，其消息目标标识可以在代码中动态生成。例如：

```
template.convertAndSend("/topic/deskinfo" + deskid, message);
```

同样，客户端订阅主题时可通过获取模型参数来获取要标识的棋桌。例如：

```
stompClient.subscribe('/topic/deskinfo${deskid}', function(message){...})
```

12.2.3 客户端浏览器的编程

为了进行基于 SockJS 的 STOMP 消息通信，客户方要用到 sockjs-0.3.4.js 和 stomp.js 两个 js 文件。SockJS 是在浏览器上运行的 JavaScript 库，用于实现浏览器和 Web 服务器之间的全双工通信。SockJS 具有浏览器兼容性。若优先使用原生 WebSocket，如果在不支持 WebSocket 的浏览器中，则会自动降为长轮询的方式。

```
<script src="sockjs-0.3.4.js"></script>
<script src="stomp.js"></script>
```

1. 建立连接

执行以下 JavaScript 脚本可建立与服务器的 WebSocket 连接。

```
var socket = new  SockJS("/projectid/sockjs");
var stompClient = Stomp.over(socket);
stompClient.connect({}, function(frame) {});
```

如果连接没有使用 SockJS，则通过如下形式。

```
var socket = new WebSocket("/projectid/sockjs");
var stompClient = Stomp.over(socket);
stompClient.connect({}, function(frame) {});
```

2. 客户端的消息处理

客户端与服务器建立 WebSocket 连接后，可进行发布/订阅的消息通信。具体过程如下。

（1）消息接收者首先针对主题进行消息订阅。

（2）消息发布者给某主题发布消息。

（3）消息代理将消息推送给该主题的所有订阅者。

客户端的消息处理具体内容如下。

（1）客户端订阅处理消息

WebSocket 传递的消息对象均是用 JSON 进行了串行化处理。下面程序中，客户端订阅主题 allmessage 的消息，当消息代理收到关于该主题的消息时将推送给客户端，客户端接收消息后将回调 function（message）函数进行消息处理，函数的参数 message 为消息对象。通过 message.body 得到消息的具体信息，进一步，通过 JSON.parse()方法分析出消息中包裹的具体对象给 mess 赋值，通过 mess 可访问对象中的具体内容。

```
stompClient.connect({}, function(frame) {
  stompClient.subscribe('/topic/allmessage', function(message){
    var mess = JSON.parse(message.body);              //分析收到的消息
    if (mess==null) return;
    document.getElementById("talkroom").value=mess;   //更新聊天室
  });
});
```

（2）客户端发送消息

客户端可利用 STOMP 对象的 send()方法发送消息，发送的消息内容要先转换为 JSON 串，利用 JavaScript 的 JSON.stringify()方法进行转换。以下代码将转换的消息发送到名为 inputmessage 的主题目标。

```
var payload = JSON.stringify(mymess);              //消息变化为 JSON 串
stompClient.send("/app/inputmessage",{}, payload); //发送消息
```

其中，send()方法的第 2 个参数是一个提供头信息的 Map 类型，它会包含在 STOMP 的帧中，这里实际提供的是一个空的 Map。读者要注意 JSON.parse()与 JSON.stringify()的区别，前者是从 JSON 串中解析出对象，而后者则是将对象转换为 JSON 串。

12.3 基于 WebSocket 的聊天室设计案例

12.3.1 视图文件与客户端编程处理

1. 用户登录页面

用户登录页面仅要求用户输入用户名，并不进行实际认证检查，在服务器处理登录时将登录的用户名通过模型参数传递给聊天页面，以便发言内容前添加用户名。

【程序清单 12-5】文件名为 login.jsp

```
<form action="login" method="post" >
```

```
<p align="center"><font color="#0000FF">用户登录</font><br><br>
<TABLE><TR><TD align=right width="40%" >登录名</TD>
<TD align=center width="60%">
    <INPUT type="text" size="12" id="user" name="user" >
</TD>
</TR> </TABLE><p align="center">
<INPUT  type=submit  name="log" value=" 登 录 " ></p>
</form>
```

2. 聊天页面

以下为聊天页面的代码。执行效果如图 12-3 所示。

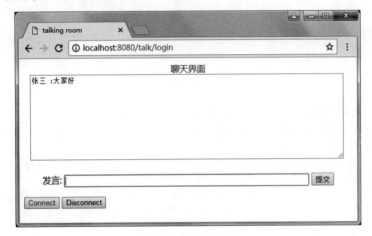

图 12-3　聊天页面

【程序清单 12-6】文件名为 **talkroom.jsp**

```
<%@page contentType="text/html; charset=UTF-8"%>
<%@ taglib uri="http://java.sun.com/jsp/jstl/core" prefix="c"%>
<html> <head>
<meta http-equiv="Content-Type" content="text/html; charset=UTF-8">
<title>talking room</title>
<script src="sockjs-0.3.4.js"></script>
<script src="stomp.js"></script>
<script type="text/javascript">
    var stompClient = null;
    function setConnected(connected) {
        document.getElementById('connect').disabled = connected;
        document.getElementById('disconnect').disabled = !connected;
    }

    function connect() {
```

```
            var socket = new SockJS('/talk/sockjs');  //talk 为应用工程名
            stompClient = Stomp.over(socket);
            stompClient.connect({}, function(frame) {
                setConnected(true);
                stompClient.subscribe('/topic/allmessage', function(message){
                    var mess = JSON.parse(message.body);
                    if (mess==null)  return;
                    document.getElementById("talkroom").value=mess;
                });
            });
        }

        function disconnect() {
            stompClient.disconnect();
            setConnected(false);
        }

        function check() {
            mymess=document.getElementById("speak").value;
            document.getElementById("speak").value="";
            mymess="${user} :"+mymess;
            stompClient.send("/app/inputmessage",{}, JSON.stringify(mymess));
            //浏览器发给消息注解程序处理的消息，按照配置要以/app 为前缀
        }
    </script>
</head>
<body onLoad="connect();">
  <p align="center">
  <font color="green">聊天界面</font><br>
  <textarea id="talkroom" rows="10" cols="80">${messages}</textarea>
  <br><br>发言: <input type=text id="speak" name="speak" size=60>
  <input type=button value="提交" onclick="check()">
  <div>
    <button id="connect" onclick="connect();">Connect</button>
    <button id="disconnect" disabled="disabled" onclick="disconnect();">
    Disconnect</button>
  </div>
</body>
</html>
```

方法 connect()用来建立 WebSocket 的连接，以及消息的订阅处理，在网页加载时通过页面的 onload 事件自动执行该函数。方法 disconnect()用于关闭连接。方法 check()用来读取用户输入发言，并将发言发送给服务器的消息处理程序。

12.3.2　服务器配置与控制器编程处理

1. WebSocket 配置

【程序清单 12-7】文件名为 **WebSocketConfig.java**

```java
@Configuration
@EnableWebSocketMessageBroker
public class WebSocketConfig extends AbstractWebSocketMessageBrokerConfigurer {
    @Override
    public void configureMessageBroker(MessageBrokerRegistry config) {
        config.enableSimpleBroker("/topic");
        config.setApplicationDestinationPrefixes("/app");
    }

    public void registerStompEndpoints(StompEndpointRegistry registry) {
        registry.addEndpoint("/sockjs").withSockJS();          //连接端点
    }
}
```

2. 控制器编程

【程序清单 12-8】文件名为 **MvcController.java**

```java
@Controller
public class MvcController {
    List<String> messages = new ArrayList<String>();            //存放聊天消息

    @RequestMapping("/")
    public String home() {
        return "login";                                         //对根路径的访问导向到登录页面
    }

    //以下为用户的登录处理
    @RequestMapping(value = "/login", method = RequestMethod.POST)
    public String login(@RequestParam("user") String username, Model m) {
        StringBuffer b = new StringBuffer();
        for (String mes : messages)
            b.append(mes);
        m.addAttribute("messages", b.toString());
        m.addAttribute("user", username);
        return "talkroom";
    }

    @MessageMapping("/inputmessage")                            //处理来自客户端的发言消息
```

```
@SendTo("/topic/allmessage")                    //将用户发言消息整合推送给订阅客户
public String say(String speak) throws Exception {
    messages.add(speak + "\n");
    StringBuffer b = new StringBuffer();
    for (String mes : messages)
        b.append(mes);
    return b.toString();
}
}
```

控制器中含两类注解，即@RequestMapping 和@MessageMapping。其中，有两个加注了注解@RequestMapping 的方法，第 1 个是针对应用根的访问，它将导向到登录页面；第 2 个则是针对登录处理的，它将导向到聊天页面。而加注了注解@MessageMapping 的方法是针对用户在聊天页面中发送聊天信息的消息处理方法，它将拼接好所有的聊天信息并推送给订阅的客户。

如果只把最新的聊天信息推送给客户，则客户端接收消息后，要把消息采用添加的方式加入文本域已有内容的后面。请读者思考如何更改服务器和客户端程序。另外，本应用中代码采用 JSP 作为视图，如果采用 thymeleaf 作为视图应如何修改应用。

第 13 章　Spring Boot 响应式编程

13.1　认识 Spring Boot 响应式编程

响应式编程（Reactive Programming）是一种面向数据流和变化传播的编程范式。随着 Java 8 的发布，Java 支持函数式编程和流计算，响应流 API 已成为 Java 9 的一部分，为响应式编程提供了基础。在 Spring Boot 2.x、Spring 5 中对于响应式 Web 编程提供了全面支持，Spring 5 出现了 WebFlux 框架，可快速开发响应式代码。

1．响应式编程的特点

响应式编程的特点如下。

- 响应式编程是异步和事件驱动，以流畅的方式对数据进行响应。
- 引入背压机制，可管理数据生产者和消费者之间的异步数据流，避免内存不足。
- 在高并发环境中，可以更自然地处理消息，提高系统吞吐量。执行 I/O 操作的任务可以通过异步和非阻塞方式执行，而且不阻塞当前线程。
- 可以有效地管理多个连接系统之间的通信。

2．响应式编程的应用场景

响应式编程的应用场景如下。

- 大量的交易处理服务，如银行部门。
- 大型在线购物应用程序的通知服务。
- 股票价格同时变动的股票交易业务。

3．服务端技术栈

Spring 5 提供了完整的支持响应式的服务端技术栈。如图 13-1 所示，左侧为基于 spring-webmvc 的技术栈，右侧为基于 spring-webflux 的技术栈。Spring WebFlux 是基于响应式流的，可以用来建立异步的、非阻塞的、事件驱动的服务。Spring WebFlux 也支持响应式的 WebSocket 服务端开发。

由于响应式编程的特性，Spring WebFlux 和

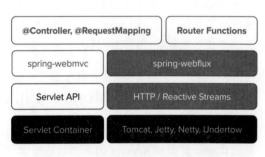

图 13-1　Spring 5 响应式编程技术栈

Reactor 底层需要支持异步的运行环境，WebFlux 默认情况下使用 Netty 作为服务器。也可以运行在支持异步 I/O 的 Servlet 3.1 的容器之上，如 Tomcat（8.0.23 及以上）和 Jetty（9.0.4 及以上）。

spring-webflux 上层支持两种开发模式：一种是类似 Spring Web MVC 的基于注解（@Controller、@RequestMapping）的开发模式；另一种是 Java 8 Lambda 风格的函数式开发模式。这两种编程模型只是在代码编写方式上存在不同，但底层的基础模块仍然是一样的。当然，与服务端对应的，Spring WebFlux 也提供了响应式的 WebSocket 客户端 API。

基于 Reactive Streams 的 Spring WebFlux 框架，从上往下依次是 Router Functions、WebFlux、Reactive Streams 三个新组件。

- Router Functions：对标@Controller、@RequestMapping 等标准的 Spring MVC 注解，提供一套函数式风格的 API，用于创建 Router、Handler 和 Filter。
- WebFlux：核心组件，协调上下游各个组件，提供响应式编程支持。
- Reactive Streams：一种支持背压（Backpressure）的异步数据流处理标准，主流实现有 RxJava 和 Reactor，Spring WebFlux 默认集成的是 Reactor。

Reactor 是一个基于 JVM 的异步应用基础库，可以使服务或应用高效、异步地传递消息。Reactor 的核心机制有三个关键点：①事件驱动（event handling）；②可以处理一个或多个输入源（one or more inputs）；③通过 Service Handler 同步将输入事件（event）采用多路复用分发给相应的 Request Handler（多个）处理，如图 13-2 所示。

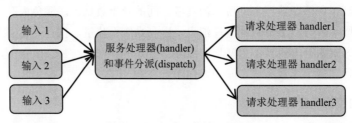

图 13-2　Reactor 的核心机制

4. 响应式 HTTP 客户端

Spring WebFlux 提供了一个响应式的 HTTP 客户端 API（WebClient）。它可以用函数式的方式异步、非阻塞地发起 HTTP 请求并处理响应。其底层是由 Netty 提供异步支持。

WebClient 可看作响应式的 RestTemplate，与后者相比，前者是非阻塞的。WebClient 可基于少量的线程处理更高的并发，可使用 Java 8 Lambda 表达式，支持异步的同时也可以支持同步的使用方式，可通过数据流的方式与服务端进行双向通信。

13.2　Mono、Flux 对象的创建与流处理

响应式编程要理解 Reactor 的两个核心概念，一个是 Mono，另一个是 Flux。Mono 表示包含 0 或者 1 个元素的异步序列，Flux 表示包含 0~N 个元素的异步序列。

13.2.1　Mono、Flux 对象的创建

Reactor 提供了 API 来创建 Flux、Mono 对象。

1. 使用静态工厂类创建 Flux

以下是使用 Flux 的若干静态方法创建 Flux 对象的示例。

```
Flux.just("Hello", "World").subscribe(System.out::print);
System.out.println("--*");
Flux.fromArray(new Integer[] {1, 2, 3}).subscribe(System.out::print);
System.out.println("--*");
Flux.empty().subscribe(System.out::print);
System.out.println("--*");
Flux.range(1, 10).subscribe(System.out::print);
System.out.println("--*");
Flux.interval(Duration.of(10, ChronoUnit.SECONDS))
    .subscribe(System.out::print);
```

执行以上代码，控制台将产生如下输出。

```
HelloWorld--*
123--*
--*
12345678910--*
012345678910
```

以下是上面使用到的方法的具体介绍。

- just()：可以指定序列中包含的全部元素。创建出来的 Flux 序列在发布这些元素之后会自动结束。
- fromArray()：可以从一个数组、Iterable 对象或 Stream 对象中创建 Flux 对象。
- empty()：创建一个不包含任何元素、只发布结束消息的序列。
- range(int start, int count)：创建包含从 start 起始的、count 个数量的 Integer 对象的序列。
- interval(Duration period)和 interval(Duration delay, Duration period)：创建一个包含了从 0 开始递增的 Long 对象的序列。其中包含的元素按照指定的间隔来发布。除了间隔时间之外，还可以指定起始元素发布之前的延迟时间。

除了上述的方法之外，还可以使用 Flux 的 generate()、create()方法来自定义流数据。

（1）使用 Flux 的 generate()方法

```
Flux.generate(sink -> {
    sink.next("Echo");
    sink.complete();}).subscribe(System.out::println);
```

generate()方法只提供序列中单个消息的产生逻辑（同步通知），其中的 sink.next()最多只能调用一次，上面的代码仅产生一个 Echo 消息。

（2）使用 Flux 的 create()方法

```
Flux.create(sink -> {
  for (char i = 'a'; i <= 'z'; i++) {
      sink.next(i);
  }
sink.complete();}).subscribe(System.out::print);
```

 create()方法提供的是整个序列的产生逻辑，sink.next()可以调用多次（异步通知），如上面的代码将会产生 a~z 的小写字母。

2. 使用静态工厂类创建 Mono

Mono 的创建方式与 Flux 是很相似的。以下是创建 Mono 对象的若干示例。

```
Mono.fromSupplier(() -> "Mono1").subscribe(System.out::println);
Mono.justOrEmpty(Optional.of("Mono2")).subscribe(System.out::println);
Mono.create(sink -> sink.success("Mono3")).subscribe(System.out::println);
```

13.2.2　响应式处理中的流计算

1. 缓冲（buffer）

buffer()函数是将流的一段截停后再做处理。

```
Flux.range(1,100).buffer(20).subscribe(System.out::println);
Flux.range(1,10).bufferWhile(i -> i % 2 == 0)
  .subscribe(System.out::println);
```

buffer(20)是指凑足 20 个数字后再进行处理，该语句会输出 5 组数据（按 20 个一组进行分组）。bufferWhile()方法则仅仅是收集满足断言（条件）的元素，这里将会输出 2,4,6,…这样的偶数。

window()方法与 buffer()方法类似，不同之处在于其在缓冲截停后并不会输出一些元素列表，而是直接转换为 Flux 对象。

```
Flux.range(1, 100).window(20)
  .subscribe(flux ->
      flux.buffer(5).subscribe(System.out::println));
```

window(20)返回的结果是一个 Flux 类型的对象，这里对其进行了缓冲处理。因此，上面的代码会按 5 个一组输出。

```
[1, 2, 3, 4, 5][6, 7, 8, 9, 10][11, 12, 13, 14, 15]...
```

2. 过滤（filter）/提取（take）

filter()方法用于对流元素进行过滤处理。例如：

```
Flux.range(1, 10).filter(i -> i%2==0).subscribe(System.out::println);
```

take()方法用来提取想要的元素，与 filter()方法过滤动作恰恰相反。例如：

```
Flux.range(1, 10).take(2).subscribe(System.out::println);
Flux.range(1, 10).takeLast(2).subscribe(System.out::println);
Flux.range(1, 10).takeWhile(i->i<5).subscribe(System.out::println);
```

take(2)是指提取前面的两个元素；takeLast(2)是指提取最后的两个元素；takeWhile()是指提取满足条件的元素。

3. 转换（map）

map()方法可以将流中的元素进行个体转换。以下代码输出结果是 1 的平方到 10 的平方。

```
Flux.range(1, 10).map(x -> x*x).subscribe(System.out::println);
```

4. 合并（zipWith）和合流（merge）

用 zipWith()方法可以实现流元素合并处理。

```
Flux.just("I", "You")
    .zipWith(Flux.just("Win", "Lose"))
    .subscribe(System.out::println);
Flux.just("I", "You")
    .zipWith(Flux.just("Win", "Lose"),
    (s1, s2) -> String.format("%s!%s!", s1, s2))
    .subscribe(System.out::println);
```

上面的代码输出如下：

```
[I,Win][You,Lose]
I!Win!
You!Lose!
```

第 1 个 zipWith()方法输出的是 Tuple 对象，第 2 个 zipWith()方法增加了一个 BiFunction 来实现合并计算，输出的是字符串。

合流的计算可以使用 merge()或 mergeSequential()方法，两者的区别在于：merge()方法的结果是元素按产生时间排序，而 mergeSequential()方法则是按整个流被订阅的时间来排序。

```
Flux.merge(Flux.range(1, 10).take(2),
        Flux.range(4, 10).take(2))
```

```
    .toStream()
    .forEach(System.out::print);
```

输出结果为 1245。

合流结果是从第 1 个流中提取了 1 和 2 两个数据，从第 2 个流中提取了 4 和 5 两个数据。

5. 累积（reduce）

reduce 操作符对流中包含的所有元素进行累积操作，得到一个包含计算结果的 Mono 序列。累积操作参数是通过 BiFunction 来表示。

```
Flux.range(1, 100).reduce((x, y) -> x + y)
 .subscribe(System.out::println);
```

这里通过 reduce 计算出 1~100 的累加和，结果输出为 5050。

另一个累积操作符 reduceWith 是先指定一个起始值，在这个起始值基础上再累加。

```
Flux.range(1, 100).reduceWith(()->100, (x, y) -> x + y)
 .subscribe(System.out::println);
```

上面代码的结果输出为 5150。

13.3　使用 WebFlux 的函数式编程开发响应式应用

WebFlux 实现响应式应用有基于注解和基于函数式编程两种方式，以下介绍函数式编程具体操作。Spring 响应式开发需要结合 Spring Boot 来完成。

13.3.1　项目创建与依赖配置

在 STS 中创建一个 Spring Starter Project，勾选 Spring Reactive Web 选项，表明要创建响应式 Web 项目，如图 13-3 所示。

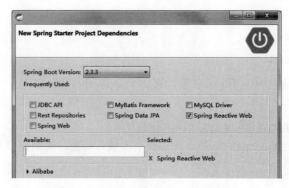

图 13-3　勾选响应式 Web 依赖项目

打开项目的 pom.xml 文件，会发现以下几个依赖包。

```xml
<dependencies>
    <dependency>
        <groupId>org.springframework.boot</groupId>
        <artifactId>spring-boot-starter-webflux</artifactId>
    </dependency>
    <dependency>
        <groupId>org.springframework.boot</groupId>
        <artifactId>spring-boot-starter-test</artifactId>
        <scope>test</scope>
        <exclusions>
            <exclusion>
                <groupId>org.junit.vintage</groupId>
                <artifactId>junit-vintage-engine</artifactId>
            </exclusion>
        </exclusions>
    </dependency>
    <dependency>
        <groupId>io.projectreactor</groupId>
        <artifactId>reactor-test</artifactId>
        <scope>test</scope>
    </dependency>
</dependencies>
```

其中，spring-boot-starter-webflux 是 webflux 依赖包，是响应式开发的核心依赖包；spring-boot-starter-test 是 Spring Boot 的单元测试工具库；reactor-test 是 Spring 5 官方提供的针对 RP 框架测试的工具库。

13.3.2　创建实体类

以货物（Good）为例，其中包括标识码（id）、名称（name）和价格（price）3 个属性。在实体类中还要提供各个属性的 setter()、getter()、toString()方法和构造方法。

【程序清单 13-1】文件名为 Good.java

```java
package com.example.demo;
public class Good {
    private int id;
    private String name;
    private String price;

    public int getId() {
        return id;
    }

    public void setId(int id) {
        this.id = id;
```

```
        }

        public String getName() {
            return name;
        }

        public void setName(String name) {
            this.name = name;
        }

        public String getPrice() {
            return price;
        }

        public void setPrice(String price) {
            this.price = price;
        }

        @Override
        public String toString() {
            return "Good [id="+id+",name="+name+",price="+price+"]";
        }

        public Good(int id, String name, String price) {
            this.id = id;
            this.name = name;
            this.price = price;
        }
    }
```

13.3.3　创建 Flux 对象生成器

【程序清单 13-2】文件名为 GoodGenerator.java

```
package com.example.demo;
import java.util.ArrayList;
import java.util.List;
import org.springframework.context.annotation.Configuration;
import reactor.core.publisher.Flux;
@Configuration
public class GoodGenerator {
    public Flux<Good> findGoods() {
        List<Good> goods = new ArrayList<>();
        goods.add(new Good(1, "小米", "2000"));
        goods.add(new Good(2, "华为", "4000"));
        goods.add(new Good(3, "苹果", "8000"));
```

```
        return Flux.fromIterable(goods);
    }
}
```

这里，GoodGenerator 类的作用是生成 Flux 流对象。实际应用中可能通过各种途径提供 Flux 数据。所以，该类并不是一定要提供的。

13.3.4 创建服务处理程序

在服务处理程序中可使用 ServerRequest 和 ServerResponse 对象，ServerRequest 可以访问各种 HTTP 请求元素，包括请求方法、URI 和参数，还可通过 ServerRequest.Headers 获取 HTTP 请求头信息。ServerRequest 通过一系列 bodyToXxx()方法提供对请求消息体进行访问的途径。例如，如果将请求消息体提取为 Mono<String>类型的消息对象，那么可使用如下方法。

```
Mono<String> str = request.bodyToMono(String.class);
```

类似地，ServerResponse 对象提供对 HTTP 响应的访问，其 ok()方法创建代表 200 状态码的响应，contentType()方法设置响应体的类型，而 body()方法设置响应的内容。

如果响应数据是字符串，那么还可以使用下面的形式。

```
ok().contentType(TEXT_PLAIN).body(BodyInserters.fromObject("Hello!"));
```

如果响应数据是集合数据，则可以使用类似下面的形式。

```
ok().contentType(APPLICATION_STREAM_JSON).body(this.goods,Good.class)
```

【程序清单 13-3】文件名为 GoodHandler.java

```
package com.example.demo;
import org.springframework.context.annotation.Configuration;
import org.springframework.http.MediaType;
import org.springframework.stereotype.Component;
import org.springframework.web.reactive.function.server.ServerRequest;
import org.springframework.web.reactive.function.server.ServerResponse;
import reactor.core.publisher.Flux;
import reactor.core.publisher.Mono;

@Component
@Configuration
public class GoodHandler {
    private final Flux<Good> goods;

    public GoodHandler(GoodGenerator goodGenerator) {
        this.goods = goodGenerator.findGoods();                    //产生数据流
    }
```

```
public Mono<ServerResponse> hello(ServerRequest request) {
    return ServerResponse.ok().contentType(MediaType.TEXT_PLAIN)
    .body(Mono.just("single string demo"),String.class);
}

public Mono<ServerResponse> echo(ServerRequest request) {
    return ServerResponse.ok()
    .contentType(MediaType.APPLICATION_STREAM_JSON)
    .body(this.goods, Good.class);
}
}
```

可以看出，GoodHandler 类中包括若干方法，用来实现对 HTTP 请求的处理逻辑，并将 Mono<ServerResponse>返回，Mono 中会封装响应数据。

另外，还可以编写专门的 HandlerFunction()方法来充当 Handler，Spring 响应式服务在 HandlerFunction 接口中定义了 handler()方法来定制请求响应处理。例如：

```
public class HelloFunction implements HandlerFunction<ServerResponse> {
    @Override
    public Mono<ServerResponse> handler(ServerRequest request){
        return ServerResponse.ok().body(
            Mono.just("Hello"),String.class);
    }
}
```

13.3.5 创建路由器

路由器用于在具体的请求和处理逻辑之间建立关联，每个 RouterFunction 与控制器注解@Controller 中的@RequestMapping 注解功能类似。

【程序清单 13-4】文件名为 GoodRouter.java

```
package com.example.demo;
import org.springframework.context.annotation.Bean;
import org.springframework.context.annotation.Configuration;
import org.springframework.http.MediaType;
import org.springframework.web.reactive.function.server.RequestPredicates;
import org.springframework.web.reactive.function.server.RouterFunction;
import org.springframework.web.reactive.function.server.RouterFunctions;
import org.springframework.web.reactive.function.server.ServerResponse;

@Configuration
public class GoodRouter {
    @Bean
```

```
public RouterFunction<ServerResponse> route(GoodHandler goodHandler) {
    return RouterFunctions.route(RequestPredicates.GET("/good")
        .and(RequestPredicates.accept(MediaType.TEXT_PLAIN)), goodHandler::hello)
        .andRoute(RequestPredicates.GET("/goods")
        .and(RequestPredicates.accept(MediaType.APPLICATION_STREAM_JSON)),
            goodHandler::echo);
    }
}
```

 GoodRouter 类主要用来设置请求路径和转化 HTTP 请求，可以使用 RouterFunctions 的 route()方法和 andRoute()方法设置多个请求路径和转化操作。route()方法有两个参数，一个是 RequestPredicate，代表请求判断式，另一个是 HandlerFunction，代表处理函数。判断式的判断结果作为是否进行路由的判断依据，如果判断成功，请求将路由转发给对应的 Handler，Handler 处理请求，并返回 Mono<ServerResponse>对象，这个对象就代表实际处理的结果。实际上，这里的路由器类似于控制器中的 RequestMapping 映射。

13.3.6 启动应用并进行访问测试

运行添加了@SpringBootApplication 注解的 Spring Boot 应用启动程序，该程序会在 STS 中创建工程时自动创建。代码如下：

```
@SpringBootApplication
public class Reactive1Application {
    public static void main(String[] args) {
        SpringApplication.run(Reactive1Application.class, args);
    }
}
```

在浏览器地址栏中输入 http://localhost:8080/good，结果如图 13-4 所示。

在浏览器地址栏中输入 http://localhost:8080/goods，得到集合信息，结果如图 13-5 所示。

图 13-4　访问/good，结果为单一字符串数据

图 13-5　访问/goods，结果为集合数据

 如果将 GoodHandler 的 echo()方法中 ServerResponse 的 body 部分改为 body(Flux.just ("I","You"),String.class)，则运行结果会如何？

13.4　使用 WebFlux 访问 MongoDB

WebFlux 不支持对 MySQL 的数据库访问，但支持对 MongoDB 的访问。在 WebFlux 编程中，访问 MongoDB 可以通过 ReactiveMongoTemplate 或者 ReactiveMongoRepository。

13.4.1　使用 WebFlux 访问 MongoDB 的方式

要使用 ReactiveMongoTemplate，在项目中引入如下的依赖。

```
<dependency>
    <groupId>org.springframework.boot</groupId>
    <artifactId>spring-boot-starter-data-mongodb-reactive</artifactId>
</dependency>
```

下面的代码展示了通过 ReactiveMongoTemplate 进行 user 对象的保存操作。

```
@Autowired
private ReactiveMongoTemplate reactiveMongoTemplate;
...
Mono<User> mono = reactiveMongoTemplate.save(user);
```

关于 ReactiveMongoTemplate 提供的 API 方法介绍，可参考如下网址。

```
https://docs.spring.io/spring-data/data-mongo/docs/current/api/org/springframework/data/
mongodb/core/ReactiveMongoTemplate.html
```

Spring Reactive Data 也提供了响应式 ReactiveMongoRepository，其继承关系如图 13-6 所示。

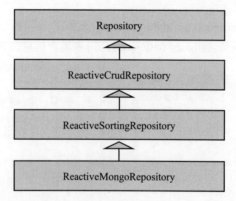

图 13-6　Spring Reactive Data 中核心接口继承关系

ReactiveCrudRepository 提供了一套基本的针对数据流的 CRUD 操作方法。所有方法都是异步的，并以 Flux 或 Mono 类型的形式返回发布者。

- Mono<Long> count()：统计实体数量。
- Mono<Void> delete(T entity)：删除给定实体。
- Mono<Void> deleteAll()：删除所有实体。
- Mono<Void> deleteAll(Iterable<? extends T> entities)：删除给定实体。
- Mono<Void> deleteAll(Publisher<? extends T> entityStream)：删除由发布者提供的给定实体。
- Mono<Void> deleteById(ID id)：按给定 id 删除实体。
- Mono<Void> deleteById(Publisher<ID> id)：删除由发布者提供的 id 的实体。
- Mono<Boolean> existsById(ID id)：判断给定 id 的实体是否存在。
- Mono<Boolean> existsById(Publisher<ID> id)：判断由发布者提供的 id 的实体是否存在。
- Flux<T> findAll()：返回所有实例。
- Flux<T> findAllById(Iterable<ID> ids)：返回给定 ids 的 T 类型的实例。
- Flux<T> findAllById(Publisher<ID> idStream)：返回发布者提供的 idStream 的 T 类型的实例。
- Mono<T> findById(ID id)：按给定 id 检索实体。
- Mono<T> findById(Publisher<ID> id)：按发布者提供的 id 检索实体。
- <S extends T> Mono<S> save(S entity)：保存给定实体。
- <S extends T> Flux<S> saveAll(Iterable<S> entities)：保存所有给定实体。
- <S extends T> Flux<S> saveAll(Publisher<S> entityStream)：保存发布者提供的所有给定实体。

在 ReactiveSortingRepository<T,ID>接口中增加了如下方法。

Flux<T> findAll(Sort sort)：返回按给定条件排序后的所有实体。

13.4.2　使用 ReactiveMongoRepository 访问数据库案例

1. 添加项目依赖关系

为了支持对 MongoDB 数据库的响应式操作访问，在 STS 工具中创建项目时，要注意添加如下几个依赖项。

```
<dependency>
    <groupId>org.springframework.boot</groupId>
    <artifactId>spring-boot-starter-webflux</artifactId>
</dependency>
<dependency>
    <groupId>org.springframework.boot</groupId>
    <artifactId>spring-boot-starter-data-mongodb</artifactId>
</dependency>
<dependency>
    <groupId>org.mongodb</groupId>
    <artifactId>mongodb-driver-reactivestreams</artifactId>
</dependency>
```

2. 编写模型类

实体对象以教室（Room）为例。假设教室名称含有楼栋信息，具有唯一性，可以将其作为 ID 标识性属性。在类定义前添加注解@Document，就映射对应 MongoDB 的文档，Room 文档有两个属性：教室名称（name）、座位数（size）。@Id 注解将 name 属性作为 ID 属性，在类中添加构造方法、toString()方法，并为各个属性添加 setter()和 getter()方法。

【程序清单 13-5】文件名为 Room.java

```java
package com.example.demo;
import org.springframework.data.mongodb.core.mapping.Document;
@Document
public class Room{
    @Id
    private String name;
    private int size;

    public Room() { }
    public Room(String name1, int size1) {
        name = name1;
        size = size1;
    }
    public String getName() {
        return name;
    }
    public void setName(String name) {
        this.name = name;
    }

    public int getSize() {
        return size;
    }

    public void setSize(int size) {
        this.size = size;
    }

    public String toString() {
        return "classroom="+name+",size="+size;
    }
}
```

3. 构建存储库

【程序清单 13-6】文件名为 RoomRepository.java

```java
package com.example.demo;
```

```
import org.springframework.data.mongodb.repository.ReactiveMongoRepository;
@Repository
public interface RoomRepository extends ReactiveMongoRepository<Room,String>{

}
```

 由于带@Id 注解的 name 属性是 String 类型，所以，接口中第 2 个泛型参数要求是 String 类型。因此，接口提供的 findById()方法的参数也将是 String 类型。

4. 启动 Spring Boot 进行测试

不要忘记，运行此应用前首先要启动 MongoDB 服务器。

【程序清单 13-7】文件名为 **ReactiveApplication.java**

```
package com.example.demo;
import org.springframework.boot.ApplicationRunner;
import org.springframework.boot.SpringApplication;
import org.springframework.boot.autoconfigure.SpringBootApplication;
import org.springframework.context.annotation.Bean;
import reactor.core.publisher.Flux;

@SpringBootApplication
public class ReactiveApplication {
    public static void main(String[] args) {
        SpringApplication.run(ReactiveApplication.class, args);
    }

    @Bean
    ApplicationRunner init(RoomRepository repository) {
        Object[][] data = {{"14-101", 200},
            {"5-203", 70}, {"8-201",80}};
        return args -> {
          repository.deleteAll().thenMany(Flux.just(data).map(a ->{
            return new Room((String)a[0],(Integer)a[1]);
          }).flatMap(repository::save))
            .thenMany(repository.findAll())
            .subscribe(room -> System.out.println("saving"+room));
        };
    }
}
```

【运行输出】

```
saving classroom=14-101,size=200
saving classroom=8-201,size=80
saving classroom=5-203,size=70
```

其中，thenMany()是 WebFlux 中的一个操作函数（Operators），它将在前面的操作执行完后，执行参数中的操作，操作返回结果是一个 Flux 对象。

若将以上代码中的 findAll()方法改成 findById("8-201")，则结果只有如下一条数据。

```
saving classroom=8-201,size=80
```

13.5　在 WebFlux 中使用注解编写控制器组件

编写控制器，如果需要公共 Web 端点，仍用@RequestMapping 注解进行定义。但在各个方法前的@RequestMapping 注解被下面新注解替代。

- @GetMapping：用于将 HTTP GET 类型请求映射到特定处理程序。
- @PostMapping：用于将 HTTP POST 类型请求映射到特定处理程序。
- @PutMapping：用于将 HTTP PUT 类型请求映射到特定处理程序。
- @DeleteMapping：用于将 HTTP DELETE 类型请求映射到特定处理程序。
- @PatchMapping：用于更新局部资源的请求映射。

例如，以下代码是使用传统的@RequestMapping 注解实现 URL 处理。

```
@RequestMapping(value="/get/{id}", method=RequestMethod.GET)
```

采用新方法可以简化为：

```
@GetMapping("/get/{id}")
```

以下代码演示如何获取某个 Cookie 变量的值。

```
@GetMapping("/demo")
public void handle(@CookieValue("sessionid") String cookie) {
    //...
}
```

以下程序为上一小节介绍的教室实体对象实现访问控制器。

【程序清单 13-8】文件名为 RoomController.java

```
package com.example.demo;
import org.springframework.stereotype.Controller;
import org.springframework.web.bind.annotation.GetMapping;
import org.springframework.web.bind.annotation.PostMapping;
import org.springframework.web.bind.annotation.RequestBody;
import org.springframework.web.bind.annotation.RequestMapping;
import org.springframework.web.bind.annotation.ResponseBody;
import reactor.core.publisher.Flux;
import reactor.core.publisher.Mono;
```

```
@Controller
@RequestMapping(path = "/room")
public class RoomController {
    @Autowired
    private RoomRepository roomRepository;

    /* 以下是添加教室的方法 */
    @PostMapping()
    public @ResponseBody Mono<Room> addRoom(@RequestBody Room room) {
        return roomRepository.save(room);
    }

    /* 以下是获取所有教室的方法 */
    @GetMapping()
    public @ResponseBody Flux<Room> getAllRoom() {
        return roomRepository.findAll();
    }

    /* 以下是获取某个教室的方法 */
    @GetMapping("/{id}")
    public @ResponseBody Mono<Room> getRoom(@PathVariable String id) {
        return roomRepository.findById(id);
    }
}
```

WebFlux 与 Spring MVC 的主要区别是底层核心通信方式是否阻塞，响应式控制器是非阻塞的 ServerHttpRequest 和 ServerHttpResponse 对象，而不是 Spring MVC 中的 HttpServletRequest 和 HttpServletResponse 对象。

同样，在@PostMapping 中可以带有参数。例如，以下规定提交内容的 Content-Type 为 JSON 类型的数据。

```
@PostMapping(path="/add", consumes="application/json",
        produces="application/json")
public @ResponseBody Mono<Room> addRoom(@RequestBody Room room) {
    return roomRepository.save(room);
}
```

其中，@PostMapping 注解中经常使用如下属性。
- value：指定请求路由地址。
- path：指定请求路由地址。
- params：指定请求中必须包含某些参数值。
- headers：指定请求中必须包含某些指定的 header 值。
- consumes：请求提交内容类型，MediaType 方式，如 application/json、application/x-www-urlencode、multipart/form-data 等。

● produces：请求返回的数据类型，仅当 Request 请求头中的 Accept 类型中包含该指定类型才返回，如 application/json。

13.6 使用 WebClient 测试访问响应式微服务

在 Spring 中提供了 RestTemplate 工具类可以进行 Rest 风格的服务调用，RestTemplate 在传统的服务架构中应用广泛，但该工具类的主要问题是不支持响应式处理规范，也就无法提供非阻塞式的流式操作。Spring 5 提供了 WebClient 工具类，在项目中集成 WebClient 工具，只需要引入 WebFlux 依赖即可。

13.6.1 get()方法的访问测试

以下是单元测试中用 WebClient 的 get()方法访问响应式微服务的测试案例。如果工程调试中不能识别@Test 注解，可以在 STS 给出的解决方案中让其自动解决。STS 内置有插件 JUnit5，将其添加到工程的库路径中即可。

【程序清单 13-9】文件名为 WebTest.java

```java
import org.junit.jupiter.api.Test;
import org.springframework.http.MediaType;
import org.springframework.web.reactive.function.client.WebClient;
import com.example.demo.Room;
public class WebTest {
    @Test
    public void webClientTest2() throws InterruptedException {
        WebClient webClient = WebClient.builder()
         .baseUrl("http://localhost:8080").build();
        webClient.get().uri("/room")
         .accept(MediaType.APPLICATION_STREAM_JSON)
         .exchange()
         .flatMapMany(response -> response.bodyToFlux(Room.class))
          .doOnNext(System.out::println)
          .blockLast();
    }
}
```

 程序操作过程是：①用 WebClient 的 builder()方法构建 WebClient 对象；②配置请求 Header：Content-Type:application/stream+json；③获取 response 信息，返回值为 ClientResponse，这里使用 exchange()方法获取 HTTP 响应体；④使用 flatMap 来将 ClientResponse 映射为 Flux；⑤读取每个元素，然后打印出来，它并不是 subscribe，所以不会触发流。

【输出结果】

```
classroom=14-101,size=200
classroom=5-203,size=70
classroom=8-201,size=80
```

在使用中特别注意以下两组方法的差异。一组是 block()和 subscribe()：block()是阻塞式获取响应结果，subscribe()是非阻塞式异步订阅响应结果。另一组是 exchange()和 retrieve()：exchange()除了获取 HTTP 响应体，还可以获取 HTTP 状态码、headers、cookies 等 HTTP 报文信息；而 retrieve()仅获取 HTTP 响应体，retrieve()可看作 exchange()方法的"快捷版"。

13.6.2　post()方法的访问测试

在响应式微服务中可以通过多种方式提交数据，由于响应式微服务常用于在分布式计算的应用之间共享信息，所以，以下特别就 JSON 格式的消息作为数据参数的服务设计与调用方法。

 控制器中@PostMapping()方法的参数设计要与 WebClient 访问的设置匹配。

在代码中将 WebClient 对象定义为实例变量，这样在所有测试方法中可直接使用。

```
public class PostTest {
    //创建 WebClient
    WebClient webClient = WebClient.builder()
      .baseUrl("http://localhost:8080").build();
    ... //某个加注@Test 的测试方法
}
```

1．使用 post()方法向服务端发送 JSON 字符串数据

（1）控制器的 PostMapping()方法
在控制器中添加如下代码。

```
@PostMapping(path="/add", consumes="application/json",
      produces="application/json")
public @ResponseBody Mono<Room> addRoom(@RequestBody Room room){
    return roomRepository.save(room);
}
```

（2）WebClient 的访问测试代码
在测试类中添加如下代码。

```
@Test
public void testPostJsonStr() {
    //以下是提交给服务端的 JSON 字符串
```

```
        String jsonStr = "{\"name\": \"8-319\",\"size\": 32}";
        webClient.post()                                                //发送 POST 请求
          .uri("/room/add")                                             //请求路径
          .contentType(MediaType.APPLICATION_JSON)                      //内容包装形式
          .body(BodyInserters.fromValue(jsonStr))                       //数据内容
          .exchange().block();
    }
```

客户端服务调用传递的 JSON 字符串就是一个 Room 对象的 JSON 串表示。

2. 将 Java 对象以 JSON 数据格式发送给服务端

（1）控制器的 PostMapping()方法

```
@PostMapping(value = "/add", consumes = MediaType.APPLICATION_JSON_VALUE,
    produces = MediaType.APPLICATION_JSON_VALUE)
public @ResponseBody Mono<Room> postWithJson(@RequestBody Room room) {
    return roomRepository.save(room);
}
```

（2）WebClient 的访问测试代码

```
@Test
public void testPostJson() {
    Room room = new Room("5-202",80);                                   //构建请求发送对象
    webClient.post().uri("/room/add")
      .contentType(MediaType.APPLICATION_JSON)                          //JSON 数据格式
      .bodyValue(room)                                                  //发送请求体，对象形式
      .exchange().block();
}
```

这里，客户端服务调用传递的是一个 Room 对象，会自动进行数据的 JSON 包装处理。

第 14 章   Spring Security 应用编程

在 Web 应用开发中，安全一直是非常重要的方面。Spring Security 是一个能够为基于 Spring 的企业应用提供声明式的安全访问控制解决方案的安全框架。一般来说，Web 应用的安全性包括用户认证（Authentication）和用户授权（Authorization）两个部分。用户认证指的是验证某个用户是否为系统中的合法主体，也就是说用户能否访问该系统。用户授权指的是验证某个用户是否有权限执行某个操作。本书重点围绕实际应用中使用广泛的 HTTP 用户安全认证和基于 URL 的授权保护进行介绍。

14.1   Spring Security 简介

14.1.1   Spring Security 整体控制框架

Spring Security 提供了强大而灵活的企业级安全服务，如认证授权机制、Web 资源访问控制、业务方法调用访问控制、领域对象访问控制（ACL）、单点登录、信道安全管理等功能。

Spring Security 支持各种身份验证模式，包括 HTTP BASIC、LDAP、基于 Form 的认证、JAAS、Kerberos 等。在授权方面主要有三个领域：授权 Web 请求、授权被调用方法、授权访问单个对象的实例。Spring Security 在这些领域内具有了完备的能力。

Spring Security 的 Web 架构是完全基于标准的 Servlet 过滤器的。将 Spring Security 引入 Web 应用中是通过在 web.xml 中添加一个过滤器代理来实现的。Spring Security 使用的是 Servlet 规范中标准的过滤器机制，实际上是使用多个过滤器形成的链条来工作的。这些过滤器已经被 Spring 容器默认内置注册。对于特定的请求，Spring Security 的过滤器会检查该请求是否通过认证，以及当前用户是否有足够的权限来访问此资源。对于非法的请求，过滤器会跳转到指定页面让用户进行认证，或是返回出错信息。

Spring 的安全应用是基于 AOP 实现的。因此，调试应用程序时不妨将 Spring 安全框架的所有包引入，另外还要引入 AOP 的包（cglib-nodep、aspectjweaver、aspectjrt、aopalliance）。当然，Spring 框架的包也是必需的。如此众多的 jar 包让开发者感到畏惧。

Spring Boot 的自动配置让应用程序的安全工作变得方便，只需要添加 Security 起步依赖。如果使用 Maven，在项目中添加如下依赖项。

```
<dependency>
    <groupId>org.springframework.boot</groupId>
    <artifactId>spring-boot-starter-security</artifactId>
</dependency>
```

Spring Security 框架的主要组成部分是安全代理、认证管理、访问决策管理、运行身份管理和调用后管理等。Spring Security 对访问对象的整体控制框架如图 14-1 所示。

- 安全代理：拦截用户的请求，并协同调用其他安全管理器实现安全控制。
- 认证管理：确认用户的主体和凭证。
- 访问决策管理：考虑合法的主体和凭证的权限是否和受保护资源定义的权限一致。
- 运行时身份管理：确认当前的主体和凭证的权限在访问保护资源的权限变化适应。
- 调用后管理：确认主体和凭证的权限是否被允许查看保护资源返回的数据。

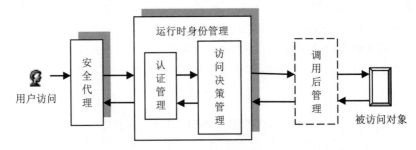

图 14-1　Spring Security 对访问对象的整体控制框架

14.1.2　Spring Security 的过滤器

以下按照安全检查中过滤器的执行次序来介绍 Spring Security 的过滤器。

- HttpSessionContextIntegrationFilter：将安全上下文记录到 Session 中。
- LogoutFilter：处理用户注销请求。
- AuthenticationProcessingFilter：处理来自 form 的登录。
- DefaultLoginPageGeneratingFilter：生成一个默认的登录页面。
- BasicProcessingFilter：用于进行 basic 验证。
- SecurityContextHolderAwareRequestFilter：用来包装客户的请求，为后续程序提供一些额外的数据。例如，getRemoteUser()可获得当前登录的用户名。
- RememberMeProcessingFilter：实现 RememberMe 功能。
- AnonymousProcessingFilter：当用户没有登录时，分配匿名账户的角色。
- ExceptionTranslationFilter：处理 FilterSecurityInterceptor 抛出的异常，然后将请求重定向到对应页面，或返回对应的响应错误代码。
- SessionFixationProtectionFilter：防御会话伪造攻击。解决办法是用户每次登录时重新生成一个 Session。在 http 标记中添加 session-fixation-protection="none"属性即可。
- FilterSecurityInterceptor：实现用户的权限控制。

Servlet 请求按照一定的顺序穿过整个过滤器链，最终到达目标 Servlet。当 Servlet 处理完请求并返回一个 Response 时，过滤器链按照相反的顺序再次穿过所有的过滤器，如图 14-2 所示。

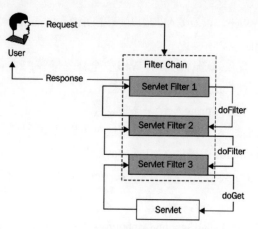

图 14-2　Servlet 过滤链的执行流程

DelegatingFilterProxy 是一个特殊的 Servlet Filter，它将工作委托给已注入 Spring 的 Filter 实现类。以下配置代码是在 web.xml 中加入 Spring 安全代理过滤器。

```
<filter>
    <filter-name>springSecurityFilterChain</filter-name>
        <filter-class>org.springframework.web.filter.DelegatingFilterProxy
        </filter-class>
</filter>
<filter-mapping>
  <filter-name>springSecurityFilterChain</filter-name>
  <url-pattern>/*</url-pattern>
</filter-mapping>
```

【应用经验】中文应用往往需要加入编码处理过滤器，这时要注意过滤器的排列次序，要将编码处理的过滤器放置在安全代理过滤器之前；否则，汉字编码过滤器不能起作用。

14.2　最简单的 HTTP 安全认证

一般来说，Web 应用的很多功能均需要登录才能进行访问。而登录的用户一般都有自己的角色，某些页面只有特定角色的用户才可以访问。

14.2.1　使用 Spring Security 提供的登录页面

在 Spring 安全早期的版本中是通过 XML 来进行应用的安全配置。Spring 安全从 3.2 版本就引入了新的配置方案，完全可以不通过 XML 来配置安全功能。Spring 安全模块较多，包括 ACL、切面（Aspects）、配置、核心、加密、标签库、Web，以及 CAS 客户端、LDAP、OpenID、Remoting 等。以下为本书讲解的内容所涉及的 Spring 安全 jar 包。

- spring-security-web：提供基于过滤器的 Web 安全性支持。
- spring-security-taglibs：Spring 安全的 JSP 标签库。
- spring-security-core：提供 Spring 安全基本库。
- spring-security-acl：通过 ACL 访问控制表为域对象提供安全性。
- spring-security-configuration：提供 XML 和 Java 代码配置安全的功能支持。

可以直接通过 Java 代码进行安全配置，通过重载 WebSecurityConfigurerAdapter 中的三个 configure() 方法进行配置，如表 14-1 所示。

表 14-1　重载WebSecurityConfigurerAdapter中的configure()方法

方　　法	描　　述
configure(WebSecurity)	配置 Spring Security 的 Filter 链
configure(HttpSecurity)	配置 HTTP 访问安全，如何通过拦截保护请求
configure(AuthenticationManagerBuilder)	配置 user-detail 服务（用户授权）

1. 定义用户认证方式

Spring 应用安全配置需要定义继承 WebSecurityConfigurerAdapter 的类，并使用@EnableWebSecurity 注解。以下 HTTP 安全配置中，通过调用 authorizeRequests()和 anyRequest().authenticated()就会要求所有进入 HTTP 访问的请求均要进行用户认证，它也配置了基于表单的登录和 httpBasic()方法的认证，同时规定了应用的所有 URL 访问均要求具有 USER 角色。

```
@Configuration
@EnableWebSecurity
public class SecurityConfig extends WebSecurityConfigurerAdapter {
    protected void configure(HttpSecurity http) throws Exception {
        http.formLogin()                                    //启用默认登录页面
        .and().httpBasic()
        .and().authorizeRequests()
        .antMatchers("/**").hasRole("USER")
        .anyRequest().authenticated();
    }
}
```

其中，and()用于进行配置的连接，httpBasic()为基本访问控制方式，一般用来处理无状态的客户端，每次请求都附带证书。默认的 formLogin()将用 Spring 提供的默认登录页面进行认证，如图 14-3 所示。antMatchers()使用 ant 风格的路径匹配模式。支持三种通配符："?"匹配任何单字符；"*" 匹配 0 或者任意数量的字符，不包含"/"；"**"匹配 0 或者更多的字符，包含"/"。

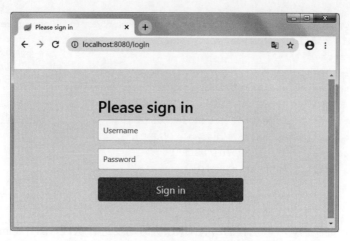

图 14-3　Spring Boot 默认的安全登录页面

2. 定义用户及角色

配置用户的最简单方法是重载以 AuthenticationManagerBuilder 作为参数的 configure() 方法，AuthenticationManagerBuilder 有多种形式来配置安全认证支持。通过 inMemoryAuthentication() 方法可以启用基于内存的用户存储。以下程序中配置了两个用户，并给用户分配了角色。

```
protected void configure(AuthenticationManagerBuilder auth) throws Exception {
        auth.inMemoryAuthentication()
        .withUser("user").password("123").roles("USER")
        .and()
        .withUser("admin").password("abc").roles("USER","ADMIN");
}
```

值得注意的是，roles() 方法是 authorities() 方法的简写形式，它会在给定的参数前自动添加"ROLE_"前缀，也就是 roles("USER") 等价于 authorities("ROLE_USER")。

在 Spring Security 5.0+ 后的版本，要求指定密码加密方式。官方推荐采用 bcrypt 的加密方式。因此，Spring Boot 应用中，上面代码要改成如下形式。

```
auth.inMemoryAuthentication().passwordEncoder(new BCryptPasswordEncoder())
.withUser("user").password(new BCryptPasswordEncoder().encode("123"))
.roles("USER").and().withUser("admin")
.password(new BCryptPasswordEncoder().encode("abc")).roles("USER", "ADMIN");
```

3. 资源访问安全保护

最简单的安全控制是基于 URL 的安全防护，在 WebSecurityConfigurerAdapter 中定义一组规则施加到 HTTP 请求。通过设置匹配规则对资源访问进行授权控制。例如：

```
@Configuration
@EnableWebSecurity
```

```
public class ApplicationConfigurerAdapter extends WebSecurityConfigurerAdapter {
  protected void configure(HttpSecurity http) throws Exception {
    http.antMatcher("/*")                                          //负责匹配整个 FilterChain
      .authorizeRequests()
      .antMatchers("/images/**", "/styles/**").permitAll()
         //完全允许访问的一些 URL 配置
      .antMatchers("/student/*").hasRole("USER")                   //匹配访问控制的规则
      .antMatchers("/teacher/*").hasRole("ADMIN")
      .antMatchers("/**").hasRole("USER")
      .anyRequest().isAuthenticated();
  }
}
```

上面的访问规则告诉我们，对该工程的所有 URL 访问均要进行认证，图片（images）和样式（styles）下的资源全体均可访问，访问/student 开头的 URL 路径资源需要 ROLE_USER 的角色，访问/teacher 开头的 URL 资源需要 ROLE_ADMIN 的角色，访问其他资源需要 ROLE_USER 的角色。某个 URL 可以限制要求同时具备多个角色才可访问。例如：

```
antMatchers("/db/**").access("hasRole('ADMIN') and hasRole('DBA')")
```

如果是限制多个角色中的其中某个角色就可访问，则用 or 运算符进行连接。

设计访问规则要注意，不同的匹配器应用于不同的处理流程，一个是负责匹配整个 FilterChain，其他的用来选择访问控制的规则。在定义访问授权时，需要按照 URL 模式从精确到模糊的顺序来进行声明。Spring Security 按照声明的顺序逐个进行比对，只要用户当前访问的 URL 符合某个 URL 模式，就按该模式要求的角色检查用户访问是否允许。

对于访问授权的设置还可以使用表达式的写法。常用内建访问授权表达式的具体含义如表 14-2 所示。

表 14-2　常用内建访问授权表达式的具体含义

表　达　式	描　　述
hasRole(role)	如果角色拥有指定的权限（role），则返回 true
hasAnyRole(String ...)	如果角色拥有列表中任意一个权限，则返回 true
hasAuthority(String ...)	如果用户具备给定角色就允许访问
principal()	允许直接访问角色对象代表当前用户
authenticated()	允许认证过的对象访问
permitAll()	总是返回 true
denyAll()	总是返回 false
anonymous()	允许匿名（anonymous）用户访问
isRememberMe()	如果角色是一个 remember-me 用户，则返回 true
isFullyAuthenticated()	如果角色既不是 anonymous，也不是 remember-me 用户，则返回 true

特别地，由于自制的登录页面往往含有图片和样式文件，所以对这些图片目录路径和样式的访问应是不受限制的。

4. 登录完成后，获取用户登录名

在安全认证过程中，用户相关信息是通过 UserDetailsService 接口来加载的。该接口的唯一方法是 loadUserByUsername(String username)，用来根据用户名加载相关的信息。这个方法的返回值是 UserDetails 接口，其中包含了用户的信息，如用户名、密码、权限等。

典型的认证过程就是当用户输入了用户名和密码之后，UserDetailsService 通过用户名找到对应的 UserDetails 对象，接着比较密码是否匹配。如果不匹配，则返回出错信息；如果匹配，说明用户认证成功，就创建一个实现了 Authentication 接口的对象。再通过 SecurityContext 的 setAuthentication()方法来设置此认证对象。

要获得认证对象，首先需要获取到 SecurityContext 对象，其表示的是应用的安全上下文。通过 SecurityContextHolder 类提供的静态方法 getContext()就可以获取。再通过 SecurityContext 对象的 getAuthentication()就可以得到认证对象。通过认证对象的 getPrincipal()方法就可以获得当前的认证主体，它通常是 UserDetails 接口的实现。

因此，在程序中也可通过如下代码获取用户信息。

```
UserDetails ud = (UserDetails) SecurityContextHolder.getContext()
            .getAuthentication().getPrincipal();
String name = ud.getUsername();                          //用户名
String pwd = ud.getPassword();                           //密码
Collection<? extends GrantedAuthority> ga = ud.getAuthorities();
for(GrantedAuthority g : ga){
    System.out.println(g.getAuthority());                //输出用户的角色
}
```

【应用经验】用户认证后，在 MVC 控制器的代码中，获取用户登录名的最简单方法有两种：
（1）通过 MVC 控制器的方法参数注入的 Principal 对象的 getName()方法。
（2）通过 MVC 控制器的方法参数注入的 HttpServletRequest 对象的 getRemoteUser()方法。

14.2.2 使用自制的登录页面

大多数应用需要设计个性化登录页面，在 HTTP 配置中通过 formLogin()的 loginPage()方法，开发人员可以对登录页面进行定制。

```
protected void configure(HttpSecurity http) throws Exception {
    http
      .authorizeRequests()
        .anyRequest().authenticated()
      .and()
      .formLogin()
        .loginPage("/newlogin.jsp")                      //采用自制的登录页面
        .permitAll();
}
```

这里要注意，一定要保证自定义登录页面是所有用户均可访问的。

1. 自制的登录页面设计

自制的登录页面仍然是利用 Spring 的默认安全认证功能，因此，页面表单和输入域的名称要符合 Spring 的规定。表单的 action 为/login，其中的用户和密码输入域的标识分别为 username 和 password。程序清单 14-1 给出了一个自制的简单登录页面。

【程序清单 14-1】文件名为 **newlogin.jsp**

```
<%@ page contentType="text/html; charset=UTF-8"%>
<%@ taglib uri="http://java.sun.com/jsp/jstl/core" prefix="c"%>
<c:url value="/login" var="loginUrl"/>
<form action="${loginUrl}" method="post">
    <p><label for="username">Username</label>
        <input type="text" id="username" name="username"/>
    </p><p>
        <label for="password">Password</label>
        <input type="password" id="password" name="password"/>
    </p><input type="hidden"  name="${_csrf.parameterName}"
        value="${_csrf.token}"/>
    <button type="submit" class="btn">登录</button>
</form>
```

其中，Spring 登录默认会启用 CSRF（跨站请求伪造）的安全保护，Spring 通过同步一个 token 的方式来实现防护 CSRF 的功能。所以，登录页面增加一个隐含域来实现传递。

```
<input type="hidden"  name="${_csrf.parameterName}"
        value="${_csrf.token}"/>
```

若要禁用 CSRF 功能，则可以在配置中调用 csrf().disable()。程序代码如下：

```
protected void configure(HttpSecurity http) throws Exception {
    http
        ...
        .and() .csrf().disable()//禁用 CSRF 功能
}
```

【问题】对于采用 CSRF 安全保护的应用，表单的 POST 请求会导致令牌传递失败，一般要改用 GET 方式提交。另一个解决方法是对于 POST 请求的表单加入以下传递令牌的隐含域。

```
<input type="hidden"  name="${_csrf.parameterName}"value="${_csrf.token}"/>
```

2. 启用 Remember-me 功能

Remember-me 功能用来在一段时期内通过 Cookie 记住登录用户，避免重复登录。该功能是通过一个存储在 Cookie 中的 Token 来完成，默认两周内可记住用户。具体设置如下：

```
http.formLogin()
.and()
.rememberMe()
  .tokenValiditySeconds(2419200)
  .key("caikey")
```

上面设置 Token 为 4 周内有效（2419200 秒），并设置私钥的名称为 caikey。

另外，在登录表单中要提供一个复选框来选择是否记住用户。

```
<input type="checkbox" id="remember_me" name="remember_me"/>
```

14.3　使用数据库进行认证及密码加密

14.3.1　使用数据库进行认证

实际应用中，一般将用户信息保存在数据库中。通过 Spring 安全框架提供的 JdbcDaoImpl 类可从数据库中加载用户信息，但要注意使用与该类兼容的数据库表结构。

数据库中含有两个表格，users 表至少含有 username、password、enabled 三个字段；authorities 表至少含有 username、authority 两个字段。其中，enabled 表示用户是否有效，值为 1 代表有效，值为 0 代表禁用。两个表通过 username 建立关联。一个用户有多个角色时，在 authorities 表中要占多条记录。在 MySQL 中，可以通过如下 SQL 语句建立表格。

```
create table users(username varchar(20) not null primary key,password varchar(30) not
null,enabled boolean not null);
create table authorities (username varchar(20) not null,authority varchar(30) not
null,constraint fk_authorities_users foreign key(username) references users(username));
```

以下代码给出了基于 JDBC 数据源的授权管理 Bean 的配置。

```
@Autowired
private DataSource dataSource;
public void configure(AuthenticationManagerBuilder auth) throws Exception
{    auth.jdbcAuthentication()
    .dataSource(dataSource);
}
```

特别注意，授权表中填入的用户授权数据应以"ROLE_"作为前缀，如 ROLE_USER 等。

14.3.2　对用户密码进行加密处理

出于密码安全的考虑，一般应用在存储密码时要对密码进行加密处理。Spring 安全架构为密码的加密与验证处理提供了统一的抽象框架和各类具体实现。

Spring Security 为加密和密码验证定义了 PasswordEncoder 接口。

```
public interface PasswordEncoder{
    String encode(String rawPassword);
    boolean matches(String rawPassword,String encodedPassword);
}
```

其中，encode()方法是对方法加密，而 matches()方法是用来验证密码和加密后密码是否一致，如果一致，则返回 true。

Spring Security 为该接口提供了一系列的实现类，在加密模块包含三个这样的实现：BCryptPassword-Encoder、NoOpPasswordEncoder、StandardPasswordEncoder。Spring Security 5 还支持使用用户密码加前缀的方式来表明加密方式。例如，{MD5}88e2d8cd1e92fd5544c8621508cd706b 代表使用的是 MD5 加密方式；{bcrypt}$2a$10$eZeGvVV2ZXr/vgiVFzqzS.JLV878ApBgRT9maPK1Wrg0ovsf4YuI6 代表使用的是 bcrypt加密方式。bcrypt 加密方式是 Spring Security 官方推荐使用的。

如果存储在数据库中的用户密码是加密过的，则授权认证要指定加密转换器。例如：

```
public void configure(AuthenticationManagerBuilder auth) throws Exception
{    auth .jdbcAuthentication()
    .dataSource(dataSource)
    .passwordEncoder(new StandardPassowordEncoder("53cr3t"));
}
```

以下在应用程序中演示加密（encode()）和密码验证（matches()）方法的使用。

```
public static void main(String[] args){
    PasswordEncoder pn = new StandardPasswordEncoder();
    String encode = pn.encode("password");
    System.out.println("加密后的密码:" + encode);
    System.out.println ("bcrypt 密码对比:" + pn.matches("password", encode));
    String md5Password = "{MD5}88e2d8cd1e92fd5544c8621508cd706b";
                    //MD5 加密前的密码为 password
    System.out.println ("MD5 密码对比:" + pn.matches("password", encode));
}
```

14.4　基于注解的方法级访问保护

前面介绍的对资源访问的保护是在 URL 这个粒度上的安全保护。这种粒度的保护在很多情况下是不够的。有时还涉及对服务层方法的保护。通过 Spring 框架提供的 AOP 支持，可以很容易地对方法调用进行拦截。

Spring Security 允许以声明的方式来定义调用方法所需的权限，最简单的方法保护是采用注解形式。

为了支持方法级的安全访问注解，在安全配置文件中要加上如下行。

```
<global-method-security pre-post-annotations="enabled"/>
```

1. 使用@Secured 和@PreAuthorize 注解

在要保护的方法前加上@Secured 注解即可。例如，以下对 resourceManager 类的 getRes()方法进行保护。

```
@Secured("ROLE_USER")
public MyResource getRes(int id){
        ...
}
```

 @Secured("ROLE_USER")定义了只有具备角色 ROLE_USER 的用户才能执行该方法。也可用@PreAuthorize("hasRole('ROLE_USER')")代替。

以下用法比较复杂，用方法参数作为表达式的内容。

```
@PreAuthorize("hasPermission(#contact, 'admin')")
public void deletePermission(Contact contact, Permission permission);
```

 表示只有对合同（contact）具有管理员权限的用户才能访问该方法。

2. 使用@PreFilter 和@PostFilter 过滤器

Spring Security 支持一组过滤器，用来实现对集合和数组等对象的过滤。@PreFilter 注解用来对方法调用时的参数进行过滤，@PostFilter 注解用来对方法的返回结果进行过滤。

```
@PreAuthorize("hasRole('ROLE_USER')")
@PostFilter("hasPermission(filterObject, 'read') or hasPermission(filterObject, 'admin')")
public List<Contact> getAll();
```

 表示执行方法要求用户具有 ROLE_USER 身份，方法返回的结果中只保留当前用户具有读（read）或管理员（admin）权限的对象。

14.5　Spring 的 JSP 安全标签库

有些情况下，用户可能有权限访问某个 JSP 页面，但却不能使用页面上的某些功能。例如，答疑系统中，可以限制只有教师才能访问解答疑问的超链接。Spring Security 提供了一个 JSP 标签库，可根据用户的权限来控制页面某些部分的显示和隐藏。

14.5.1　Spring 的 JSP 安全标签简介

使用 JSP 安全标签库，首先要把 spring-security-taglibs-4.1.2.RELEASE.jar 放到项目的 classpath 下。在 JSP 页面上添加以下声明。

```
<%@ taglib prefix="sec" uri="http://www.springframework.org/security/tags"%>
```

这个标签库包含三个标签，分别是 authorize、authentication 和 accesscontrollist。

要使用 JSP 安全标签，在配置文件中将 http 标记的 use-expressions 属性设置为 true。

```
<sec:http use-expressions="true">
```

1. authorize 标签

authorize 标签用来判断其中包含的内容是否应该被显示出来。判断的条件可以是某个授权表达式的求值结果，或是以能访问某个 URL 为前提，分别通过属性 access 和 url 来指定。例如：

```
<sec:authorize access="hasRole('ROLE_MANAGER')">
```

 限定内容只有具有经理角色的用户才可见。

```
<sec:authorize url="/manager/first">
```

 限定内容只有能访问"/manager/first"这个 URL 的用户才可见。

以下代码限制只有用户拥有 ROLE_ADMIN 和 ROLE_USER 两个角色时，才能显示标签内部内容。

```
<sec:authorize ifAllGranted="ROLE_ADMIN,ROLE_USER">
  ...
</sec:authorize>
```

而将 ifAllGranted 改为 ifAnyGranted，则表示拥有 ROLE_ADMIN、ROLE_USER 权限之一时满足条件。ifNotGranted 则表示不具有所指权限满足条件。

2. authentication 标签

authentication 标签用来获取当前认证对象中的内容，如获取当前认证用户的用户名。

```
<security:authentication property="principal.username"/>
```

也可用<security:authentication property="name" />得到用户名。

以下通过对 authentication 标签的访问可列出用户所拥有的角色。

```
<security:authentication property="authorities" var="authorities"/>
<ul>
    <c:forEach items="${authorities}" var="authority">
        <li>${authority.authority}</li>
    </c:forEach>
</ul>
```

3. accesscontrollist 标签

accesscontrollist 标签的作用与 authorize 标签类似，也是判断其中包含的内容是否应该被显示出来。不同的是，它是基于访问控制列表来做判断的。该标签的属性 domainObject 表示的是领域对象，而属性 hasPermission 表示的是要检查的权限。例如：

```
<sec:accesscontrollist hasPermission="READ" domainObject="myReport">
```

 限定了其中包含的内容只在对领域对象 myReport 有读权限的时候才可见。

14.5.2　Spring 的 JSP 安全标签应用案例

以下结合资源的列表查阅及删除管理功能介绍 JSP 安全标签的使用。

其中，代表资源的 MyResource 类的各个属性定义如下：

```
public class MyResource {
    int resourceID;                                      //资源标识码
    String titleName;                                    //资源标题
    String description;                                  //资源描述
    String filetype;                                     //文件类型
    String userId;                                       //上传用户标识
    int score;                                           //资源分值
    int download_times;                                  //下载次数
    int classfyID;                                       //资源类别
    ... //各属性的 setter()和 getter()方法略
}
```

1. 显示资源列表的视图文件

【程序清单 14-2】文件名为 listresource.jsp

```
<%@page contentType="text/html; charset=UTF-8"%>
<%@taglib prefix="c" uri="http://java.sun.com/jsp/jstl/core"%>
<%@taglib prefix="security" uri="http://www.springframework.org/security/tags"%>
```

```
<html> <body>
<h2>Welcome! <security:authentication property="name"/></h2> <hr/>
  <c:forEach items="${resource}" var="resource">
    <table>
      <tr> <td>Author</td>
          <td>${resource.userId }</td>
      </tr> <tr><td>Title</td><td>${resource.titleName}</td>
      </tr> <tr> <td>Body</td><td>${resource.description}</td> </tr>
      <security:authorize ifAllGranted="ROLE_ADMIN,ROLE_USER">
        <tr> <td colspan="2">
          <a  href="../resource/delete/${resource.resourceID}">Delete</a></td>
        </tr>
      </security:authorize>
    </table> <hr/>
  </c:forEach>
</body> </html>
```

 通过 authorize 标签控制只有符合 ROLE_ADMIN 和 ROLE_USER 双重身份的用户才会显示资源的 Delete 超链接。

2. 资源访问控制器的部分代码

以下为相应控制器的 Mapping 方法的代码。

【程序清单 14-3】文件名为 ResourceController.java

```
@RequestMapping(value = "/resource/list", method = RequestMethod.GET)
public String list(Model model,HttpServletRequest request) {
    ApplicationContext applicationContext=
        RequestContextUtils.getWebApplicationContext(request);
    resourceService  r = (resourceService)
        applicationContext.getBean("resourceService");
    List<MyResource> allresource=r.listall();
    model.addAttribute("resource", allresource);
    return "listresource";                                //资源列表显示视图
}
@RequestMapping(value = "/resource/delete/{id}", method = RequestMethod.GET)
public String delete(@PathVariable("id") int id,Model model,
    HttpServletRequest request){
    ApplicationContext applicationContext=
            RequestContextUtils.getWebApplicationContext(request);
    resourceService  r = (resourceService)
        applicationContext.getBean("resourceService");
    r.delete(id);                                         //删除指定 id 的栏目
    return "redirect: /resource/list";                    //重定向到资源列表显示页面
}
```

【运行结果】访问/resource/list 的 URL 可得到如图 14-4 所示的结果。由于访问用户 123 拥有
ROLE_ADMIN 和 ROLE_USER 双重角色，所以可看到 Delete 超链接。

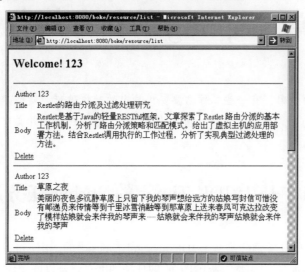

图 14-4　Spring 的 JSP 安全标签的应用

第 15 章　Spring 的任务执行与调度

为了提高整个应用的效率，有一些工作需要安排特定的时机进行。就拿论坛来说：每隔半个小时生成精华文章的 RSS 文件，每天凌晨统计论坛用户的积分排名等。在应用开发中可以充分发挥 Spring 形式多样的任务定时调度功能。

15.1　基于 JDK Timer 的 Spring 任务调度

Spring 支持的最基本的任务调度是基于 JDK java.util.Timer 类的。用 Timer 进行任务调度只能用简单的基于时间间隔的触发器定义，因此，基于 Timer 的任务调度只适合以固定周期运行的任务。

1. 制作一个定时器任务类

创建使用 Timer 类的任务可通过继承 TimerTask 类和实现 run()方法执行任务逻辑。

【程序清单 15-1】文件名为 MyTimeTask.java

```
package chapter15;
import java.util.TimerTask;
public class MyTimeTask extends TimerTask {
    private String message;
    public void setMessage(String mess) {
        message = mess;
    }
    public void run() {
        System.out.println(message);
    }
}
```

调度该任务可直接通过 JDK Timer 类的 schedule()方法来执行，该方法的三个参数分别为任务对象、启动时间、间隔时间。以下为具体代码。

```
public static void main(String a[ ]){
    java.util.Timer  timer = new  java.util.Timer();
    MyTimeTask  task = new MyTimeTask();
    task.setMessage("hello");
    timer.schedule(task,0,1*1000);
}
```

运行程序，将看到每隔 1000 毫秒输出一行 hello。

2. 通过 Bean 的注入配置实现任务调度

Spring 对 Timer 支持的核心是由 ScheduledTimerTask 和 TimerFactoryBean 类组成的。ScheduledTimer-Task 类可以为 TimerTask 任务定义触发器，而 TimerFactoryBean 类则可为 ScheduledTimerTask 提供相应的 Timer 实例。以下通过 Bean 的注入配置实现任务调度的具体配置。运行的目标对象是程序清单 15-1 的 MyTimeTask 对象。注意，在 Spring4 以后不再支持 ScheduledTimerTask 类。

【程序清单 15-2】文件名为 task1.xml

```xml
<?xml version="1.0" encoding="UTF-8"?>
<beans xmlns="http://www.springframework.org/schema/beans"
    xmlns:xsi="http://www.w3.org/2001/XMLSchema-instance"
    xmlns:p="http://www.springframework.org/schema/p"
    xsi:schemaLocation="http://www.springframework.org/schema/beans
    http://www.springframework.org/schema/beans/spring-beans-2.5.xsd">
    <bean id="timeTask" class="chapter15.MyTimeTask">
        <property name="message" value="hello"/>
    </bean>
    <bean id="myTimeTask" class="org.springframework.scheduling.timer.ScheduledTimerTask">
        <property name="timerTask" ref="timeTask"></property>
        <!--以下指定任务运行周期，单位为毫秒，也就是两次执行之间的间隔 -->
        <property name="period" value="1000"></property>
        <!--以下指定任务延时时间，即第一次运行之前等待时间，单位为毫秒 -->
        <property name="delay" value="2000"></property>
    </bean>
    <bean class="org.springframework.scheduling.timer.TimerFactoryBean">
        <property name="scheduledTimerTasks">
            <list>
                <ref bean="myTimeTask"/>
            </list>
        </property>
    </bean>
</beans>
```

 这里 XML 配置文件放在 Spring 应用的根目录下。若后面的测试程序加载 XML 文件时未指定路径，则默认在应用的根目录下查找。

3. 测试主程序

【程序清单 15-3】文件名为 Test.java

```java
package chapter15;
import org.springframework.context.support.FileSystemXmlApplicationContext;
public class Test {
```

```
    public static void main(String[] args) {
        new FileSystemXmlApplicationContext("task1.xml");
    }
}
```

运行程序可发现，MyTimeTask 任务每隔一段时间被调度执行一遍，在控制台输出一行 hello。用 Java Timer 实现任务定时调度，在执行简单重复任务时比较方便，其局限性是无法精确指定何时运行。而实际应用中常需要将一些特定任务安排在特定时间点去做。

15.2　使用 Spring 的 TaskExecutor

Spring 定义了 TaskExecutor 为任务执行接口，通过其 execute()方法可将任务放到调度队列中。该接口拥有一个 SchedulingTaskExecutor 子接口，其中新增了定制任务调度规则的功能。下面是 SchedulingTaskExecutor 的实现类，它们分别位于 org.springframework.scheduling 的一些子包中。

- SimpleAsyncTaskExecutor：该类在每次执行任务时创建一个新线程。它支持对并发线程的总数设置限制，当线程数量超过并发总数限制时，将阻塞新的任务。
- ConcurrentTaskExecutor：该类是 JDK 5.0 的 Executor 的适配器，以便将 JDK 5.0 的 Executor 当成 Spring 的 TaskExecutor 使用。
- ThreadPoolTaskExecutor：该类在 JDK 5.0 以上才支持。对于大量并发的短小型任务，使用线程池进行任务的调度，响应速度更快。
- TimerTaskExecutor：该类使用一个 Timer 作为其后台的实现。

如果将 ExecutorExample 配置成一个 Bean，通过注入的方式提供 executor 属性，就可以方便地选用不同的实现版本。如在 JDK 5.0 上，可以选用 ThreadPoolTaskExecutor，而在 JDK 低版本中则可以使用 SimpleAsyncTaskExecutor。以下为简单应用举例。

1. 任务程序

【程序清单 15-4】文件名为 TaskExecutorSample.java

```
package chapter15;
import org.springframework.core.task.TaskExecutor;
public class TaskExecutorSample {
    private TaskExecutor taskExecutor;                              //调度程序
    private class MessagePrinterTask implements Runnable {
        private String message;
        public MessagePrinterTask(String message) {
            this.message = message;
        }
        public void run() {
            System.out.println(message);
```

```
        }
    }
    public TaskExecutorSample(TaskExecutor taskExecutor) {
        this.taskExecutor = taskExecutor;
    }
    public void printMessages() {
        for (int i = 0; i <5; i++) {                          //循环将 5 个任务放入调度队列
            taskExecutor.execute(new MessagePrinterTask("Message" + i));
        }
    }
}
```

 该程序中含有具体的任务线程和调度任务执行的代码。在方法 printMessages()中通过调度程序的 execute()方法将任务放入调度队列。

2. Bean 的注入配置

以下通过 Bean 的配置注入具体的任务调度程序。这里指定 ThreadPoolTaskExecutor 为任务执行调度程序，其中，含有 3 个属性参数的设置。具体调度时，如果池中的实际线程数小于 corePoolSize，无论是否其中有空闲的线程，都会给新的任务产生新的线程；如果池中的线程数大于 corePoolSize 且小于 maxPoolSize，而又有空闲线程，就给新任务使用空闲线程，若没有空闲线程，则产生新线程；如果池中的线程数等于 maxPoolSize，则有空闲线程就使用空闲线程，否则新任务放入等待队列中。

【程序清单 15-5】文件名为 task2.xml

```xml
<?xml version="1.0" encoding="UTF-8"?>
<beans xmlns="http://www.springframework.org/schema/beans"
    xmlns:xsi="http://www.w3.org/2001/XMLSchema-instance"
    xsi:schemaLocation="http://www.springframework.org/schema/beans
    http://www.springframework.org/schema/beans/spring-beans-3.0.xsd">
    <bean id="taskExecutor" class="org.springframework.scheduling.
    concurrent.ThreadPoolTaskExecutor">
        <property name="corePoolSize" value="5"/>
        <property name="maxPoolSize" value="10"/>
        <property name="queueCapacity" value="25"/>
    </bean>
    <bean id="taskExecutorSample" class="chapter15.TaskExecutorSample">
        <constructor-arg ref="taskExecutor"/>
    </bean>
</beans>
```

3. 测试程序

【程序清单 15-6】文件名为 Test2.java

```java
package chapter15;
```

```
import org.springframework.context.ApplicationContext;
import org.springframework.context.support.FileSystemXmlApplicationContext;
public class Test2 {
    public static void main(String[] args) {
        ApplicationContext x = new
            FileSystemXmlApplicationContext("task2.xml");
        TaskExecutorSample y = (TaskExecutorSample)x
                .getBean("taskExecutorSample");
        y.printMessages();
    }
}
```

【运行结果】因为任务的调度顺序的随机性，该程序的运行结果是动态变化的。

```
Message0
Message1
Message3
Message2
Message4
```

使用 TaskExecutor 实现的任务调度只是多线程的应用延伸，局限性也是无法指定在一个特定的时间点运行。

15.3　在 Spring 中使用 Quartz

Quartz 是一个强大的企业级任务调度框架，Quartz 允许开发人员灵活地定义触发器的调度时间表，并可以对触发器和任务进行关联映射。Spring 中继承并简化了 Quartz，以便能够享受 Spring 容器依赖注入的好处。Spring 为 Quartz 的重要组件类提供了更具 Bean 风格的扩展类，为创建 Quartz 的 Scheduler、Trigger 和 JobDetail 提供了便利的 FactoryBean 类，方便在 Spring 环境下创建对应的组件对象，并结合 Spring 容器生命周期进行启动和停止的动作。以下结合简单样例介绍相关编程配置要点。

1. 编写一个被调度的类

【程序清单 15-7】文件名为 QuartzJob.java

```
package chapter15;
public class QuartzJob {
    public void printMe() {
        System.out.println("Quartz 的任务调度！！！");
    }
}
```

2. Spring 的配置文件

通过 Bean 的注入配置注册定时任务类，并配置任务计划和任务调度器。该配置文件放置在工程的 src 目录路径下。

【程序清单 15-8】文件名为 quartz-config.xml

```xml
<?xml version="1.0" encoding="UTF-8"?>
<beans xmlns="http://www.springframework.org/schema/beans" ...>
    <!-- 要调用的工作类 -->
    <bean id="quartzJob"  class="chapter15. QuartzJob"></bean>
    <!-- 定义调用对象和调用对象的方法 -->
    <bean id="jobtask" class="org.springframework.scheduling.quartz.
    MethodInvokingJobDetailFactoryBean">
        <!-- 调用的类 -->
        <property name="targetObject" ref="quartzJob"/>
        <!-- 调用类中的方法 -->
        <property name="targetMethod" value="printMe"/>
    </bean>
    <!-- 定义任务触发执行时间 -->
    <bean id="doTime" class="org.springframework.scheduling.quartz.CronTriggerBean">
        <property name="jobDetail">
            <ref bean="jobtask" />
        </property>
        <!-- cron 表达式 -->
        <property name="cronExpression">
            <value>10,15,20,25,30,35,40,45,50,55 * * * * ?</value>
        </property>
    </bean>
    <!-- 总管理类,如果 lazy-init="false",则容器启动时就会执行调度程序 -->
    <bean id="startQuertz" lazy-init="true" autowire="no"
        class="org.springframework.scheduling.quartz.SchedulerFactoryBean">
        <property name="triggers">
            <list>
                <ref bean="doTime"/>
            </list>
        </property>
    </bean>
</beans>
```

3. 测试程序

【程序清单 15-9】文件名为 quartzTest.java

```java
package chapter15;
import org.springframework.context.ApplicationContext;
import org.springframework.context.support.ClassPathXmlApplicationContext;
```

```
public class quartzTest {
    public static void main(String[] args) {
        ApplicationContext context = new ClassPathXmlApplicationContext(
                "quartz-config.xml");
        //若配置文件中将 startQuertz bean 的 lazy-init 置为 false，则不用实例化
        context.getBean("startQuertz");
    }
}
```

 该应用的 Quartz 对应的 jar 包为 quartz-all-1.6.0.jar，此外，还需要 commons-collections.jar、jta.jar、commons-logging.jar 和 Spring 框架的支持。

15.4　使用 Spring 的 TaskScheduler

Spring 3.0 开始引入了 TaskScheduler 和各种形式的任务调度执行方法。

- schedule(Runnable task, Date startTime)：指定一个时间点执行定时任务。
- schedule(Runnable task, Trigger trigger)：指定一个触发器执行定时任务。可以使用 CronTrigger 来指定 Cron 表达式。
- scheduleAtFixedRate(Runnable task, long period)：立即执行，循环任务，指定一个执行周期（毫秒计时）。
- scheduleAtFixedRate(Runnable task, Date startTime, long period)：指定时间开始执行，循环任务，指定一个间隔周期（毫秒计时）。
- scheduleWithFixedDelay(Runnable task, long delay)：立即执行，循环任务，指定一个间隔周期（毫秒计时）。
- scheduleWithFixedDelay(Runnable task, Date startTime, long delay)：指定时间开始执行，循环任务，指定一个间隔周期（毫秒计时）。

最灵活的是通过触发器的方式定义执行时间。例如：

```
scheduler.schedule(task, new CronTrigger("* 15 9-17 * * MON-FRI"));
```

任务的具体配置可用 XML 方式，也可通过@Scheduled 注解。

1. 使用 XML 进行配置

【程序清单 15-10】文件名为 TaskTestOne.java

```
package chapter15;
import org.springframework.stereotype.Service;
@Service
public class TaskTestOne {
```

```
    public void testOnePrint() {
        System.out.println("TestOne 测试打印");
    }
}
```

如果通过 XML 配置方法，配置文件代码如下。

【程序清单 15-11】文件名为 task3.xml

```xml
<?xml version="1.0" encoding="UTF-8"?>
<beans xmlns="http://www.springframework.org/schema/beans"
  xmlns:xsi="http://www.w3.org/2001/XMLSchema-instance"
  xmlns:context="http://www.springframework.org/schema/context"
  xmlns:task="http://www.springframework.org/schema/task"
  xsi:schemaLocation="http://www.springframework.org/schema/beans
  http://www.springframework.org/schema/beans/spring-beans-3.0.xsd
  http://www.springframework.org/schema/context
  http://www.springframework.org/schema/context/spring-context-3.0.xsd
  http://www.springframework.org/schema/task
  http://www.springframework.org/schema/task/spring-task-3.0.xsd">
  <context:component-scan base-package="chapter15"/>
  <task:scheduled-tasks>
      <task:scheduled ref="taskTestOne" method="testOnePrint" cron="1/3 * * * * ?"/>
  </task:scheduled-tasks>
</beans>
```

 Cron 表达式将在后面介绍。表示 1 秒后开始执行 testOnePrint()方法，每隔 3 秒执行一次。配置文件中引用的 taskTestOne 这个 Bean 是通过@Service 注解定义。

2. 通过@Scheduled 注解方式进行配置

在 Spring 3.0 中还提供注解形式支持任务调度执行，将注解@Scheduled 增加在方法前，@Scheduled 将新建 TaskScheduler 实例，并使用 TaskScheduler 实例将该方法注册为一个任务。Spring 注解的任务调度需要 AOP 支持。因此，应用调试时需要引入与 AOP 相关的 jar 包，这里只用到 aopalliance.jar。

为支持注解方式的任务调度，在配置文件中要含有如下一行设置。

```xml
<task:annotation-driven/>
```

这样，Spring 将自动根据配置文件中部件扫描的目录路径去查找任务调度配置。

@Scheduled 注解提供若干属性用于指定不同的调度时间。

● initialDelay：在方法第一次执行之前等待的毫秒数。

● fixedRate：方法每次开始执行的毫秒间隔，与该方法什么时候执行结束无关。

● fixedDelay：上一次方法执行结束到下一次方法开始执行的毫秒间隔。

● cron：通过定义触发器提供更丰富的控制。

以下为采用@Scheduled 注解方式进行任务调度配置的具体举例。

【程序清单 15-12】文件名为 TaskTestTwo.java

```
package chapter15;
import org.springframework.scheduling.annotation.Scheduled;
import org.springframework.stereotype.Service;
@Service
public class TaskTestTwo {
    @Scheduled(fixedDelay = 30000)                          //用注解定义任务调度
    public void testTwoPrint() {
        System.out.println("TestTwo测试打印");
    }
}
```

 这里通过 fixedDelay 属性指定每隔 30 秒执行一次。显然，采用注解的任务调度设置方法比采用 XML 配置要显得更简练清晰。

下面通过一个应用来测试查看任务调度情况。

【程序清单 15-13】文件名为 TestSchedu.java

```
package chapter15;
import org.springframework.context.support.FileSystemXmlApplicationContext;
public class TestSchedu {
    public static void main(String[] args) {
        new FileSystemXmlApplicationContext("task3.xml");
    }
}
```

【运行效果】

```
TestTwo测试打印
TestOne测试打印
TestOne测试打印
...
```

 从结果可发现使用 XML 和注解两种配置的任务均在执行，TestOne 的输出消息数量是 TestTwo 的 10 倍，前者 3 秒执行 1 次，而后者 30 秒执行 1 次。

15.5　关于 Cron 表达式

Cron 触发器可以接收一个表达式来指定执行任务。一个 Cron 表达式是一个由 6~7 个字段组成并由空格分隔的字符串，其中 6 个字段是必需的，只有最后一个代表年的字段是可选的。各字段的允许值如表 15-1 所示。

表 15-1　各字段的允许值

字 段 名	允 许 的 值	允许的特殊字符
秒	0~59	,、-、*、/
分	0~59	,、-、*、/
小时	0~23	,、-、*、/
日	1~31	,、-、*、?、/、L、W、C
月	1~12 或 JAN~DEC	,、-、*、/
星期	1~7 或 SUN~SAT	,、-、*、?、/、L、C、#
年（可选字段）	空，1970~2099	,、-、*、/

其中：

- "*"字符可以用于所有字段，在"分"字段中"*"表示"每一分钟"的含义。
- "?"字符可以用在"日"和"周几"字段，它用来指定不明确的值。
- "-"字符指定一个值的范围，例如，"小时"字段中 10-12 表示 10 点到 12 点。
- ","字符指定列出多个值。例如，在"周几"字段中设为"MON,WED,FRI"。
- "/"字符用来指定一个值的增加幅度。例如，5/15 则表示"第 5, 20, 35 和 50"。在"/"前加*字符相当于指定从 0 秒开始。
- L 字符可用在"日"和"周几"这两个字段。它是 last 的缩写。例如，"日"字段中的 L 表示一个月中的最后一天。
- W 字符可用于"日"字段。用来指定离给定日期最近的工作日(只能是周一到周五)。
- "#"字符可用于"周几"字段。该字符表示"该月第几个周×"。例如，6#3 表示该月第三个周五（6 表示周五而"#3"表示该月第三个）。
- C 字符可用于"日"和"周几"字段，它是 Calendar 的缩写。它表示为基于相关的日历所计算出的值。如果没有关联的日历，那它等同于包含全部日历。"日"字段值为 5C 表示日历中的第一天或者 5 号以后。

下面给出 Cron 表达式的举例。

"0 0 12 * * ?"表示每天中午 12 点触发。

"0 15 10 ? * MON-FRI"表示每个周一、周二、周三、周四、周五的 10:15 触发。

"0 15 10 L * ?"表示每月的最后一天的 10:15 触发。

15.6　网站文件安全检测应用案例

由于黑客攻击，网站文件被改动的情况常有发生。因此，本应用案例编写了一个检测程序，将某目录下的文件安全检查的功能封装在一个 Java 类中，它根据服务器文件的原始状况与当前状况的比对来检测服务器上文件的变化，并通过任务定时来启动监测工作。

15.6.1　安全检测程序

Detectfile 类有如下两个方法。

（1）logToFile 方法：将指定目录下文件的信息记录到一个名为 log.dat 的数据文件中，采用对象存储形式，每个文件记录的信息含文件名和最后修改日期两个数据项。

（2）findDetect 方法：将检查指定目录下文件是否有变化，它是将当前文件信息与 log 文件中记录的信息进行比对，从而确定是否有文件发生修改、删除。为节省篇幅，程序中未考虑检查新增文件情形。

【程序清单 15-14】文件名为 Detectfile.java

```java
package chapter15;
import java.io.*;
import java.util.*;
class MyResult {                                       //用于表示发生变化文件的变化特征
    String filename;                                   //文件名
    String operate;                                    //文件变动特征
     public MyResult(String  name, String  change) {
        filename = name;
        operate = change;
    }
    public String toString() {
        return  filename + " has been " + operate;
    }
}
class FileInfo implements Serializable {               //用于表示记录到 log 中的文件信息
    String filename;                                   //文件名
    long modidate;                                     //最后修改时间
    public FileInfo(String name, long date) {
        filename = name;
        modidate = date;
    }
}
public class Detectfile {
    String dir;                                        //被检测的服务器的目录路径
    public Detectfile(String dir1) {
        dir = dir1;
    }
    /* 将 dir 目录下文件信息记录到目标文件中，内容包括文件名和最后修改日期 */
    public int logToFile() {
        File  df = new File(dir);
        File[] files = df.listFiles();                 //列出当前目录下文件
        String logfile = "c:\\dat\\log.dat";           //存放登记信息的文件
```

```
        int k = files.length;
        List<FileInfo> allfile = new ArrayList<FileInfo>();
        for (int m = 0; m < k; m++) {
            allfile.add(new FileInfo(files[m].getName(),
                    files[m].lastModified()));
        }
        try {
            ObjectOutputStream  stream = new ObjectOutputStream(
                        new FileOutputStream(logfile));
            stream.writeObject(allfile);                        //采用对象流记录数据
        } catch (Exception e) {System.out.println(e);}
        return k;                                               //返回登记的文件总个数
    }

    /* 检测文件是否发生变化，返回变化信息 */
    public List<MyResult> findDetect() {
        List<MyResult> resultList=new ArrayList<MyResult>();     //存放检测结果
        String logfile = "c:\\dat\\log.dat";
        try {
            ObjectInputStream stream = new ObjectInputStream(
                    new FileInputStream(logfile));
            List<FileInfo> havelog = (List<FileInfo>) stream.readObject();
            File  df = new File(dir);
            List<String> list1=Arrays.asList(df.list());        //目录的文件列表
            for (int i = 0; i < havelog.size(); i++) {
                FileInfo  fp=havelog.get(i);                    //从原始记录中取一个文件信息
                String filename = fp.filename;
                if (list1.contains(filename) == false) {        //是否为被删文件
                    resultList.add(new MyResult(filename, "delete"));
                } else {
                    long modi = fp.modidate;
                    File  f = new File(dir + "\\" + filename);
                    if (f.lastModified() != modi)               //是否为被修改的文件
                        resultList.add(new MyResult(filename, "modified"));
                }
            }
        } catch (Exception e) {System.out.println(e);}
        return resultList;
    }

    public static void main(String args[]) {
        Detectfile dobj = new Detectfile("c:\\java");           //传递监测的文件夹
        dobj.logToFile();                                       //记录文件夹下文件原始状况
    }
}
```

15.6.2　任务调度配置

安全检测任务的安排可以每隔 1 小时检测 1 次，但这样可能影响应用效率。以下设定每天晚上 11 点半启动检测任务，这样可充分利用服务器的闲暇时间完成工作。

【程序清单 15-15】文件名为 TaskCheck.java

```java
package chapter15;
import org.springframework.scheduling.annotation.Scheduled;
import org.springframework.stereotype.Service;
@Service
public class TaskCheck {
    @Scheduled(cron = "0 30 23 * * ?")
    public void check() {
        Detectfile dobj = new Detectfile("c:\\java");      //指定检查的目录
        List<MyResult> result = dobj.findDetect();         //进行安全检查
        System.out.println(result);                        //输出检测结果
    }
}
```

 这里仅将列表找到的变化项输出，实际可通过邮件或短信等消息发送给管理者，或者登记在应用系统的某个检查日志文件中。

15.7　Spring Boot 中启用任务定时处理

在 Spring Boot 中，实现任务定时可以在配置类上添加@EnableScheduling 注解开启对定时任务的支持，并在相应的方法上添加@Scheduled 注解来声明需要执行的定时任务。例如，以下代码在 Spring Boot 应用启动执行后，在控制台上每隔 2 秒可看到一个消息输出。

```java
@SpringBootApplication
@EnableScheduling
public class TaskTestApplication {
    public static void main(String[] args) {
        SpringApplication.run(TaskTestApplication.class, args);
    }

    @Scheduled(cron = "0/2 * * * * ")
    public void execute() {
        System.out.println("Task: " + new Date());
    }
}
```

第 16 章　利用 Spring Boot 发送
电子邮件

自动发送邮件是 Web 应用系统的一项实用功能。编写邮件发送程序涉及两个最重要的内容：邮件消息和邮件发送者。在 Java 应用中，以往发邮件是通过 JavaMail 进行编程，Spring 框架在 JavaMail 的基础上对发送邮件进行了简化封装。

16.1　了解 JavaMail

JavaMail 是由 Sun 定义的一套收发电子邮件的 API，不同的厂商可以提供自己的实现类。除 JavaMail 的核心包之外，JavaMail 还需要 JAF（JavaBeans Activation Framework）来处理不是纯文本的邮件内容，这包括 MIME（多用途互联网邮件扩展）、URL 页面和文件附件等内容。在用 Java 实现发送邮件的应用中，需要用到如下两个基础 jar 包。

● javax.mail.jar：此 JAR 文件包含 JavaMail API 等，该包是邮件发送的基础。
● javax.activation.jar：此 JAR 文件包含 JAF API 和 Sun 的相关实现，发送带附件或内嵌文件的邮件一定要在工程的类路径上加上此包。

直接使用 JavaMail 编写邮件发送程序有些烦琐，Spring 在 JavaMail 的基础上对发送邮件进行了简化。

16.2　Spring 对发送邮件的支持

Spring 为发送邮件提供了一个抽象层，其在 org.springframework.mail 包中定义了 MailMessage 和 MailSender 这两个高层抽象层接口来描述邮件消息和邮件发送者。

16.2.1　MailMessage 接口

MailMessage 接口描述了邮件消息模型，可通过简洁的属性设置方法填充邮件消息的各项内容。常用的方法有以下几种。

- void setTo(String to)：设置主送地址，用 setTo(String[]to) 设置多地址。
- void setFrom(String from)：设置发送地址。
- void setCc(String cc)：设置抄送地址，用 setCc(String[] cc)设置多地址。
- void setSubject(String subject)：设置邮件标题。
- void setText(String text)：设置邮件内容。

MailMessage 有两个实现类：SimpleMailMessage 和 MimeMailMessage。其中，SimpleMailMessage 只能用于 text 格式的邮件，而 MimeMailMessage 用于发送多用途邮件。

16.2.2 JavaMailSender 及其实现类

Spring 通过 MailSender 接口的 JavaMailSender 子接口定义发送 JavaMail 复杂邮件的功能，该接口最常用的 send()方法如下，可发送 MimeMessage 类型的消息封装的邮件。

```
void send(MimeMessage mimeMessage)
```

JavaMailSender 接口还提供了如下两个创建 MimeMessage 对象的方法。

- MimeMessage createMimeMessage()：创建一个 MimeMessage 对象。
- MimeMessage createMimeMessage(InputStream contentStream) throws MailException：根据一个 InputStream 创建 MimeMessage，当发生消息解析错误时，抛出 MailParseException 异常。

JavaMailSenderImpl 是 JavaMailSender 的实现类，它同时支持 JavaMail 的 MimeMessage 和 Spring 的 MailMessage 包装的邮件消息。

JavaMailSenderImpl 提供的属性用来实现与邮件服务器的连接，常用的属性有 host（邮件服务器地址）、port（邮件服务器端口，默认 25）、protocol（协议类型，默认为 SMTP）、username（用户名）、password（密码）、defaultEncoding（创建 MimeMessage 时采用的默认编码）等。

16.2.3 使用 MimeMessageHelper 类设置邮件消息

Spring 框架在 org.springframework.mail.javamail 包提供了 MimeMessageHelper 类，该类提供了设置 HTML 邮件内容、内嵌的文件和邮件附件的方法，简化了对 MimeMessage 的内容设置。常用构造方法如下。

- MimeMessageHelper(MimeMessage mimeMessage)：封装 MimeMessage 对象，默认为简单、非 multipart 的邮件消息，采用默认的编码。
- MimeMessageHelper(MimeMessage mimeMessage, boolean multipart)：在前一方法基础上，增加指定是否属于 multipart 邮件消息。
- MimeMessageHelper(MimeMessage mimeMessage, boolean multipart, String encoding)：在前一方法基础上，还指定 MimeMessage 采用的编码。

MimeMessageHelper 提供的操作方法比较丰富，可分为两类：一类是指定邮件的各种地址（主送、抄送等）的方法，如 setFrom()、setTo()、setCc()、addTo、addBcc()等；另一类是设置邮件消息内容的方法，包括设置标题、文本内容和添加附件等。

16.3　利用 Spring Boot 发送各类邮件

Spring 与邮件发送相关的接口和类的继承关系如图 16-1 所示。SimpleMailMessage 只能用于简单文本邮件消息的封装，其他各类邮件的消息包装均使用 MimeMessageHelper 类来处理，该类在创建对象时要提供一个 MimeMessage 对象。

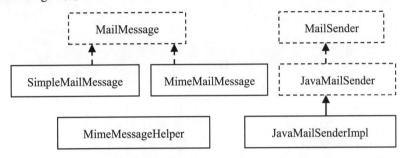

图 16-1　Spring 与邮件发送相关的接口和类的继承关系

在 Spring Boot 项目中，为支持发送邮件，需要引入如下依赖。

```
<dependency>
    <groupId>org.springframework.boot</groupId>
    <artifactId>spring-boot-starter-mail</artifactId>
</dependency>
```

接下来，在 application.properties 配置文件中配置邮箱的参数，以 QQ 邮箱为例。

```
spring.mail.host=smtp.qq.com
spring.mail.username=156343434@qq.com
spring.mail.password=xxxxxx
```

这里的内容要根据具体的邮件服务器的情况进行设置，其中，密码不是账户的密码，而是开启 POP3 之后设置的客户端授权码。用户可按如下步骤来获取该授权码。

①打开 QQ 邮箱，单击“设置”选项。②在接下来显示的页面中单击“账户”选项。③在相应页面中单击开启“POP\SMTP 服务”功能选项。④开启后单击“生成授权码”选项。⑤在手机短信验证通过后可得到一个显示授权码的窗口，将授权码复制下来。

16.3.1　发送纯文本邮件

纯文本邮件是最简单的邮件，邮件内容由简单的文本组成。以下为 Spring Boot 中实现邮件发送的样例代码。通过设置 JavaMailSenderImpl 对象属性实现与邮件服务器的连接，发送的邮件内容则通过 SimpleMailMessage 消息进行包装。每次启动应用将执行 init()方法中的代码完成邮件发送。

【程序清单 16-1】文件名为 MailApplication.java

```java
import org.springframework.beans.factory.annotation.Value;
import org.springframework.boot.ApplicationRunner;
import org.springframework.boot.SpringApplication;
import org.springframework.boot.autoconfigure.SpringBootApplication;
import org.springframework.context.annotation.Bean;
import org.springframework.mail.SimpleMailMessage;
import org.springframework.mail.javamail.JavaMailSenderImpl;

@SpringBootApplication
public class MailApplication {
    public static void main(String[] args) {
        SpringApplication.run(MailApplication.class, args);
    }

    @Value("${spring.mail.host}")
    private String mailHost;

    @Value("${spring.mail.username}")
    private String mailUsername;

    @Value("${spring.mail.password}")
    private String mailPassword;

    @Bean
    ApplicationRunner init() {
      return e -> {
        JavaMailSenderImpl javaMailSender = new JavaMailSenderImpl();
        javaMailSender.setHost(mailHost);
        javaMailSender.setUsername(mailUsername);
        javaMailSender.setPassword(mailPassword);
        SimpleMailMessage message = new SimpleMailMessage();
        message.setFrom("156343434@qq.com");        //发送方邮件服务器的账户
        message.setTo("11940212@qq.com");           //接收方邮件服务器的账户
        message.setSubject("邮件发送测试");
        message.setText("发送成功,谢谢支持!");
        javaMailSender.send(message);
        System.out.println("邮件已发送!");
      };
    }
}
```

运行该 Spring Boot 程序，在控制台上会显示"邮件已发送!"的信息，在收信方邮箱会收到一封来自发送方邮箱的测试邮件。

16.3.2　发送 HTML 邮件

发送 HTML 邮件必须使用 MimeMessage 创建邮件消息，且需要借助 MimeMessageHelper 来创建和填充 MimeMessage。

【程序清单 16-2】发送 HTML 邮件的部分代码

```
/* 以下通过 MimeMessageHelper 对消息进行设置 */
MimeMessage message = sender.createMimeMessage();
MimeMessageHelper helper = new  MimeMessageHelper(message,false,"utf-8");
        //指定编码为 utf-8，同时标识为非 multipart 的消息
helper.setFrom("156343434@qq.com");
helper.setTo("person@sina.com");
helper.setSubject("test");
helper.setText("<html><head><meta http-equiv=\"content-type\""+
" content=\"text/html; charset=utf-8\"></head><body>"+
"<font size=5 color=\"red\">Thank you !</font></body></html>",true);
sender.send(message);
```

 要在 setText()方法第 2 个参数中使用 true 来指示文本是 HTML。

16.3.3　发送带内嵌资源的邮件

内嵌（inline）文件邮件属于 multipart 类型的邮件，要用 MimeMessageHelper 类来指定，并通过 MimeMessageHelper 提供的 addInline()将文件内嵌到邮件中，内嵌文件的 id 在邮件 HTML 代码中以特定标志引用，格式为 cid:<内嵌文件 id>。以下为 addInline()方法的形态。

- void addInline(String contentId, File file)：将一个文件内嵌到邮件中，文件的 MIME 类型通过文件名判断。contentId 标识这个内嵌的文件，以便邮件中的 HTML 代码可以通过 src="cid:contentId " 引用内嵌文件。
- void addInline(String contentId, InputStreamSource inputStreamSource, String contentType)：将 InputStreamSource 作为内嵌文件添加到邮件中，通过 contentType 指定内嵌文件的 MIME 类型。
- void addInline(String contentId, Resource resource)：将 Resource 作为内嵌文件添加到邮件中，内嵌文件对应的 MIME 类型通过 Resource 对应的文件名判断。

含内嵌文件的邮件发送程序在创建 MimeMessageHelper 对象时，要将第 2 个参数设置为 true，指定属于 multipart 邮件消息。以下为具体样例。

【程序清单 16-3】发送带内嵌资源的邮件的部分代码

```
MimeMessage message = sender.createMimeMessage();
MimeMessageHelper helper = new MimeMessageHelper(message, true);
helper.setText("<html><body>hello<img src='cid:id1'/></body></html>",true);
FileSystemResource res = new FileSystemResource(new File("d:/warning.gif"));
helper.addInline("id1", res);
sender.send(message);
```

 在查看带内嵌文件的邮件时，有的邮件系统页面会显示提示信息。例如，"为了保护邮箱安全，内容中的图片未被显示。显示图片总是信任来自此发件人的图片"，这时用户单击"显示图片"超链接可查看到图片。

16.3.4 发送带附件的邮件

邮件附件（attachments）与内嵌文件的差异是，内嵌文件显示在邮件体中，而邮件附件则显示在附件区中。MimeMessageHelper 提供了如下 addAttachment()方法指定附件。

* void addAttachment(String attachmentFilename, File file)：添加一个文件作为附件。
* void addAttachment(String attachmentFilename, InputStreamSource iss)：将 org.springframework.core.InputStreamResource 添加为附件。InputStreamSource 对应的 MIME 类型通过 attachmentFilename 指定的文件名进行判断，attachmentFilename 表示邮件中显示的附件文件名。
* void addAttachment(String attachmentFilename, InputStreamSource iss,String contentType)：该方法可以显式指定附件的 MIME 类型。

以下是发送附件的样例代码。

【程序清单 16-4】发送带附件的邮件的部分代码

```
MimeMessage message = sender.createMimeMessage();
MimeMessageHelper helper = new MimeMessageHelper(message, true);
helper.setText("<html><body>test</body></html>",true);
FileSystemResource res = new FileSystemResource(new File("d:/warning.gif"));
helper.addAttachment("warning.gif", res);
sender.send(message);
```

第 17 章 利用 Spring Boot 整合 Lucene 实现全文检索

实现网站资源的全文搜索是一件有意义的事情。Lucene 是目前最为流行的基于 Java 语言的开源全文检索工具包。只要能把要索引的数据格式转化为文本的，Lucene 就能对其进行索引和搜索，如 HTML 文档、PDF 文档、Word 文档等。建立全文检索过程是：首先要分析文档，提取文档中的文本内容；然后将内容交给 Lucene 进行索引；最后根据用户输入的查询条件在索引文件上进行查询。

17.1 Tika 和 Lucene 概述

17.1.1 Tika 简介

Tika 是一个文档语义信息分析工具（https://tika.apache.org/），用于实现对文档的元信息提取。它可自动识别文档类型，从各类文档中提取元信息，并可对内容进行分析生成文本串。Tika 包含不针对任何特定文档格式的通用解析器实现。Tika 分析器（parser）的继承层次如图 17-1 所示。org.apache.tika.parser.Parser 接口是 Tika 的关键组件，它隐藏了不同文件格式和解析库的复杂性，为应用程序从各种不同的文档提取结构化的文本内容和元数据提供了一个简单且功能强大的机制。

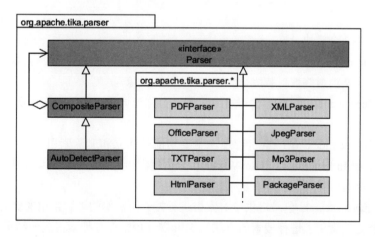

图 17-1 Tika 分析器（parser）的继承层次

其中，AutoDetectParser 类将所有的 Tika 功能封装进一个能处理任何文档类型的解析器。这个解析器可自动决定文档的类型，然后会调用相应的解析器对文档进行解析。用户也可以使用自己的解析器来扩展 Tika。Tika 的 parse()方法接收被解析的文档，并将分析结果写入元数据集合中。

17.1.2 Lucene 索引和搜索简介

Lucene 提供查询和索引功能，图 17-2 给出了使用 Lucene 构建搜索应用的流程。首先，由索引器对文档集合在 Tika 内容分析上建立索引。然后，根据用户的查询条件由检索器访问索引取得结果。

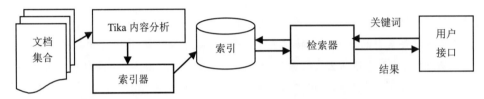

图 17-2 使用 Lucene 构建搜索应用的流程

索引是现代搜索引擎的核心，建立索引的过程就是把源数据处理成非常方便查询的索引文件的过程。Lucene 采用倒排索引结构，以词作为索引的中心，建立词到文档的映射关系。Lucene 自带有分词功能，其默认提供了两个比较通用的分析器 SimpleAnalyzer 和 StandardAnalyzer，中文分词则常用 IK Analyzer 和 SmartChineseAnalyzer。

Lucene 的数据存储结构都很像数据库的表、记录、字段，Lucene 索引文件中包含段（segment）、文档（document）、域（field）和项（term）。索引包含多个段，每个段包含多个文档，每个文档又包含多个域，而每个域又包含多个项。

搜索时，搜索引擎首先会对搜索的关键词进行解析，然后再在建立好的索引上进行查找，最终返回和用户输入的关键词相关联的文档。

1. Lucene 软件包分析

Lucene 软件包包括 7 个模块。

- org.apache.lucene.document 包：被索引的文档对象的结构管理。提供了所需要的类，如 Document、Field。每一个文档最终被封装成了一个 Document 对象。
- org.apache.lucene.analysis 包：含语言分析器，也称分词器。用于把句子切分为单个的关键词，支持中文分词。
- org.apache.lucene.index 包：索引管理，主要功能是建立和删除索引。其中有两个基础的类：IndexWriter 和 IndexReader。IndexWriter 用来创建索引并添加文档到索引中，IndexReader 可打开索引，删除索引中的文档等。
- org.apache.lucene.search 包：提供了对索引进行搜索所需要的类。常用的类有 IndexSearcher 类（含有在指定的索引上进行搜索的方法）、Hits 类（用来保存搜索得到的结果）、TopDocs 类（首页的搜索结果）。

- org.apache.lucene.queryParser：查询分析器。支持对查询关键词进行逻辑运算。
- org.apache.lucene.store：数据存储管理，用于实现底层的输入/输出操作。
- org.apache.lucene.util：含有一些工具类。

2．与索引创建相关的 API

为了对文档进行索引，Lucene 提供了 Document、TextField、IndexWriter、Analyzer、Directory 5 个基础类。

- Document：用来描述文档，这里的文档可以是 HTML 页面或者文本文件等。
- TextField：用来描述一个文档的某个属性，如标题和内容。
- Analyzer：在一个文档被索引之前，首先需要对文档内容进行分词处理，该工作由 Analyzer 完成。Analyzer 类是一个抽象类，针对不同的文档类型，它有多个具体实现类。Analyzer 把分词后的内容交给 IndexWriter 进行索引。
- IndexWriter：是用来创建索引的核心类，它将各个 Document 对象加到索引中。
- Directory：代表索引存储位置的一个抽象类，其子类 FSDirectory 和 RAMDirectory 分别对应文件系统和内存位置。前者适合于大索引，后者适用于速度相对较快的小索引。

3．与内容搜索相关的 API

Lucene 提供了几个基础的类，用来在索引上进行搜索以找到包含某个关键词的文档。

- IndexSearcher：是抽象类 Searcher 的一个常用子类，允许在给定的目录中搜索索引。其 search() 方法可返回一个根据计算分数排序的文档集合。Lucene 在收集结果的过程中将匹配度低的结果自动过滤掉。
- Term：是搜索的基本单位。它由两部分组成，分别是单词文本和出现该文本的字段名称。
- Query：是一个用于查询的抽象基类。它将用户输入的查询字符串封装成 Lucene 能够识别的 Query 对象。常见子类有 TermQuery、PhraseQuery、MultiTermQuery 等。
- TopDocs：封装顶部的若干搜索结果和 ScoreDoc 的总数。

该应用为一个 Spring Boot 项目，除了用到 Spring Boot 的 Web 启动项依赖外，针对全文搜索还需要引入 Lucene、Tika 和 Lucene 的关键词标红处理工具等依赖。

```xml
<dependency>
    <groupId>org.apache.lucene</groupId>
    <artifactId>lucene-core</artifactId>
    <version>8.6.2</version>
</dependency>
<dependency>
    <groupId>org.apache.lucene</groupId>
    <artifactId>lucene-analyzers-common</artifactId>
    <version>8.6.2</version>
</dependency>
<dependency>
```

```
            <groupId>org.apache.lucene</groupId>
            <artifactId>lucene-queryparser</artifactId>
            <version>8.6.2</version>
        </dependency>
        <dependency>
            <groupId>org.apache.lucene</groupId>
            <artifactId>lucene-analyzers-smartcn</artifactId>
            <version>8.6.2</version>
        </dependency>
        <dependency>
            <groupId>org.apache.tika</groupId>
            <artifactId>tika-core</artifactId>
            <version>1.21</version>
        </dependency>
        <dependency>
            <groupId>org.apache.tika</groupId>
            <artifactId>tika-parsers</artifactId>
            <version>1.21</version>
        </dependency>
        <dependency>
            <groupId>org.apache.lucene</groupId>
            <artifactId>lucene-highlighter</artifactId>
            <version>8.6.2</version>
        </dependency>
```

17.2　创 建 索 引

1. 文件项的封装设计

为了方便对索引的文件项的访问，将每个文件项的索引属性进行封装。

【程序清单 17-1】文件名为 FileItem.java

```
package chapter17;
public class FileItem {
    String filename;
    String content;
    String title;
    ...//构造方法和各属性的setter()和getter()方法略
}
```

 可以根据需要扩充类的属性，以满足对文档语义信息的检索要求。

2. 对指定目录的文档建立索引

这里将建立索引设计为一个桌面应用程序，直接选中文件运行应用即可。

【程序清单 17-2】文件名为 LuceneIndexerExtended.java

```java
package chapter17;
import java.io.File;
import java.io.FileInputStream;
import java.io.InputStream;
import java.nio.file.Paths;
import org.apache.lucene.analysis.Analyzer;
import org.apache.lucene.analysis.cn.smart.SmartChineseAnalyzer;
import org.apache.lucene.document.Document;
import org.apache.lucene.document.Field.Store;
import org.apache.lucene.document.TextField;
import org.apache.lucene.index.IndexWriter;
import org.apache.lucene.index.IndexWriterConfig;
import org.apache.lucene.index.IndexWriterConfig.OpenMode;
import org.apache.lucene.store.Directory;
import org.apache.lucene.store.FSDirectory;
import org.apache.tika.Tika;
import org.apache.tika.metadata.Metadata;

public class LuceneIndexerExtended {
    private final IndexWriter writer;
    private final Tika tika;

    public LuceneIndexerExtended(IndexWriter writer, Tika tika) {
        this.writer = writer;
        this.tika = tika;
    }

    public static void main(String[] args) throws Exception {
        Directory dir = FSDirectory.open(Paths.get("c://index2"));
        Analyzer analyzer=new SmartChineseAnalyzer();
        IndexWriterConfig fsConfig = new IndexWriterConfig(analyzer);
        fsConfig.setOpenMode(OpenMode.CREATE);
        IndexWriter writer = new IndexWriter(dir, fsConfig);
        File dataDir = new File("c://mooc");                    //对该目录下文件建立索引
        File[] dataFiles = dataDir.listFiles();                 //所有文件列表
        try {
            LuceneIndexerExtended ie = new LuceneIndexerExtended(writer,
                    new Tika());
            for (int i = 0; i < dataFiles.length; i++) {
                String filetype = FileType(dataFiles[i].getName());
```

```
                System.out.println(dataFiles[i].getName());
                String allowtype = " txt,html,doc,pdf,ppt";
                    //限制要索引文档类型
                if (allowtype.indexOf(filetype) != -1)
                    ie.indexContent(dataFiles[i]);          //对各文件建立索引
            }
        } catch (Exception e) {
            e.getStackTrace();
        } finally {
            writer.close();
        }
    }

    public static String FileType(String filename) {      //获取一个文档的类型
        int pos = filename.lastIndexOf(".");
        if (pos == -1)
            return "no file type";
        return filename.substring(pos + 1);
    }

    public void indexContent(File file) {                 //对指定文件建立索引
        Metadata meta = new Metadata();
        InputStream is;
        try {
            is = new FileInputStream(file);
            tika.parse(is, meta);                         //用 Tika 分析器提取文档的元数据
            Document document = new Document();
            document.add(new TextField("filename", file.getName(), Store.YES)); //文档名称
            document.add(new TextField("title", meta.get("title"), Store.YES)); //文档标题
            document.add(new TextField("content", tika.parseToString(file), Store.YES));
                                                                                //文档内容
            writer.addDocument(document);
            is.close();
        } catch (Exception e) {
        }
    }
}
```

（1）在 Lucene 中，类 IndexWriter 的构造函数需要两个参数，第 1 个参数指定了所创建的索引要存放的位置；第 2 个参数指定了 IndexWriterConfig 对象，在该对象中指定打开、创建索引的方式。然后，程序对目录下的所有文档调用 indexContent()方法进行索引创建。

（2）在 indexContent()方法内，创建了一个 Document 对象。利用 Tika 获取被索引文件的元信息，并为文件名、文件内容和所有元信息分别创建 Field 对象，加入 Document 对象中，最后用 IndexWriter 类的 add()方法将 Document 对象加入索引中。

17.3　建立基于 Web 的搜索服务

1. 配置资源路径映射

【程序清单 17-3】文件名为 MvcConfig.java

```java
@Configuration
public class MvcConfig implements WebMvcConfigurer {
    @Override
    public void addResourceHandlers(ResourceHandlerRegistry registry) {
        registry.addResourceHandler("/docs/**")
            .addResourceLocations("c://mooc");
    }
}
```

 docs 为针对被索引文档的文件位置建立的资源 mapping，这样，在应用界面中就可通过提供的访问超链接来访问下载相应资源。实际上，它等价于如下 XML 配置行。

```xml
<resources mapping="/docs/**" location="c://mooc"/>
```

2. 实现搜索服务业务逻辑

实际检索中经常用到分页显示。考虑到简化应用代码，程序中将每页大小固定为 5 条内容。利用 TopDocs 的 scoreDocs 属性获取 ScoreDoc 类型的对象数组。访问数组中所有元素即可获取当前页的各个文档。高亮显示利用 Highlighter 对象的 getBestFragment()方法可获取内容的摘要，并对摘要中的搜索词进行加亮处理。

【程序清单 17-4】文件名为 SearcherService.java

```java
package chapter17;
import java.io.IOException;
import java.nio.file.Paths;
import java.util.ArrayList;
import java.util.List;
import org.apache.lucene.analysis.Analyzer;
import org.apache.lucene.analysis.cn.smart.SmartChineseAnalyzer;
import org.apache.lucene.document.Document;
import org.apache.lucene.index.CorruptIndexException;
import org.apache.lucene.index.DirectoryReader;
import org.apache.lucene.queryparser.classic.QueryParser;
import org.apache.lucene.search.*;
import org.apache.lucene.search.highlight.Highlighter;
import org.apache.lucene.search.highlight.InvalidTokenOffsetsException;
```

```
import org.apache.lucene.search.highlight.QueryScorer;
import org.apache.lucene.search.highlight.SimpleFragmenter;
import org.apache.lucene.search.highlight.SimpleHTMLFormatter;
import org.apache.lucene.store.Directory;
import org.apache.lucene.store.FSDirectory;
import org.springframework.stereotype.Component;

@Component
public class SearcherService {
    Highlighter highlighter;
    Analyzer analyzer;
    IndexSearcher searcher;

    public TopDocs search(String queryStr) {
        TopDocs topDocs = null;
        try {
            Directory dir = FSDirectory.open(Paths.get("c://index2"));
            DirectoryReader reader = DirectoryReader.open(dir);
            searcher = new IndexSearcher(reader);
            analyzer=new SmartChineseAnalyzer();
            QueryParser parser = new QueryParser("content", analyzer);
            Query luceneQuery = parser.parse(queryStr);
            //以下创建高亮显示模板
            SimpleHTMLFormatter shf = new SimpleHTMLFormatter("
                <span style=\"color:red\">", "</span>");
            //以下构造高亮对象
            highlighter = new Highlighter(shf, new QueryScorer(luceneQuery));
            highlighter.setTextFragmenter(new SimpleFragmenter(200));
            topDocs = searcher.search(luceneQuery,20);              //结果取20项
        } catch (IOException e) {
            System.out.println(e);
        } catch (Exception e) {
            System.out.println(e);
        }
        System.out.println("命中="+topDocs.totalHits);
        return topDocs;
    }

    public List<FileItem> getPage(TopDocs topDocs, String key, int page)
    {
        List<FileItem> items = new ArrayList<FileItem>();
        int pageSize = 5;
        try {
            int start = (page - 1) * pageSize;
            int end = page * pageSize;
            ScoreDoc scoreDoc[] = topDocs.scoreDocs;
```

```
        if (end > scoreDoc.length)
            end = scoreDoc.length;
        for (int index = start; index < end; index++) {
            Document doc = searcher.doc(scoreDoc[index].doc);
            String title = doc.get("title");                    //文档标题
            String summary = highlighter.getBestFragment(analyzer,
                "content", doc.get("content"));
                //提取文档摘要，并对搜索词用高亮显示
            items.add(new FileItem(doc.get("filename"), summary, title));
        }
    } catch (CorruptIndexException e) {
    } catch (IOException e) {
    } catch (InvalidTokenOffsetsException e) {
    }
    return items;
    }
}
```

（1）类 IndexSearcher 的构造方法含类型为 Directory 的参数，IndexSearcher 以只读的方式打开了一个索引。

（2）利用 QueryParser 构建一个查询分析器，该类的构造方法需要提供两个参数，分别为要查询字段、分词分析器。利用 QueryParser 的 parse()方法可对具体查询关键字进行分析得到一个 Query 对象。

（3）通过执行 IndexSearcher 对象的 search()方法实现对具体查询对象的查询。返回 TopDocs 对象为查询结果中的顶部若干记录。通过遍历 topDocs 对象可将搜索到的结果文档的相关信息输出。

【应用经验】Lucene 提供的高亮显示可从文档内容中提取摘要，它是将搜索词出现频度最高的一个段落的文字提取出来作为摘要，并对段落中的搜索词进行"标红"处理。它不宜直接用于文档标题的搜索词标红处理，如果标题中无搜索词时将返回空串。

3. MVC 控制器设计

以下程序中提供了三个请求 Mapping 的访问方法，第 1 个方法是对应用系统根的访问；第 2 个方法是对检索请求的访问处理；第 3 个方法实现分页显示处理。搜索控制器根据 URL 路径参数传递的页码和关键词，调用业务逻辑中的搜索服务获取本页的结果文档，然后传递给模型参数以便视图显示。

【程序清单 17-5】文件名为 myappController.java

```
package chapter17;
import java.io.UnsupportedEncodingException;
import java.util.List;
import org.apache.lucene.search.TopDocs;
import org.springframework.stereotype.Controller;
```

```java
import org.springframework.ui.ModelMap;
import org.springframework.web.bind.annotation.*;
import org.springframework.web.servlet.ModelAndView;
@Controller
public class myappController {
    @Autowired
    SearcherService search1;
    @RequestMapping(value="/", method=RequestMethod.GET)
    public String enter( ) {
        return "/result";
    }

    @RequestMapping(value="/index", method=RequestMethod.POST)      //第1页
    public String disp(@RequestParam("keyword") String key,
        Model model ) {
        TopDocs topDocs=search1.search(key);
        List<FileItem> items= search1.getPage(topDocs,key,1);
        model.addAttribute("pages",
            (int)(Math.ceil(topDocs.scoreDocs.length/5.0)));
        model.addAttribute("keyword",key);
        model.addAttribute("result",items);
        return "/result";
    }

    @RequestMapping(value="/index/{pageid}/{key}",                  //分页处理
        method=RequestMethod.GET)
    public ModelAndView disp(@PathVariable("pageid") String pageid ,
            @PathVariable("key") String key ) {
        ModelMap model = new ModelMap();
        try {
            key=new String(key.getBytes("ISO-8859-1"), "UTF-8");
        } catch (UnsupportedEncodingException e) { }
          TopDocs topDocs=search1.search(key);
          int page=Integer.parseInt(pageid);
          List<FileItem> items= search1.getPage(topDocs, key,page);
          model.put("pages",
              (int)(Math.ceil(topDocs.scoreDocs.length/5.0)));
          model.put("keyword",key);
          model.put("result",items);
          return new ModelAndView("/result", model);
    }
}
```

4. 显示视图

由于采用 JSP 作为显示视图，所以，要在 Maven 中加入相关的依赖，参照第 7 章介绍的内容进行处

理，包括在属性文件中规定 JSP 视图文件的位置等。显示视图中含查询提交表单、查询结果的显示和分页浏览超链接，如图 17-3 所示。从图中可以看出，Tika 在提取文档标题处理上不够智能，实际上它只是读取文档中的标题属性，如果能从文档内容分析中提取标题会更好，读者可以对此进行改进。

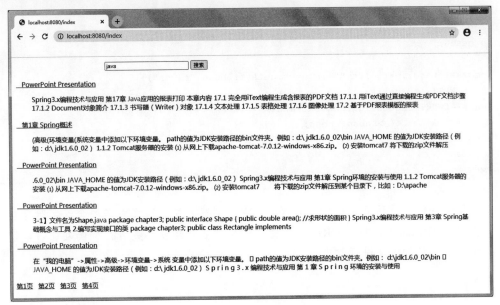

图 17-3   显示视图

【程序清单 17-6】文件名为 result.jsp

```
<%@page contentType="text/html; charset=UTF-8"%>
<%@ taglib uri="http://java.sun.com/jsp/jstl/core" prefix="c"%>
<HTML>
<body>
  <form method="POST" action="<%=request.getContextPath()%>/index">
    <table border="0" bgcolor="#ffffff" width="60%">
    <tr> <td align=center>
      <input type="text" name="keyword" id="keyword" size="25" maxlength="255"
      value="${keyword}" ></input>
      <input type="submit" name="sa" value="搜索"></input>
    </td></tr>
  </table>
</form>
<!-- 以下显示搜索结果 -->
<table>
  <c:forEach items="${result}" var="dir">
    <tr><td align=left  height="28">
    <a href="docs/${dir.filename}" target="_blank">    ${dir.title}</a>
    <blockquote>${dir.content}</blockquote>
    </td>
```

```
    </c:forEach>
</table>
<!-- 以下显示分页查看超链接 -->
<%
int pages;
if (request.getAttribute("pages")==null)
    pages=0;
else
    pages=Integer.parseInt(""+request.getAttribute("pages"));
for (int k=1;k<=pages;k++){ %>
    <a href="<%=request.getContextPath()%>/index/<%=k%>/${keyword}">
        第<%=k %>页</a>  
<% } %>
</body>
</HTML>
```

 这里文件的浏览访问采用文件路径的 URL 浏览方式，当文件名中含汉字时存在问题，需要 URLEncoder 类对 URL 请求传递的文件名和路径参数进行编码处理。请读者参照第 5 章介绍的方法进行改进。

第 18 章　基于 MVC 的资源共享网站设计

　　文件资源共享应用允许账户上传和下载资源，实现资源的共享，这里限制每个资源只含有一个文件。由于所有资源文件存储在同一目录下，因此，不能用原始文件名作为存储的文件名，否则可能会出现文件重名现象。每个用户有自己的积分，资源下载时可由上传者提供积分扣除要求，只有个人积分高于资源积分要求的用户才能下载。另外，资源下载后将给资源提供者增加积分。用户上传资源可增加自己的积分。系统采用 MyBatis 实现数据库访问处理，利用 Spring Security 全实现系统的访问控制。

18.1　数据实体与数据访问服务设计

18.1.1　实体对象

　　系统的实体对象包括 3 个，分别是用户（User）实体、栏目（Column）实体、资源描述（Resdes）实体。用户实体记录用户的个人信息和在系统中的积分。

　　【程序清单 18-1】 文件名为 User.java

```
public class User {
    String username;                        //登录名
    String password ;                       //登录密码
    String emailaddress;                    //邮箱
    String name;                            //姓名
    int score;                              //积分
}
```

　　栏目用于对资源进行分类，以方便用户按类别查看资源。栏目包括栏目编号和栏目标题。栏目和实际的数据库表格名字不同，因此，在编写栏目类时通过实现 RowMapper 接口建立映射关系，对应栏目的数据库表格是 columntable，在后面介绍的 Mapper 中可以看到。

　　【程序清单 18-2】 文件名为 Column.java

```
public class Column implements RowMapper<Column>{
    int number;                             //栏目编号
    String title;                           //栏目标题
```

```
    @Override
    public Column mapRow(ResultSet rs, int rowNum) throws SQLException {
        Column x=new Column();
        x.setNumber(rs.getInt("number"));
        x.setTitle(rs.getString("title"));
        return null;
    }

    public int getNumber() {
        return number;
    }

    public void setNumber(int number) {
        this.number = number;
    }

    public String getTitle() {
        return title;
    }

    public void setTitle(String title) {
        this.title = title;
    }
}
```

资源描述类（Resdes）的属性包括资源 ID、资源标题、资源描述、文件类型、所属用户、资源分值、下载次数、资源类别等字段。其中，资源 ID 对应数据库的自动增值字段；文件类型由上传时文件的类型决定；资源上传时要选择对应栏目。资源类的代码设计如下。

【程序清单 18-3】文件名为 Resdes.java

```
package chapter18;
public class Resdes{
    int resourceID;                        //资源 ID
    String titleName;                      //资源标题
    String description;                    //资源描述
    String filetype;                       //文件类型
    String userId;                         //所属用户
    int score;                             //资源分值
    int download_times;                    //下载次数
    int classfyID;                         //资源类别
}
```

这里，为节省篇幅，省略了该类中的所有属性的 setter()和 getter()方法。

18.1.2 资源访问的业务逻辑设计

对资源的访问操作可封装在相应的业务逻辑服务中，具体提供以下功能。

- 上传资源：资源上传时，除了提供资源文件外，还需要提供上传者、所属栏目、分值、资源标题、资源描述等信息。对上传文件类型要限制。
- 下载资源：需要检查用户积分是否够，若可以下载，则要修改资源下载次数和根据资源的分值扣除用户积分。
- 获取某栏目的资源列表。
- 根据资源 ID 查资源。

以下首先通过接口 ResService 定义资源服务的行为，然后由 ResServiceImpl 类给出服务的具体实现。

1. 业务逻辑接口

【程序清单 18-4】文件名为 **ResService.java**

```
package chapter18;
import java.util.List;
public interface ResService {
    String upload(String titleName, String description, String filename,
        String userId, int score,int classfyID);        //登记上传的资源
    String download(int resourceID,String userid);        //下载资源需登记的工作
        List<Resdes>  list(int classfyID);                //列出某栏目的所有资源
    Resdes getRes(int resourceID);                        //根据 resourceID 获取资源
}
```

 这些方法的参数是根据具体访问要求进行安排，upload()方法的返回结果为资源的存储文件名；download()方法的返回结果是下载资源的文件标识；list()方法的返回结果为资源对象的列表集合；getRes()方法的返回结果是一个资源对象。

2. 业务逻辑服务实现

ResServiceImpl 类给出资源访问服务的具体实现。通过借用注入的 ResMapper 对象的方法来完成对数据库的访问处理。这里的难点问题是资源上传和下载的方法设计。

所有用户上传的文件由于存储在同一目录下，所以要对文件进行重新命名，这里使用资源 ID 作为文件名，而文件类型不做变动。

资源下载最核心的操作是得到资源的 URL 路径，另外还包括扣除下载者积分、给资源提供者增加积分、资源下载次数进行增值等操作。

【程序清单 18-5】文件名为 **ResServiceImpl.java**

```
package chapter18;
```

```
import java.util.List;
import org.springframework.beans.factory.annotation.Autowired;
import org.springframework.stereotype.Component;
@Component
public class ResServiceImpl implements ResService{
    @Autowired
    private ResMapper resMapper;

    @Autowired
    private UserMapper userMapper;

    /* getRes()方法根据资源标识获取资源对象 */
    public Resdes getRes(int id){
        return resMapper.getResByID(id);
    }

    /* upload()方法进行资源上传前的登记处理，返回资源的存储文件名，
        程序中规定上传文件的类型不允许为 HTML 和 JSP*/
    public String upload(String titleName, String description,
        String filename,String userId, int score,int classfyID) {
      int pos=filename.indexOf('.');
      String filetype=filename.substring(pos+1);             //获取文件类型
      if  (filetype.equals("jsp")||filetype.equals("htm"))
          return null;                                       //不允许上传 HTML 和 JSP 文件
      resMapper.insertRes(titleName, description, filename, userId,
              score, classfyID);                             //上传资源登记
     int id = resMapper.getMaxId();                          //求存储的最大 ID 值
     return id+"."+filetype;
    }

    /* download()方法获取要下载资源的 URL，资源下载在用户积分满足条件才允许，
       下载要扣除访问者积分，并统计下载次数*/
    public String download(final int resourceID, final String userId) {
        Resdes r= resMapper.getResByID(resourceID);
        String filetype=r.getFiletype();                     //获取资源的文件类型
        int resource_score=r.getScore();                     //获取资源的分值
        String url=null;
        //以下检查访问者的积分情况，满足扣除积分，否则不允许下载
        int yourscore=userMapper.getScore(userId);
        if (yourscore>=resource_score) {
            //以下扣除用户积分
            userMapper.minusScore(resource_score,userId);
            //以下给资源下载次数增加 1
            resMapper.beDownload(resourceID);
            url=resourceID+"."+filetype;
        }
```

```
        return url;
    }

    /* list()方法获取某栏目的资源列表集合, 参数为栏目标识 */
    public List<Resdes> list(int classfyID) {
        return resMapper.getAll(classfyID);
    }
}
```

 由于上传的资源文件可能出现重名, 所以, 应用中对资源文件在服务器上的存储名称进行统一管理, 文件名按编号顺序不断增加, 文件类型不变。upload()方法是返回在服务器上的实际存储名称。

18.1.3　Mapper 层设计

1. 针对资源的 ResMapper 设计

针对资源的 ResMapper 接口设计是核心问题, 它提供了服务层和控制器中需要使用的数据操作方法的具体实现。

【程序清单 18-6】文件名为 ResMapper.java

```
@Mapper
public interface ResMapper {
    @Select("SELECT * FROM resdes where resourceID=#{id}")
    public Resdes getResByID(long id);                      //根据 ID 获取资源对象

    @Select("SELECT * FROM resdes where classfyID=#{cid}")
    public List<Resdes> getAll(int cid);                    //按栏目类别获取资源

    @Update("update resdes set download_times=download_times+1 where
        resourceID=#{id}")
    public void beDownload(int id);                         //资源下载的下载次数增值

    @Insert("insert into resdes(titleName,description,filetype,userId,
        score,download_times,classfyID)values(#{titleName},
        #{description},#{filetype},#{userId},#{score},0,#{classfyID})")
    public void insertRes(String titleName, String description,
        String filetype, String userId, int score,int classfyID);
            //新增资源的登记

    @Select("select max(resourceID) from resdes")
    public int getMaxId();                                  //求资源 ID 最大值
}
```

2. 针对用户的 UserMapper 设计

针对用户的 Mapper 操作，这里仅关心用户积分的增减以及获取积分。

【程序清单 18-7】文件名为 UserMapper.java

```java
@Mapper
public interface UserMapper {
    @Update("update user set score=score- #{s} where username=#{userid}")
    public void minusScore(int s,String userid);                    //用户扣分

     @Update("update user set score=score+ #{s} where username=#{userid}")
    public void addScore(int s,String userid);                      //用户增分

    @Select("select score from user where username=#{userid}")
    public int getScore(String userid);                             //获取用户积分
}
```

3. 针对栏目的 ColumnMapper 设计

栏目的访问操作这里仅关心获取所有栏目，实际应用中还可以根据需要扩充。

【程序清单 18-8】文件名为 ColumnMapper.java

```java
@Mapper
public interface ColumnMapper {
    @Select("SELECT * FROM ColumnTable")
    public List<Column> getAll();
}
```

18.2 应用配置

1. Maven 配置

以下是整个应用中需要添加的依赖关系，涉及 Web、安全、数据库访问和 JSP 视图处理等。

```xml
<dependency>
    <groupId>org.springframework.boot</groupId>
    <artifactId>spring-boot-starter-jdbc</artifactId>
</dependency>
<dependency>
    <groupId>org.springframework.boot</groupId>
    <artifactId>spring-boot-starter-web</artifactId>
</dependency>
<dependency>
    <groupId>org.mybatis.spring.boot</groupId>
```

```xml
        <artifactId>mybatis-spring-boot-starter</artifactId>
        <version>2.1.3</version>
    </dependency>
    <dependency>
        <groupId>org.springframework.boot</groupId>
        <artifactId>spring-boot-starter-security</artifactId>
    </dependency>
    <dependency>
        <groupId>mysql</groupId>
        <artifactId>mysql-connector-java</artifactId>
        <scope>runtime</scope>
    </dependency>
    <dependency>
        <groupId>javax.servlet</groupId>
        <artifactId>jstl</artifactId>
    </dependency>
    <dependency>
        <groupId>org.apache.tomcat.embed</groupId>
        <artifactId>tomcat-embed-jasper</artifactId>
        <scope>provided</scope>
    </dependency>
```

2. 属性文件 application.properties

```properties
# 以下配置 MVC 视图
spring.mvc.view.prefix=/views/
spring.mvc.view.suffix=.jsp
# 以下配置数据库连接
spring.jpa.hibernate.ddl-auto=create
spring.datasource.url=jdbc:mysql://localhost:3306/test?serverTimezone=UTC
spring.datasource.username=root
spring.datasource.password=abc123
```

其中，数据库连接配置后面的服务器时区参数是新版 Spring 与 MySQL 数据库连接必须提供的。用户也可选择别的时区参数，不同时区在时间计算上有时差。

3. 用户安全配置

系统采用 Spring Security 实现用户认证和访问控制。除了用户表外，还需要增加 authority 表，详见第 14 章的介绍，以下是具体配置。

【程序清单 18-9】文件名为 SecurityConfig.java

```java
@Configuration
@EnableWebSecurity
public class SecurityConfig extends WebSecurityConfigurerAdapter {
    @Autowired
```

```
    private DataSource dataSource;
    protected void configure(HttpSecurity http) throws Exception {
        http.formLogin()                                    //启用默认登录页面
            .and().httpBasic().and().authorizeRequests()
            .antMatchers("/**").hasRole("USER").anyRequest()
                .authenticated();
    }

    public void configure(AuthenticationManagerBuilder auth) throws Exception
    {
        auth.jdbcAuthentication().dataSource(dataSource)
        .passwordEncoder(new StandardPasswordEncoder("53cr3t"));
    }
}
```

18.3 访问控制器设计

这里仅关注资源访问控制器的设计。资源访问控制器是整个应用的核心和关键，对资源的各类访问需求及处理均可在该控制器的设计中体现。

18.3.1 控制器 URI 的 Mapping 设计

Spring 的 MVC 访问请求是按 REST 的资源访问风格进行规划。控制器的 Mappping 设计要做到统一规划、简明清晰。其路径参数要结合问题需要并结合业务逻辑的方法参数要求。以下为与资源相关的几个控制请求的 Mapping 设计。

- 首页：/
- 进入上传页面：/upload
- 进行上传处理：/resource/upload
- 列某类栏目的所有资源：/resource/class/{classID}
- 下载某一资源：/resource/download/{resID}
- 显示某资源的详细信息：/resource/detail/{resourceID}

对这些资源的访问请求，除了上传资源的请求"/resource/upload"为 POST 方式外，其他均为 GET方式。由于这里是对资源进行的各类操作，所以在路径设计中以 resource 开头，这样便于在整个应用中区分不同对象的访问请求。

18.3.2 控制器实现

在控制器的具体操作中要用到前面介绍的服务和 Mapper 对象，因此，可以通过属性依赖注入相应的对象，包括来自资源的业务服务 Bean，以及来自用户和栏目的 Mapper。可以看出，控制器既可调用业务服务层方法，又可访问 Mapper 数据映射层方法。

【程序清单 18-10】文件名为 ResourceController.java

```java
package chapter18;
@Controller
public class ResourceController {
    @Autowired
    private ResService  rs;

    @Autowired
    private UserMapper userMapper;

    @Autowired
    private ColumnMapper columnDao;

    @GetMapping(value = "/")                              //对根路径的访问
    public String index(Model m) {
        List<Column> columns = columnDao.getAll();
        m.addAttribute("columns", columns);
        return "resource_upload";
    }
    ... //类中其他方法接下来分别介绍
}
```

1. 列某类栏目的所有资源

```java
/* 列出某类栏目的资源，给出了模型和视图结合的另一方式*/
@GetMapping(value = "/resource/class/{classID}")
public String listResource(@PathVariable("classID") int classID,
        Model model)                                     //通过参数注入模型
{
    List<Resdes> a=rs.list(classID);
    model.addAttribute("resources", a);                  //将资源对象的列表集合存入模型
    /* 由于视图中要显示栏目分类,所以传递栏目信息*/
    List<Column> columns = columnDao.getAll();
    model.addAttribute("columns", columns);
    return "listres";
}
```

2. 显示资源的详细信息

```java
/*  ----显示资源的详细信息 */
@GetMapping(value = "/resource/detail/{resourceID}")
public String dispRes(@PathVariable("resourceID") int resID,Model model)
{
```

```
        Resdes a=rs.getRes(resID);
        model.addAttribute("resource", a);
        /* 由于要视图中要显示栏目分类，所以传递栏目信息*/
        List<Column> columns = columnDao.getAll();
        model.addAttribute("columns", columns);
        return "displayresource";
    }
```

3. 资源上传访问请求处理设计

```
/*  ----资源上传访问请求处理设计*/
@PostMapping(value = "/resource/upload")
public String handleFormUpload(@RequestParam String titlename,
        @RequestParam  String description, @RequestParam  int score,
        @RequestParam  int classfyID,
    @RequestParam("file") MultipartFile file,HttpServletRequest request)
{
    if (!file.isEmpty()) {
        String path = request.getServletContext()
            .getRealPath("/fileupload")+"/";                    //文件上传的位置必须是物理路径
        try{
          byte[ ] bytes = file.getBytes();                      //获取上传数据
          String username=request.getRemoteUser();
                //获取用户标识
          String filename=file.getOriginalFilename();           //获取上传的文件名
          int pos=filename.indexOf('.');
          String filetype=filename.substring(pos+1);
          String result=rs.upload(titlename, description, filetype, username,
            score, classfyID);                                  //调用业务逻辑方法进行上传登记处理
          if (result==null)
              return  "redirect:/";
          FileCopyUtils.copy(bytes,new File(path+ result));     //写入文件
           //给上传用户增加积分
          userMapper.addScore(10,username);                     //每上传一个增加 10 分
        } catch(IOException e) { }
        return  "redirect:/";                                   //转向上传成功的显示视图
    }
    else
       return  "redirect:/";
}
```

 文件上传的目标位置由"**/fileupload**"虚拟路径映射给出，这里通过 ServletContext 的 getRealPath()方法将其转换为物理路径。在工程的 webapp 目录下建立一个 fileupload 文件夹，上传的文件将上传到该文件夹下。

4. 资源下载控制的实现

```
/* ------资源下载控制的实现 */
@GetMapping(value = "/resource/download/{resID}")
public void handledownload(@PathVariable("resID") int resID,
        HttpServletRequest request,HttpServletResponse response)
{
    String username=request.getRemoteUser();
    String url = rs.download(resID, username);              //获取要下载的文件名
    String path = request.getServletContext()
        .getRealPath("/fileupload") + "/";
    File x = new File(path+url);
    byte[] data = new byte[1024];
    try {
        InputStream infile = new FileInputStream(x);
        response.setHeader("Content-Disposition",
        "attachment; filename=\"" + URLEncoder.encode(url, "UTF-8") + "\"");
            //对文件名编码处理
        response.addHeader("Content-Length", "" + x.length());
        response.setContentType("application/octet-stream;charset=UTF-8");
        OutputStream  outputStream =
            new BufferedOutputStream(response.getOutputStream());
        while (true) {
            int byteRead;
            byteRead = infile.read(data);
            //从文件读数据给字节数组
            if (byteRead == -1)                             //在文件尾，无数据可读
                break;                                      //退出循环
            outputStream.write(data, 0, byteRead);          //数据送输出流
        }
        outputStream.flush();
        outputStream.close();
        infile.close();
    } catch (IOException e) {
        e.printStackTrace();
    }
}
```

18.4 显示视图设计

18.4.1 资源的栏目分类导航

整个应用界面由上、下两部分构成，上面显示资源的栏目分类导航菜单，下面实现信息显示的变动。

上面的导航部分在所有页面中都要用到，所以，后续页面通过<jsp:include>标记将其包含到相应的页面中。

【**程序清单 18-11**】文件名为 **header.jsp**

```
<%@page contentType="text/html; charset=UTF-8"%>
<%@ taglib uri="http://java.sun.com/jsp/jstl/core" prefix="c"%>
<table width="100%">
  <tr><td height="28" width="20%">
    <img border="0" src="/images/flag.gif"></td>
    <c:forEach items="${columns}" var="m">
      <td height="14" align=left>
      <img border="0" src="/images/circle.gif"/> 
      <a href="/resource/class/${m.number}" target=nav>${m.title}</a></td>
    </c:forEach>
    <td height="14" align=left>
    <img border="0" src="/images/up.gif"/> 
    <a href="/" >上传资源</a></td>
  </tr>
</table>
```

> 应用的视图中出现的图片文件安排在 static 路径的 images 子文件夹下。书写路径要注意，"/images/up.gif"和"images/up.gif"的含义不同，一个是代表根映射路径，另一个代表相对路径，相对路径是相对当前 URL 的路径来计算的。Spring Boot 会智能地查找实际的映射路径。

首页访问的执行效果如图 18-1 所示。

图 18-1　首页访问的执行效果

18.4.2　资源上传的 JSP 视图

该文件对应的控制器 Mapping 为 "/"。该 JSP 文件要显示一个上传表单供用户填写上传资源的信息，

图 18-1 下面部分的代码如下。

【程序清单 18-12】文件名为 resource_upload.jsp

```
<%@page contentType="text/html; charset=UTF-8"%>
<%@ taglib uri="http://java.sun.com/jsp/jstl/core" prefix="c"%>
<jsp:include page="header.jsp"></jsp:include>
<center>
  <form method="post" action="/resource/upload"
              enctype="multipart/form-data">
    <table width="50%">
    <tr><td>标题</td><td><input type="text" name="titlename"/></td></tr>
    <tr><td>描述</td><td><TextArea name="description"></TextArea></td></tr>
    <tr><td>分值</td><td><input type="text" name="score"/></td></tr>
    <tr><td>分类</td><td><select name="classfyID">
      <c:forEach items="${columns}" var="m">
        <option value=${m.number}>${m.title}</option>
      </c:forEach>
      </select></td></tr>
    <tr><td>上传文件</td><td><input type="file" name="file"/></td>
    </tr></table>
    <p><input type="submit" value=" 提　交 " /></p>
  </form>
</center>
```

18.4.3　显示某类别资源列表的 JSP 视图

该文件对应的控制器 Mapping 为/resource/class/{classID}。程序中用 JSTL 的 forEach 标记循环获取来自模型的列表集合中的 Resdes 对象。显示效果如图 18-2 所示。

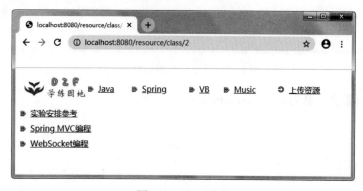

图 18-2　显示效果

【程序清单 18-13】文件名为 listres.jsp

```
<%@page contentType="text/html; charset=UTF-8"%>
```

```
<%@ taglib uri="http://java.sun.com/jsp/jstl/core" prefix="c" %>
<jsp:include page="header.jsp"></jsp:include>
<table>
  <c:forEach items="${resources}" var="res">
    <tr><td height="28" width="90%">
      <img border="0" src="/images/circle.gif" /> 
      <a href="/resource/detail/${res.resourceID}">${res.titleName}</a>
    </td> </tr>
  </c:forEach>
</table>
```

如果要加入分页显示，如何处理？

18.4.4　显示要下载资源详细信息的 JSP 视图

该文件对应的控制器 Mapping 为/resource/detail/{resourceID}。它将根据模型中存放的资源对象显示资源的详细信息。图 18-3 所示为显示结果界面。

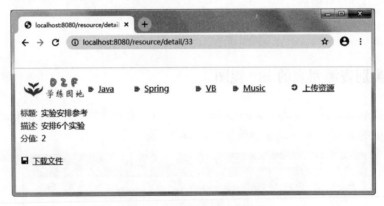

图 18-3　显示资源的详细信息

【程序清单 18-14】文件名为 displayresource.jsp

```
<%@page contentType="text/html; charset=UTF-8"%>
<%@ taglib uri="http://java.sun.com/jsp/jstl/core" prefix="c"%>
<jsp:include page="header.jsp"></jsp:include>
<table width="100%"><tr>
  <td width=40><font color="green">标题:</font></td>
  <td>${resource.titleName}</td></tr>
  <tr><td width=40><font color="green">描述:</font></td>
  <td>${resource.description}</td></tr>
  <tr><td width=40><font color="green">分值:</font></td>
```

```
    <td>${resource.score}</td></tr>
</table> <br/>
<img border="0" src="/images/save.gif"> 
<a href="/resource/download/${resource.resourceID}">下载文件</a>
```

本系统的每个页面都将顶部的栏目导航包括进来，其缺点是加重了页面处理负担和显示刷新的内容比较多。一种改进方式是可以考虑分框架来处理，顶部显示安排在一个独立框架中。另一种改进方式是采用 AJAX 技术与服务端 Web 服务结合的编程方式，服务端的 Web 服务根据客户端的请求返回响应数据，由客户端处理消息并实现在页面中的显示处理，这要利用 DHTML 技术。其特点是页面刷新变化少，整个应用的响应效率会提高。

附录 A 关于 YAML 配置

1. YAML 是什么

YAML（YAML Ain't a Markup Language）不是一种标记语言，它通常是以.yml 为后缀的文件，是一种直观的能够被计算机识别的数据序列化格式，并且容易被人类阅读，容易和脚本语言交互，可以被支持 YAML 库的不同的编程语言程序导入。

2. YAML 语法

（1）约定

k：v 表示键值对关系，键和值中间用冒号和空格。

● 使用空格的缩进表示层级关系。缩进时不允许使用 Tab 键。

● 大小写敏感。

（2）键值关系

① 字符串

默认不用加引号，如果加上双引号（" "），双引号内的特殊字符将作为本身的意思展示，如果加上单引号（''），单引号内的特殊字符将会被转义。

② 日期

date: 2019/01/01

③ 对象、Map

下面来写对象的属性和值的关系，注意缩进。例如：

```
user:
  name: yaya
  age: 18
  address: xian
firends: {name: zhangsan, age: 18}
```

其中，map 里面的冒号后面也得有一个空格。

④ 数组、List、Set

"-"后面跟值表示数组中的一个元素。例如：

```
pets:
  - dog
```

```
    - pig
    - cat
```

行内写法如下：

```
pets: [dog,pig,cat]
```

附录 B 实验安排参考

考虑到课程教学和读者学习研究需要，在本附录中给出了 6 个实验，实验内容大都在书中有所涉及，并给读者进一步思考和创新的空间。实验报告的书写要求学生对使用的技术进行梳理，分析方案优缺点，给出部分关键代码，总结难点和创新点，提供程序运行的结果截图，对程序调试遇到的问题和解决情况进行叙述，分析设计中存在的问题和改进想法。对于小组协作完成的项目，要求对小组合作情况进行评价，并说明自己的贡献。最后写出实验体会。

实验 1：简单 JSP 应用编程

（1）实验目标

掌握 JSP 内置对象的使用，能编写简单 JSP 程序。了解监听器和过滤器的设计与使用。

（2）实验内容

【基本内容】设计一个简单的聊天室网站，要求在页面中显示站点的在线用户人数，限制只显示最新的 20 条聊天记录。

【创新思考】如何做到显示聊天室的在线用户列表？

实验 2：Spring MVC 应用编程

（1）实验目标

掌握 Bean 的依赖注入，熟悉 Spring MVC 应用的设计编程要点，了解 Maven 工程的特点，了解 Spring Boot 搭建 MVC 应用的过程，了解 JSTL 编程，了解 thymeleaf 的语法。

（2）实验内容

【基本内容】构建基于 Spring MVC 的在线答疑应用，视图设计可采用 JSP。增加用户认证，指定某个特定用户为教师，只有教师角色才能回答问题，教师还能对问题进行删除操作。

【创新设计】利用 Spring Boot 重构在线答疑应用。在视图选择上，可采用 JSP 作为视图，探索具体配置；也可采用 thymeleaf 作为视图，探索学习 thymeleaf 的语法。

实验 3：Spring Boot 访问数据库

（1）实验目标

熟悉 Spring 访问数据库的基本方法，了解关系数据库和 MongoDB 数据库的连接和访问形式，了解 Spring Boot 对各类数据库的访问配置和操作方法。

（2）实验内容

【基本内容】利用 Spring Boot 结合数据库访问改进网上答疑应用，数据库可采用关系型数据库或者

MongoDB 数据库。

【创新设计】支持翻页查询已有问题及其解答。利用数据库中记录的用户进行身份验证，利用 Session 或者 Cookies 记录账户标识和所属类别（教师或学生）。只有教师可解答疑问。

实验 4：消息通信应用编程

（1）实验目标

了解 ActiveMQ 消息通信的方式，熟悉点对点通信和发布/订阅通信的工作特点，掌握 Spring 和 Spring Boot 实现消息发送和接收的基本方法，掌握 Spring WebSocket 的服务支持和客户端 WebSocket 编程的基本方法。

（2）实验内容

【基本内容】利用 Spring Boot 的消息服务访问技术实现即时聊天应用，支持 Spring 应用界面或者浏览器界面（采用 WebSocket 技术），支持选择好友聊天和选择群组聊天。

【创新设计】能动态显示出用户的在线与离线，以及在聊天内容中提供表情包支持。

实验 5：Web 应用的安全设计

（1）实验目标

掌握 Spring 安全在具体应用系统中的运用。学会规划一个应用的用户管理，角色划分和访问控制。

（2）实验内容

【基本内容】利用 Spring Security 对网上答疑应用进行安全设计，设计登录页面，利用 Spring Security 对 URL 进行访问控制。学生账户可查看问题和提交疑问，教师账户可给出解答。

【创新设计】调试网络考试应用，设计规划安全机制保护应用安全，分配用户角色和权限。用户按班级进行组织。教师可管理班级和账户，以及查看班级学生考试成绩。改进组卷方式，抽题组卷时考虑按知识点均分试题。在此基础上，丰富教师操作的功能，如提供题库管理功能。

实验 6：Spring 应用集成设计

（1）实验目标

掌握 Spring 任务定时和自动发送邮件以及面向切面编程等技术的运用，了解综合性网站的设计和安全监测管理。

（2）实验内容

【基本内容】

任务 1：调试网站文件安全检测应用，定时监测本服务网站的文件状况，将监测到的异常情况自动发送邮件给管理者。

任务 2：设计一个资源共享网站，资源按类别进行管理，用户可上传和下载资源，上传资源由上传者设定积分，如果自己上传的资源被别人下载，则可以增加积分，下载资源则要扣除用户积分。注册账户给予账户初始的积分（如 10 分）。

【创新设计】系统可监测用户的各类行为，并进行统计分析。提示：用户行为监测登记建议采用面向切面编程技术来实现。